建筑装饰施工技术

（第3版）

主　编　齐景华　王　铁　阳小群

副主编　齐亚丽　滕艳辉

北京理工大学出版社

BEIJING INSTITUTE OF TECHNOLOGY PRESS

内 容 提 要

本书根据装饰装修工程施工最新标准规范进行编写，详细阐述了装饰装修各分项工程的施工工艺及施工要点。全书共11章，主要内容包括：建筑装饰施工概论、抹灰工程施工技术、吊顶工程施工技术、幕墙工程施工技术、轻质隔墙工程施工技术、门窗工程施工技术、细部工程施工技术、饰面板（砖）工程施工技术、涂饰工程施工技术、楼地面装饰工程施工技术和裱糊与软包工程施工技术。

本书可作为高等院校土木工程类相关专业的教材，也可供建筑装饰装修工程设计、施工等相关技术管理人员工作时参考使用。

图书在版编目（CIP）数据

建筑装饰施工技术 / 齐景华，王铁，阳小群主编.—3版.—北京：北京理工大学出版社，2020.1

ISBN 978-7-5682-7952-9

Ⅰ.①建…　Ⅱ.①齐…②王…③阳…　Ⅲ.①建筑装饰－工程施工－高等学校－教材　Ⅳ.①TU767

中国版本图书馆CIP数据核字（2019）第253292号

出版发行 /	北京理工大学出版社有限责任公司	
社　　址 /	北京市海淀区中关村南大街5号	
邮　　编 /	100081	
电　　话 /	（010）68914775（总编室）	
	（010）82562903（教材售后服务热线）	
	（010）68948351（其他图书服务热线）	
网　　址 /	http://www.bitpress.com.cn	
经　　销 /	全国各地新华书店	
印　　刷 /	天津久佳雅创印刷有限公司	
开　　本 /	787毫米×1092毫米　1/16	
印　　张 /	16	责任编辑 / 陈莉华
字　　数 /	418千字	文案编辑 / 陈莉华
版　　次 /	2020年1月第3版　2020年1月第1次印刷	责任校对 / 周瑞红
定　　价 /	58.00元	责任印制 / 边心超

　　"建筑装饰施工技术"是高等院校土木工程类相关专业的一门重要专业课程，学生通过本课程的学习，可了解、掌握装饰装修工程常见的施工工艺流程及施工要点，并逐步成长为装饰装修工程领域懂材料、懂结构构造、懂造价、精通施工、善于管理、具有一定艺术修养的高素质人才。

　　随着我国国民经济的发展和人们生活水平的不断提高，建筑装饰施工技术日趋复杂化和多元化，多风格、多功能的高档豪华建筑在各地逐渐涌现，从而使教材中的部分内容已不能满足当前建筑装饰工程施工工作的需要，特别是《建筑装饰装修工程质量验收标准》（GB 50210—2018）的颁布实施，教材中相应的知识内容也需要随之进行更新和扩充。为更好地使教材适应科学技术发展的需要，进一步反映当前装饰装修工程的施工实际，编者根据《建筑装饰装修工程质量验收标准》（GB 50210—2018），在广泛吸收和参考较为成熟的建筑装饰装修新材料、新工艺、新构造及新做法的基础上对本教材进行了修订。修订时不仅根据读者、师生的信息反馈，对教材中存在的问题进行了修正，而且还参照有关标准、规程，对教材体系进行完善、修改与补充。

　　（1）本次修订仍坚持"能力培养、技能学习、知识使用"的原则，坚持以理论知识够用为度，以培养面向生产第一线的应用型人才为目的来组织内容，提升学生的实践能力和动手能力。为突出教材的实用性，对一些具有较高实用价值但在原教材中未给予详细介绍的内容进行适当的补充，对一些实用性不强的理论知识或现阶段已较少使用的建筑装饰装修施工工艺进行了适当修改与删除。

　　（2）根据《建筑装饰装修工程质量验收标准》（GB 50210—2018）对教材内容进行了修改与充实，从而提升了教材的实用价值；为便于学生更好地了解和掌握装饰装修工程施工技术，本次修订还对每一施工工艺的施工禁忌知识进行了适当的补充和完善，从而使修订后的教材能更好地满足高等院校教学工作的需要。

　　（3）突出职业技能训练，衔接相应职业资格标准和岗位要求，体现行业发展。本次修订按照"以职业能力为本位，以应用能力为核心"的原则，淡化理论，突出职业技能训练。通过大量真实的案例，介绍了建筑装饰装修工程施工的全过程和施工工艺，强化教材内容的针对性，并与相应的职业资格标准和岗位要求相互衔接，体现了行业发展的要求。

　　（4）进一步体现教材针对性、实用性和职业性，力求做到"教、学、做"统一。修订后的教材进一步强调了培养学生的动手能力，重点强调学生怎么做，如何做。

　　本教材由齐景华、王铁、阳小群担任主编，由齐亚丽、滕艳辉担任副主编，具体编写分工为：齐景华编写第一章、第二章和第六章，王铁编写第四章和第七章，阳小群编写第八章、第九章和第十一章，齐亚丽编写第三章和第五章，滕艳辉编写第十章。

　　限于编者的学识和水平，修订后的教材仍难免存在疏漏及不妥之处，恳请广大读者批评指正。

编　者

第2版前言

建筑装饰装修是为保护建筑物的主体结构、完善建筑物的使用功能和美化建筑物，采用装饰装修材料或饰物对建筑物的内外表面及空间进行的各种处理过程。随着社会经济的发展和建筑施工技术的进步，装饰装修工程所具有的功能的广泛性、材料的多样性、施工的综合性、效果的艺术性、质量的严格性、管理的科学性等特征也愈发显得突出，对装饰装修工程施工技术水平也提出了越来越高的要求。

"建筑装饰施工技术"是高等院校土建类相关专业的一门重要专业课程，学生通过本课程的学习，可了解、掌握装饰装修工程常见的施工工艺流程及施工要点，并逐步成长为装饰装修工程领域懂材料、懂结构构造、懂造价、精通施工、善于管理、具有一定艺术修养的高素质人才。

本教材第1版自出版发行以来，经有关院校教学使用，反映较好。为更好地适应科学技术发展的需要，进一步反映当前装饰装修工程的施工实际，我们组织有关专家学者在广泛吸收较为成熟的新材料、新工艺、新构造及新做法的基础上对本书进行了修订。修订时不仅根据读者、师生的信息反馈对原书中存在的问题进行了修正，而且参阅了有关标准、规程，对教材体系进行了完善、修改与补充。本次修订的主要内容有：

（1）根据最新装饰装修工程相关标准规范对教材内容进行了较大幅度的修改与充实，强化了教材的实用性和可操作性，使修订后的教材能更好地满足高等院校教学工作的需要。修订时坚持以理论知识够用为度，以培养面向生产第一线的应用型人才为目的，强调提高学生的实践能力和动手能力。

（2）为突出实用性，本次修订对一些具有较高实用价值但在第1版中未给予详细介绍的内容进行了补充，对一些实用性不强的理论知识或现阶段已较少使用的施工工艺进行了适当修改与删除。

（3）将本教材第1版中第十二章建筑装饰施工机具的相关内容拆分至每一施工工艺过程中，并增加了部分新型施工机具，从而进一步体现了教材的先进性。

（4）为便于学生更好地了解装饰装修工程施工技术，本次修订对每一施工过程均增加了施工禁忌方面的知识，对每一施工过程均提出了相关的质量要求。

（5）结合最新《建筑地面工程施工质量验收规范》（GB 50209—2010）对楼地面装饰装修工程的相关内容进行了丰富。

（6）对能力目标、知识目标、本章小结进行了重新编写，明确了学习目标，便于教学重点的掌握。本次修订还对每章后思考与练习的题量进行了适当丰富，从而有利于学生课后复习参考，检验测评学习效果。

本教材由齐景华、王铁、阳小群担任主编，齐亚丽、荀欢欢、蒋婷婷担任副主编，王怀英、滕艳辉参与了本书部分章节编写。本教材在修订过程中，参阅了国内同行的多部著作，部分高等院校老师提出了很多宝贵意见，在此表示衷心的感谢！对于参与本教材第1版编写但未参与本次修订的老师、专家和学者，本版教材所有编写人员向你们表示敬意，感谢你们对高等教育改革所做出的不懈努力，希望你们对本教材保持持续关注，多提宝贵意见。

限于编者的学识及专业水平和实践经验，修订后的教材仍难免有疏漏或不妥之处，恳请广大读者指正。

编　者

建筑装饰施工是一项十分复杂的生产活动，它涉及面广，与建材、化工、轻工、冶金、电子、纺织及建筑设计、施工、应用和科研等众多领域密切相关。随着国民经济和建筑事业的高速发展，建筑装饰已发展成为一门独立的新兴学科，并在美化生活环境、改善物质功能和满足精神需求等方面发挥着重要作用。其功能主要体现为以下几个方面：

首先，通过建筑装饰施工将大量的构配件和各种设备进行合理布局，穿插有序，隐显有致，使用方便，形成和谐的统一体。

其次，建筑采用现代装饰材料及科学合理的施工工艺，对建筑结构进行有效的包裹施工，使其免受风吹雨打，免受有害介质的腐蚀以及机械作用的伤害，从而达到保护建筑结构，增强耐久性，并延长建筑物使用寿命的目的。

再次，建筑装饰施工技术可以改善建筑内外空间环境的清洁卫生条件，美化生活和工作环境，同时通过对建筑空间的合理规划与艺术分割，满足人们越来越高的使用功能要求，增强其实用性。

最后，建筑装饰施工具有综合艺术特点，其艺术效果和所营造的氛围，强烈而深刻地影响着人们的审美情趣，甚至影响着人们的意识和行动。

面对建筑装饰装修行业的迅猛发展，人才的培养刻不容缓。特别是进入21世纪以来，我国所拥有的技术力量远远不能适应新形势的需要，人才培养严重滞后。为满足我国多层次、多渠道快速培养各级装饰装修专业人才的客观需要，我们特组织编写了本教材，以供高等院校土建学科相关专业教学使用。

本书共分十二章，主要内容包括：建筑装饰工程概述，抹灰工程施工，门窗工程施工，吊顶工程施工，轻质隔墙工程施工，饰面板（砖）工程施工，幕墙工程施工，涂饰工程施工，楼地面工程施工，裱糊与软包工程施工，细部工程施工，建筑装饰施工机具等。本书编写过程中，力求突出建筑装饰工程技术专业领域的新知识、新材料、新工艺和新方法，克服了部分专业教材存在的内容陈旧、更新缓慢、片面强调学科体系完整、不适应社会发展需要的弊端。

为更加适合教学使用，章前设置了【学习重点】与【培养目标】，对本章内容进行重点提示和教学引导；章后设置了【本章小结】和【思考与练习】，【本章小结】以学习重点为框架，对各章知识进行归纳总结，【思考与练习】以简答题和综合题的形式，从更深的层次给学生以思考、复习的切入点，从而构建一个"引导—学习—总结—练习"的教学全过程。

通过本课程的学习，学生可掌握建筑装饰工程的施工方法、施工工艺、施工特点，为从事建筑装饰工程的施工及管理打下良好的基础。

本书由齐景华、宋晓惠担任主编，高洁担任副主编。在编写过程中，参考和引用了国内同行部分著作，同时部分高校老师给予了我们很大支持，在此一并表示感谢。由于编者水平有限，书中错误及不妥之处，恩请广大读者批评指正。

编　者

第一章　建筑装饰施工概论

第一节　建筑装饰施工的作用和分类

一、建筑装饰施工的作用

建筑装饰是建筑装饰装修工程的简称，中华人民共和国国家标准《建筑装饰装修工程施工质量验收标准》(GB 50210—2018)术语中对"建筑装饰装修"的定义解释为"为保护建筑物的主体结构、完善建筑物的使用功能和美化建筑物，采用装饰装修材料或饰物，对建筑物的内外表面及空间进行的各种处理过程。"

目前，关于建筑装饰，除建筑装饰外，还有建筑装修、建筑装潢等几种习惯说法。建筑装饰装修的对象主要包括：建筑物的内表面及空间；建筑物的外表面及空间。

建筑装饰施工的作用可归纳为以下几点。

1. 保护建筑主体结构

建筑装饰施工即是依靠相应的现代装饰材料及科学合理的施工技术，对建筑结构进行有效的构造与包覆施工，以达到使之避免直接经受风吹雨打、湿气侵袭、有害介质的腐蚀以及机械作用的伤害等保护建筑结构的目的，从而保证建筑结构的完好并延长其使用寿命。

2. 保证建筑物的使用功能

(1)对建筑物各个部位进行装饰处理，可以加强和改善建筑物的热工性能，提高保温隔热效果，起到节约能源作用。

(2)对建筑物各个部位进行装饰处理可以提高建筑物的防潮、防水性能，增加室内光线反射，提高室内采光亮度，改善建筑物室内音质效果，提高建筑物的隔声、吸声能力。

(3)对建筑物各部位进行装饰处理，还可以改善建筑物的内、外整洁卫生条件，满足人们的使用要求。

3. 优化环境，创造使用条件

建筑装饰施工对于改善建筑内、外空间环境的清洁卫生条件，提高建筑物的热工、声响、光照等物理性能，完善防火、防盗、防震、防水等各种措施，优化人类生活和工作的物质环境，具有显著的作用。同时，通过对建筑空间的合理规划与艺术分隔，配以各类方便使用并具有装饰价值的设置和家具等，对于增加建筑的有效面积、创造完备的使用条件有着不可替代的实际意义。

4. 美化建筑，提高艺术效果

建筑装饰施工通过对色彩、质感、线条及纹理的不同处理来弥补建筑设计上的某些不足，做到在满足建筑基本功能的前提下美化建筑，改善人们居住、工作和生活的室内外空间环境，并由此提升建筑物的艺术审美效果。

二、建筑装饰施工的分类

(一)按装饰装修的部位分类

(1)外墙装饰装修。包括涂饰、贴面、挂贴饰面、镶嵌饰面、玻璃幕墙等。

(2)内墙装饰装修。包括涂饰、贴面、镶嵌、裱糊、玻璃墙镶贴、织物镶贴等。

(3)顶棚装饰装修。包括顶棚涂饰、各种吊顶装饰装修等。

(4)地面装饰装修。包括石材铺砌、墙地砖铺砌、塑料地板、发光地板、防静电地板等。

(5)特殊部位装饰装修。包括特种门窗的安装(塑、铝、彩板组角门窗)、室内外柱、窗帘盒、暖气罩、筒子板、各种线角等。

(二)按装饰装修的材料分类

按所用材料的不同，装饰装修可分为以下几类：

(1)各种灰浆材料类。如水泥砂浆、混合砂浆、白灰砂浆、石膏砂浆、石灰浆等。这类材料分别可用于内墙面、外墙面、地面、顶棚等部位的装饰装修。

(2)各种涂料类。如各种溶剂型涂料、乳液型涂料、水溶性涂料、无机高分子系涂料等。各种不同的涂料分别可用于外墙面、内墙面、顶棚及地面的涂饰。

(3)水泥石碴材料类。即以各种颜色、质感的石碴作骨料，以水泥作胶凝剂的装饰材料。如水刷石、干粘石、剁斧石、水磨石等。这类材料装饰的立体感效果较强，除水磨石主要用于地面外，其他材料多用于外墙面的装饰装修。

(4)各种天然或人造石材类。如天然大理石、天然花岗石、青石板、人造大理石、人造花岗石、预制水磨石、釉面砖、外墙面砖、陶瓷锦砖(俗称马赛克)、玻璃马赛克等，可分别用于内、外墙面及地面等部位的装饰装修。

(5)各种卷材类。如纸面纸基壁纸、塑料壁纸、玻璃纤维墙布、无纺织墙布、织锦缎等，主要用于内墙面的装饰装修，有时也会用于顶棚的装饰装修。另外，还有一类主要用于地面装饰装修的卷材，如塑料地板革、塑料地板砖、纯毛地毯、化纤地毯、橡胶绒地毯等。

(6)各种饰面板材类。这里所说的饰面板材是指除天然或人造石材外的各种材料制成的装饰装修用板材。如各种木质胶合板、铝合金板、不锈钢钢板、镀锌彩板、铝塑板、石膏板、水泥石棉板、矿棉板、玻璃及各种复合贴面板等。这类饰面板材类型很多，可分别用于内、外墙面及顶棚的装饰装修，有些也可用作活动地板的面层材料。

(三)按装饰装修的构造做法分类

1. 清水类做法

清水类做法包括清水砖墙(柱)和清水混凝土墙(柱)。其构造方法是，在砖砌体砌筑或混凝土浇筑成型后，在其表面仅做水泥砂浆勾缝或涂透明色浆，以保持砖砌体或混凝土结构的材料所特有的装饰装修效果。

2. 涂料类做法

涂料类做法是在对基层进行处理达到一定的坚固平整程度之后，涂刷上各种建筑涂料。这种做法几乎适用于室内、外各种部位的装饰装修，它具有如下优点、缺点：

（1）优点是省工省料、施工简便、便于采用施工机械，因而工效较高，便于维修更新。

（2）缺点是其有效使用年限相比其他装饰装修做法来说比较短。

3. 块材铺贴式做法

块材铺贴式做法是采用各种天然石材或人造石材，利用水泥砂浆等胶结材料粘贴于基层之上。基层处理的方法一般仍采用 10～15 mm 厚的水泥砂浆打底找平，其上再用 5～8 mm 厚的水泥砂浆粘贴面层块材。面层块材的种类非常多，可根据内外墙面、地面等不同部位的特定要求进行选择。

4. 整体式做法

整体式做法是采用各种灰浆材料或水泥石碴材料，以湿作业的方式，分 2～3 层制作完成。分层制作的目的是保证质量要求，为此，各层的材料成分、比例以及材料厚度均不相同。

5. 骨架铺装式做法

对于较大规格的各种天然或人造石材饰面材料或非石材类的各种材料制成的装饰装修用板材，其构造方法是，先以木材（木方）或金属型材在基体上形成骨架（俗称"立筋""龙骨"等），然后将上述种类板材以钉、卡、压、挂、胶黏、铺放等方法固定在骨架基层上，以达到装饰装修的效果。

6. 卷材粘贴式做法

卷材粘贴式做法首先要进行基层处理。对基层处理的要求是，要有一定的强度，表面平整光洁，不疏松掉粉等。基层处理好以后，在其上直接粘贴各种卷材装饰装修材料。

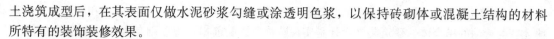

第二节　建筑装饰施工的任务、范围与技术特点

一、建筑装饰施工的任务和范围

1. 建筑装饰施工的任务

建筑装饰施工的任务是通过装饰施工人员的劳动，实现设计师的设计意图。设计师将成熟的设计方案构思反映在图纸上，装饰施工则是根据设计图纸所表达的意图，采用不同的建筑装饰装修材料，通过一定的施工工艺、机具设备等手段使设计意图得以实现。

由于设计图纸是产生于装饰施工之前，对最终的装饰效果缺乏真实感，必须通过施工来检验设计的科学性、合理性。因此，对装饰施工人员不只是"照图施工"的问题，而是必须具备良好的艺术修养和熟练的操作技能，积极主动地配合设计师完善设计意图。但在装饰施工过程中应尽量不要随意更改设计图纸，按图施工是对设计师智慧和劳动的尊重。如果确实有些设计因材料、施工操作工艺或其他原因而无法正常施工时，应与设计师直接协商，找出解决方案，即对原设计提出合理的建议并经过设计师进行修改，从而使装饰设计更加符合实际，达到理想的装饰效果。实践证明，每一个成功的建筑装饰工程项目，应该是设计师的才华和施工人员的聪明才智与劳动的结合体。建筑装饰设计是实现装饰意图的前提，施工则是实现装饰意图的保证。

2. 建筑装饰施工的内容范围

建筑装饰施工所涉及的内容非常广泛，按大的工程部位划分有室内（包括室内顶棚、墙柱面、地面、门窗口、隔墙隔断、厨卫设备、室内灯具、家具及陈设品布置等）和室外（外墙面、地面、门窗、屋顶、檐口、雨篷、入口、台阶、建筑小品等）装饰工程施工；按一般工程部位划分有墙柱面装饰工程施工、顶棚装饰工程施工、地面装饰工程施工、门窗装饰工程施工等。

建筑装饰施工在完善建筑使用功能的同时，还着意追求建筑空间环境的工艺效果，如声学要求较高的场所，其吸声、隔声装置完全是根据声学原理而定，每一斜一曲都包含声学原理；再如电子工业厂房对洁净度要求很高，必须用密闭性的门窗和整洁明亮的墙面和吊顶装饰，顶棚和地面上的送、回风口位置都应满足洁净要求；还有建筑门窗、室内给水排水与卫生设备、暖通空调、自动扶梯与观光电梯、采光、音响、消防等诸多以满足使用功能为目的的装饰施工项目，必须将使用功能与装饰有机地结合起来。

二、建筑装饰施工的技术特点

（1）知识涉及面广、综合性强。建筑装饰施工技术的理论学习和实践应用，涉及许多专业基础知识，如建筑装饰材料、房屋构造、建筑装饰构造、建筑力学与结构、工程测量、工程制图与识图、建筑装饰设计等，并把有关知识综合运用到具体解决施工的实际问题上来。很难想象施工人员对装饰材料的性能要求、应用特点不清楚，或者对装饰构造的结点做法不了解，却能很好地掌握施工技术的方法和运用。装饰施工的最终目的是要解决施工中的实际问题，而实际问题往往比较复杂多变，很难直接从书本中找到准确答案或解决办法，这就需要综合所学的知识，寻找一个切实可行的解决方法。孤立地学习和掌握一些知识内容是不能解决实际问题的，如在原有建筑改造装修过程中，不但要懂得建筑结构方面的知识，还要对结构材料和装饰材料的选用、施工难易程度、怎样施工才能安全经济合理等都比较清楚，才能顺利完成施工任务，这就需要掌握综合知识和具有丰富的实践经验。

（2）应用性强。建筑装饰施工技术是一门技能型应用学科，除掌握必要的理论基础知识外，更重要的是学会做，并能做好，只有把理论融入实践操作中，才能真正理解和掌握所学内容。单纯停留在书本学习方面，纸上谈兵，是不可能学好装饰施工技术的。多动手、多实践，不断掌握和提高操作技能是避免"眼高手低"的有效方法。

（3）内容变化快。近年来的实践结果表明，设计表现手法、建筑装饰材料和装饰手段的更新变化迅速，导致施工工艺也发生了很大的变化。例如，随着外墙装饰材料的多样化，传统的装饰抹灰应用已越来越少，各种性能优越的新型涂料、复合材料、天然石材等应用日益普及；新型瓷砖胶粘剂的应用和环保的要求，使得传统的水泥掺 108 胶粘贴瓷砖的工艺将逐渐被淘汰，新的瓷砖胶粘剂镶贴工艺将成为常用的施工方法。因此，学习施工技术应不断地从实践中补充新的知识。

第三节　建筑装饰装修工程施工规范与管理

现行国家标准《住宅装饰装修工程施工规范》（GB 50327—2001）对住宅装饰装修工程施工的

基本要求、材料和设备的基本要求、成品保护要求、防火安全和防水工程等都作出了明确的规定。特别是原建设部通过第110号令颁布的《住宅室内装饰装修管理办法》于2002年5月1日起强制实施，对加强住宅室内装饰装修管理，保证装饰装修工程质量与安全，维护公共安全和公众利益，规范住宅室内装饰装修活动，并实施对住宅室内装饰装修活动的管理，具有十分重要的现实意义。

一、一般规定

住宅装饰装修
工程施工规范

1. 施工基本要求

（1）施工前应进行设计交底工作，并应对施工现场进行核查。

（2）各工序、各分项工程应自检、互检及交接检。

（3）施工中，严禁损坏房屋原有绝热设施；严禁损坏受力钢筋；严禁超载荷集中堆放物品；严禁在预制混凝土空心楼板上打孔安装埋件。

（4）施工中，严禁擅自改动建筑主体、承重结构或改变房间主要使用功能；严禁擅自拆改燃气、暖气、通信等配套设施。

（5）管道、设备工程的安装及调试应在装饰装修工程施工前完成，必须同步进行的，应在饰面层施工前完成。装饰装修工程不得影响管道、设备的使用和维修。涉及燃气管道的装饰装修工程，必须符合有关安全管理的规定。

（6）施工人员应遵守有关施工安全、劳动保护、防火、防毒的法律、法规。

（7）施工现场用电应符合下列规定：

1）施工现场用电应从户表设立临时施工用电系统。

2）安装、维修或拆除临时施工用电系统，应由电工完成。

3）临时施工供电开关箱中应装设漏电保护器。进入开关箱的电源线不得用插销连接。

4）临时用电线路应避开易燃、易爆物品堆放地。

5）暂停施工时应切断电源。

（8）施工现场用水应符合下列规定：

1）不得在未做防水的地面蓄水。

2）临时用水管不得有破损、滴漏。

3）暂停施工时应切断水源。

（9）文明施工和现场环境应符合下列要求：

1）施工人员应衣着整齐。

2）施工人员应服从物业管理或治安保卫人员的监督、管理。

3）应控制粉尘、污染物、噪声、震动等对相邻居民、居民区和城市环境的污染及危害。

4）施工堆料不得占用楼道内的公共空间，封堵紧急出口。

5）室外堆料应遵守物业管理规定，避开公共通道、绿化地、化粪池等市政公用设施。

6）工程垃圾宜密封包装，并放在指定垃圾堆放地。

7）不得堵塞、破坏上下水管道、垃圾道等公共设施，不得损坏楼内各种公共标识。

8）工程验收前应将施工现场清理干净。

2. 材料、设备基本要求

（1）装饰装修工程所用材料的品种、规格、性能，应符合设计的要求及现行国家有关标准的规定。

（2）严禁使用国家明令淘汰的材料。

（3）装饰装修所用的材料，应按设计要求进行防火、防腐和防蛀处理。

(4)施工单位应对进场主要材料的品种、规格、性能进行验收。主要材料应有产品合格证书，有特殊要求的应有相应的性能检测报告和中文说明书。

(5)现场配制的材料，应按设计要求或产品说明书制作。

(6)应配备满足施工要求的配套机具设备及检测仪器。

(7)装饰装修工程应积极使用新材料、新技术、新工艺、新设备。

3. 成品保护

(1)施工过程中材料运输应符合下列规定：

1)材料运输使用电梯时，应对电梯采取保护措施。

2)材料搬运时，要避免损坏楼道内顶、墙、扶手、楼道窗户及楼道门。

(2)施工过程中应采取下列成品保护措施：

1)各工种在施工中不得污染、损坏其他工种的半成品、成品。

2)材料表面保护膜应在工程竣工时撤除。

3)对邮箱、消防、供电、报警、网络等公共设施应采取保护措施。

二、装修防火安全

1. 装修材料燃烧性能等级及民用建筑材料的燃烧性能等级

装修材料燃烧性能等级及民用建筑材料的燃烧性能等级见表1-1～表1-3。

表1-1　装修材料燃烧性能等级

等　级	装修材料燃烧性能	等　级	装修材料燃烧性能
A	不燃性	B_2	可燃性
B_1	难燃性	B_3	易燃性

表1-2　单层、多层民用建筑内部各部位装修材料燃烧性能等级

序号	建筑物及场所	建筑规模、性质	装修材料燃烧性能等级							
			顶棚	墙面	地面	隔断	固定家具	窗帘	帷幕	其他装饰材料
1	候机楼的候机大厅、贵宾候机室、售票厅、商店、餐饮场所等	—	A	A	B_1	B_1	B_1	B_1	—	B_1
2	汽车站、火车站、轮船客运站的候车(船)室、商店、餐饮场所等	建筑面积>10 000 m²	A	A	B_1	B_1	B_1	B_1	—	B_2
		建筑面积≤10 000 m²	A	B_1	B_1	B_1	B_1	B_1	—	B_2
3	观众厅、会议厅、多功能厅、等候厅等	每个厅建筑面积>400 m²	A	B_1	B_1	B_1	B_1	B_1	B_1	B_1
		每个厅建筑面积≤400 m²	A	B_1	B_1	B_1	B_2	B_1	B_1	B_2
4	体育馆	>3 000 座位	A	B_1	B_1	B_1	B_1	B_1	B_1	B_2
		≤3 000 座位	A	B_1	B_1	B_1	B_2	B_1	B_1	B_2
5	商店的营业厅	每层建筑面积>1 500 m² 或总建筑面积>3 000 m²	A	B_1	B_1	B_1	B_1	B_1	—	B_2
		每层建筑面积≤1 500 m² 或总建筑面积≤3 000 m²	A	B_1	B_1	B_1	B_2	B_1	—	—

序号	建筑物及场所	建筑规模、性质	顶棚	墙面	地面	隔断	固定家具	窗帘	帷幕	其他装饰材料
								装饰织物		
6	宾馆、饭店的客房及公共活动用房等	设置送、回风道（管）的集中空气调节系统	A	B_1	B_1	B_1	B_2	B_2	—	B_2
		其他	B_1	B_1	B_2	B_2	B_2	B_2	—	B_2
7	养老院、托儿所、幼儿园的居住及活动场所	—	A	A	B_1	B_1	B_2	B_1	—	B_2
8	医院的病房区、诊疗区、手术区	—	A	A	B_1	B_1	B_2	B_1	—	B_2
9	教学场所、教学实验场所	—	A	B_1	B_2	B_2	B_2	B_2	—	B_2
10	纪念馆、展览馆、博物馆、图书馆、档案馆、资料馆等的公众活动场所	—	A	B_1	B_1	B_2	B_2	B_1	—	B_2
11	存放文物、纪念展览物品、重要图书、档案、资料的场所	—	A	A	B_1	B_2	B_2	B_1	—	B_2
12	歌舞娱乐游艺场所	—	A	B_1	B_1	B_1	B_1	B_1	B_1	B_1
13	A、B级电子信息系统机房及装有重要机器、仪器的房间	—	A	A	B_1	B_1	B_1	B_1	B_1	B_1
14	餐饮场所	营业面积＞100 m²	A	B_1	B_1	B_1	B_2	B_1	—	B_2
		营业面积≤100 m²	B_1	B_1	B_1	B_1	B_2	B_1	—	B_2
15	办公场所	设置送、回风道（管）的集中空气调节系统	A	B_1	B_1	B_1	B_2	B_1	—	B_2
		其他	B_1	B_1	B_2	B_2	B_2	—	—	—
16	其他公共场所	—	B_1	B_1	B_2	B_2	B_2	—	—	—
17	住宅	—	B_1	B_1	B_1	B_1	B_2	B_2	—	B_2

表 1-3　高层民用建筑内部各部位装修材料燃烧性能等级

序号	建筑物及场所	建筑规模、性质	顶棚	墙面	地面	隔断	固定家具	窗帘	帷幕	床罩	家具包布	其他装饰材料
								装饰织物				
1	候机楼的候机大厅、贵宾候机室、售票厅、商店、餐饮场所等	—	A	A	B_1	B_1	B_1	B_1	—	—	—	B_1
2	汽车站、火车站、轮船客运站的候车（船）室、商店、餐饮场所等	建筑面积＞10 000 m²	A	A	B_1	B_1	B_1	—	—	—	—	B_2
		建筑面积≤10 000 m²	A	B_1	B_1	B_1	B_1	—	—	—	—	B_2

序号	建筑物及场所	建筑规模、性质	装修材料燃烧性能等级								
			顶棚	墙面	地面	隔断	固定家具	装饰织物			其他装饰材料
								窗帘	帷幕	床罩	家具包布	
3	观众厅、会议厅、多功能厅、等候厅等	每个厅建筑面积>400 m²	A	A	B_1	B_1	B_1	B_1	B_1	—	B_1	B_1
		每个厅建筑面积≤400 m²	A	B_1	B_1	B_1	B_1	B_1	B_1	—	B_1	B_1
4	商店的营业厅	每层建筑面积>1 500 m² 或总建筑面积>3 000 m²	A	B_1	B_1	B_1	B_1	B_1	B_1		B_2	B_1
		每层建筑面积≤1 500 m² 或总建筑面积≤3 000 m²	A	B_1	B_1	B_1	B_1	B_1			B_2	B_2
5	宾馆、饭店的客房及公共活动用房等	一类建筑	A	B_1	B_1	B_1	B_1	B_1	—	B_1	B_1	B_1
		二类建筑	A	B_1	B_1	B_1	B_2	B_2		B_2	B_2	B_2
6	养老院、托儿所、幼儿园的居住及活动场所	—	A	A	B_1	B_1	B_1	B_1		B_2	B_2	B_2
7	医院的病房区、诊疗区、手术区	—	A	A	B_1	B_1	B_1	B_1	—	B_2	B_1	
8	教学场所、教学实验场所	—	A	B_1	B_2	B_2	B_2	B_1			B_1	B_2
9	纪念馆、展览馆、博物馆、图书馆、档案馆、资料馆等的公众活动场所	一类建筑	A	B_1	B_1	B_1	B_1	B_1				B_1
		二类建筑	A	B_1	B_1	B_1	B_2	B_2				B_2
10	存放文物、纪念展览物品、重要图书、档案、资料的场所	—	A	A	B_1	B_1	B_1	B_1	—			B_2
11	歌舞娱乐游艺场所	—	A	B_1	B_1	B_1	B_1	B_1	B_1		B_1	B_1
12	A、B级电子信息系统机房及装有重要机器、仪器的房间	—	A	A	B_1	B_1	B_1	B_1		B_1	B_1	B_1
13	餐饮场所	—	A	B_1	B_1	B_1	B_1	B_1				B_2
14	办公场所	一类建筑	A	B_1	B_1	B_1	B_1	B_1				B_1
		二类建筑	A	B_1	B_2	B_2	B_2	B_2				B_2
15	电信楼、财贸金融楼、邮政楼、广播电视楼、电力调度楼、防灾指挥调度楼	一类建筑	A	A	B_1	B_1	B_1	B_1				B_1
		二类建筑	A	B_1	B_2	B_2	B_2	B_2				B_2
16	其他公共场所	—	A	B_1	B_1	B_1	B_2	B_2		B_2	B_2	B_2
17	住宅	—	A	B_1	B_1	B_1	B_1	B_1	—	B_1	B_2	B_1

2. 材料防火处理

(1)对装饰织物进行阻燃处理时，应使其被阻燃剂浸透，阻燃剂的干含量应符合产品说明书的要求。

（2）对木质装饰装修材料进行防火涂料涂布前，应对其表面进行清洁。涂布至少分两次进行，且第二次涂布应在第一次涂布的涂层表干后进行，涂布量应不小于 500 g/m²。

3. 施工现场防火

（1）易燃物品应相对集中放置在安全区域并应有明显标识。施工现场不得大量积存可燃材料。

（2）易燃、易爆材料的施工，应避免敲打、碰撞、摩擦等可能出现火花的操作。配套使用的照明灯、电动机、电气开关，应有安全防爆装置。

（3）使用油漆等挥发性材料时，应随时封闭其容器，擦拭后的棉纱等物品，应集中存放且远离热源。

（4）施工现场动用气焊等明火时，必须清除周围及焊渣滴落区的可燃物质，并设专人监督。

（5）施工现场必须配备灭火器、砂箱或其他灭火工具。

（6）严禁在施工现场吸烟。

（7）严禁在运行中的压力管道，装有易燃、易爆的容器和受力构件上进行焊接和切割。

4. 电气防火

（1）照明、电热器等设备的高温部位靠近非 A 级材料，或导线穿越 B₂ 级以下装修材料时，应采用岩棉、瓷管或玻璃棉等 A 级材料隔热。当照明灯具或镇流器嵌入可燃装饰装修材料中时，应采取隔热措施予以分隔。

（2）配电箱的壳体和底板宜采用 A 级材料制作。配电箱不得安装在 B₂ 级以下（含 B₂ 级）的装修材料上。开关、插座应安装在 B₁ 级以上的材料上。

（3）卤钨灯灯管附近的导线应采用耐热绝缘材料制成的护套，不得直接使用具有延燃性绝缘的导线。

（4）明敷塑料导线应穿管或加线槽板保护，吊顶内的导线应穿金属管或 B₁ 级 PVC 管保护，导线不得裸露。

5. 消防设施的保护

（1）装饰装修不得遮挡消防设施、疏散指示标志及安全出口，并且不应妨碍消防设施和疏散通道的正常使用，不得擅自改动防火门。

（2）消火栓门四周的装饰装修材料颜色，应与消火栓门的颜色有明显区别。

（3）内部火灾报警系统的穿线管、自动喷淋灭火系统的水管线，应用独立的吊管架固定。不得借用装饰装修用的吊杆和放置在吊顶上固定。

（4）当装饰装修重新分割了住宅房间的平面布局时，应根据有关设计规范，针对新的平面调整火灾自动报警探测器与自动灭火喷头的布置。

（5）喷淋管线、报警器线路、接线箱及相关器件宜暗装处理。

三、室内环境污染控制

（1）《住宅装饰装修工程施工规范》（GB 50327—2001）规定控制的室内环境污染物为：氡（²²²Rn）、甲醛、氨、苯和总挥发性有机物（TVOC）。

（2）住宅装饰装修室内环境污染控制除应符合要求外，尚应符合《民用建筑工程室内环境污染控制规范（2013 版）》（GB 50325—2010）等国家现行标准的规定。设计、施工应选用低毒性、低污染的装饰装修材料。

（3）对室内环境污染控制有要求的，可按有关规定对（1）的内容全部或部分进行检测，其污染物浓度限值应符合表 1-4 的要求。

表 1-4　住宅装饰装修后室内环境污染物浓度限值

室内环境污染物	浓度限值
氡/(Bq·m⁻³)	≤200
甲醛/(mg·m⁻³)	≤0.08
苯/(mg·m⁻³)	≤0.09
氨/(mg·m⁻³)	≤0.20
总挥发性有机物 TVOC/(Bq·m⁻³)	≤0.50

四、防水工程

(一)一般规定

(1)施工时，应设置安全照明，并保持通风。

(2)施工环境温度应符合防水材料的技术要求，并宜在 5 ℃以上。

(3)防水工程应做两次蓄水试验。

(4)防水涂料的性能应符合国家现行有关标准的规定，并应有产品合格证书。

(5)基层表面应平整，不得有松动、空鼓、起砂、开裂等缺陷，含水率应符合防水材料的施工要求。

(6)地漏、套管、卫生洁具根部、阴阳角等部位，应先做防水附加层。

(7)防水层应从地面延伸到墙面，高出地面 100 mm；浴室墙面的防水层不得低于 1 800 mm。

(8)防水砂浆施工应符合下列规定：

1)防水砂浆的配合比应符合设计或产品的要求，防水层应与基层结合牢固，表面应平整，不得有空鼓、裂缝和麻面起砂，阴阳角应做成圆弧形。

2)保护层水泥砂浆的厚度、强度应符合设计要求。

(9)涂膜防水施工应符合下列规定：

1)涂膜涂刷应均匀一致，不得漏刷。总厚度应符合产品技术性能要求。

2)玻纤布(玻璃纤维布)的接槎应顺流水方向搭接，搭接宽度应不小于 100 mm。两层以上玻纤布的防水施工，上、下搭接应错开幅宽的 1/2。

(二)厨房、卫生间的地面防水构造与施工要求

厨房、卫生间地面防水构造的一般做法如图 1-1 所示。卫生间防水构造剖面图如图 1-2 所示。

1. 结构层

卫生间地面结构层，宜采用整体现浇钢筋混凝土板或预制整块开间钢筋混凝土板。如设计无要求，则板缝应用防水砂浆堵严，表面 20 mm 深处宜嵌填沥青基密封材料，也可在板缝嵌填防水砂浆并抹平表面后，附加涂膜防水层，即铺贴 100 mm 宽玻璃纤维布一层，涂刷两道沥青基涂膜防水层，其厚度不小于 2 mm。

2. 找坡层

地面坡度应严格按照设计要求施工，做到坡度准确，排水通畅。当找坡层厚度小于 30 mm 时，可用水泥混合砂浆(水泥∶石灰∶砂=1∶1.5∶8)；当厚度大于 30 mm 时，宜用 1∶6 水泥炉渣材料，此时，炉渣粒径宜为 5～20 mm，要求严格过筛。

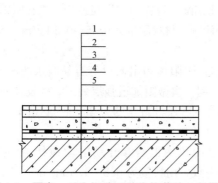

图 1-1 厨房、卫生间地面防水构造的一般做法

1—地面面层；2—防水层；3—水泥砂浆找平层；

4—找坡层；5—结构层

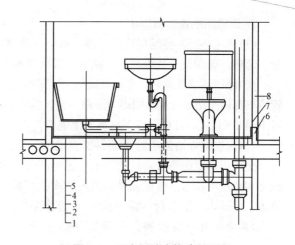

图 1-2 卫生间防水构造剖面图

1—结构层；2—垫层；3—找平层；4—防水层；

5—面层；6—混凝土防水台高出地面 100 mm；

7—防水层（与混凝土防水台同高）；8—轻质隔墙板

3. 找平层

要求采用 1∶2.5～1∶3 水泥砂浆，找平前，清理基层并浇水湿润，但不得有积水，找平时，边扫水泥浆边抹水泥砂浆，做到压实、找平、抹光，水泥砂浆宜掺防水剂，形成一道防水层。

4. 防水层

由于厨房、卫生间管道多，工作面小，基层结构复杂，故一般采用涂膜防水材料为宜。常用的涂膜防水材料有聚氨酯防水涂料、氯丁胶乳沥青防水涂料、SBS 橡胶改性沥青防水涂料等，应根据工程性质和使用标准选用。

5. 面层

地面装饰层按设计要求施工，一般采用 1∶2 水泥砂浆、陶瓷马赛克和防滑地砖等铺贴。墙面防水层高度一般不得低于 1.8 m，然后抹水泥砂浆或贴面砖（或贴面砖到顶）装饰层。

（三）厨房、卫生间地面防水层施工

1. 基层要求

（1）卫生间现浇混凝土楼面必须振捣密实，随抹压光，形成一道自身防水层。

（2）穿楼板的管道孔洞、套管周围缝隙用掺膨胀剂的豆石混凝土浇灌严实抹平，孔洞较大的，应吊底模浇灌。禁用碎砖、石块堵填。一般单面临墙的管道，离墙应不小于 50 mm；双面临墙的管道，一边离墙不应小于 50 mm，另一边离墙不应小于 80 mm。

（3）为保证管道穿楼板孔洞位置准确和灌缝质量，可采用手持金刚石薄壁钻机钻孔。经应用测算，这种方法的成孔和灌缝工效比芯模留孔方法的工效高 1.5 倍。

（4）在结构层上做厚 20 mm 的 1∶3 水泥砂浆找平层，作为防水层基层。

（5）基层必须平整坚实，表面平整度用 2 m 长直尺检查，基层与直尺间最大间隙不应大于 3 mm。基层有裂缝或凹坑时，要用 1∶3 水泥砂浆或水泥腻子修补平滑。

（6）基层所有转角做成半径为 10 mm、均匀一致的平滑小圆角。

（7）所有管件、地漏或排水口等部位，必须就位正确，安装牢固。

（8）基层含水率应符合各种防水材料对含水率的要求。

2. 聚氨酯防水涂料施工

(1)清理基层。将基层清扫干净；基层应做到找坡正确，排水顺畅，表面平整、坚实，无起灰、起砂、起壳及开裂等现象。涂刷基层处理剂前，基层表面应达到干燥状态。

(2)涂刷基层处理剂。将聚氨酯与二甲苯按规定的比例配合搅拌均匀即可使用。先在阴阳角、管道根部用滚动刷或油漆刷均匀涂刷一遍，然后大面积涂刷，材料用量为 $0.15 \sim 0.2 \ kg/m^2$。涂刷后干燥 4 h 以上，才能进行下一道工序施工。

(3)涂刷附加增强层防水涂料。在地漏、管道根部、阴阳角和出入口等容易漏水的薄弱部位，应先用聚氨酯防水涂料按规定的比例配合，均匀涂刮一次做附加增强层处理。按设计要求，细部构造也可按带胎体增强材料的附加增强层处理。胎体增强材料宽度为 $300 \sim 500 \ mm$，搭接缝为 $100 \ mm$，施工时，边铺贴平整，边涂刮聚氨酯防水涂料。

(4)涂刮第一遍涂料。将聚氨酯防水涂料按规定的比例混合，开动电动搅拌器，搅拌 $3 \sim 5 \ min$，用胶皮刮板均匀涂刮一遍。操作时，要厚薄一致，用料量为 $0.8 \sim 1.0 \ kg/m^2$，立面涂刮高度不应小于 $100 \ mm$。

(5)涂刮第二遍涂料。待第一遍涂料固化干燥后，再按相同方法涂刮第二遍涂料。涂刮方向应与第一遍相垂直，用料量与第一遍相同。

(6)涂刮第三遍涂料。待第二遍涂料涂膜固化后，再按上述方法涂刮第三遍涂料，用料量为 $0.4 \sim 0.5 \ kg/m^2$。

三遍聚氨酯涂料涂刮后，用料量总计为 $2.5 \ kg/m^2$，防水层厚度不小于 $1.5 \ mm$。

(7)第一次蓄水试验。待涂膜防水层完全固化干燥后，即可进行蓄水试验。蓄水试验 24 h 后观察无渗漏为合格。

(8)饰面层施工。涂膜防水层蓄水试验不渗漏，质量检查合格后，即可进行粉抹水泥砂浆或粘贴陶瓷马赛克、防滑地砖等饰面层。施工时应注意成品保护，不得破坏防水层。

(9)第二次蓄水试验。卫生间装饰工程全部完成后，工程竣工前还要进行第二次蓄水试验，检验防水层完工后是否被水电或其他装饰工程损坏。蓄水试验合格后，厕浴间的防水施工才算圆满完成。

3. 氯丁胶乳沥青防水涂料施工

氯丁胶乳沥青防水涂料，根据工程需要，防水层可采用一布四涂、二布六涂或只涂三遍防水涂料三种做法。其用量参考见表1-5。

表 1-5　氯丁胶乳沥青涂膜防水层用料参考

材　　料	三遍涂料	一布四涂	二布六涂
氯丁胶乳沥青防水涂料/$(kg \cdot m^{-2})$	$1.2 \sim 1.5$	$1.5 \sim 2.2$	$2.2 \sim 2.8$
玻璃纤维布/$(m^2 \cdot m^{-2})$	—	1.13	2.25

(1)清理基层。将基层上的浮灰、杂物清理干净。

(2)刮氯丁胶乳沥青水泥腻子。在清理干净的基层上，满刮一遍氯丁胶乳沥青水泥腻子。管道根部和转角处要厚刮，并抹平整。腻子的配制方法是：将氯丁胶乳沥青防水涂料倒入水泥中，边倒边搅拌至稠浆状，即可刮涂于基层表面，腻子厚度为 $2 \sim 3 \ mm$。

(3)涂刷第一遍涂料。待上述腻子干燥后，再在基层上满刷一遍氯丁胶乳沥青防水涂料(在大桶中搅拌均匀后，再倒入小桶中使用)。操作时涂刷不得过厚，但也不能漏刷，以表面均匀、不流淌、不堆积为宜。立面需刷至设计高度。

(4)做附加增强层。在阴阳角、管道根部、地漏、大便器等细部构造处分别做一布二涂附加增强层，即将玻璃纤维布(或无纺布)剪成相应部位的形状，铺贴于上述部位，同时刷氯丁胶乳沥青防水涂料，要贴实、刷平，不得有皱褶、翘边现象。

(5)铺贴玻璃纤维布的同时，涂刷第二遍涂料。待附加增强层干燥后，先将玻璃纤维布剪成相应尺寸，铺贴于第一道涂膜上，然后在上面涂刷防水涂料，使涂料浸透布纹网眼并牢固地粘贴于第一道涂膜上。玻璃纤维布搭接宽度不宜小于100 mm，并顺流水接槎，从里面往门口铺贴，先做平面后做立面，立面应贴至设计高度，平面与立面的搭接缝留在平面上，距离立面边宜大于200 mm，收口处要压实贴牢。

(6)涂刷第三遍涂料。待上一遍涂料实干后(一般宜在24 h以上)，再满刷第三遍防水涂料，涂刷要均匀。

(7)涂刷第四遍涂料。上一遍涂料干燥后，可满刷第四遍防水涂料，一布四涂防水层施工即告完成。

(8)蓄水试验。防水层实干后，可进行第一次蓄水试验。蓄水24 h无渗漏水为合格。

(9)饰面层施工。蓄水试验合格后，可按设计要求及时粉刷水泥砂浆或铺贴面砖等饰面层。

(10)第二次蓄水试验。方法与目的同聚氨酯防水涂料。

4. 地面刚性防水层施工

厨房、卫生间用刚性材料做防水层的理想材料是具有微膨胀性能的补偿收缩混凝土和补偿收缩水泥砂浆。

补偿收缩水泥砂浆用于厨房、卫生间的地面防水，对于同一种微膨胀剂，应根据不同的防水部位，选择不同的加入量，可起到不裂、不渗的防水效果。

下面以 U 形混凝土膨胀剂(UEA)为例，介绍其砂浆配制和施工方法。

在楼板表面铺抹 UEA 防水砂浆，应按不同的部位，配制含量不同的 UEA 防水砂浆。不同防水部位 UEA 防水砂浆的配合比参见表1-6。

表 1-6　不同防水部位 UEA 防水砂浆的配合比

防水部位	厚度/mm	C+UEA /kg	$\dfrac{UEA}{C+UEA}$/%	配合比			水胶比	稠度/cm
				水泥	UEA	砂		
垫层	20～30	550	10	0.90	0.10	3.0	0.45～0.50	5～6
防水层(保护层)	15～20	700	10	0.90	0.10	2.0	0.40～0.45	5～6
管件接缝	—	700	15	0.85	0.15	2.0	0.30～0.35	2～3

注：C—水泥。

防水层施工应符合下列要求：

(1)基层处理。施工前，应对楼面板基层进行清理，除净浮灰杂物，对凹凸不平处用10%～12%UEA(灰砂比为1∶3)砂浆补平，并应在基层表面浇水，使基层保持湿润，但不能积水。

(2)铺抹垫层。按1∶3的水泥砂浆垫层配合比，配制灰砂比为1∶3的 UEA 垫层砂浆，将其铺抹在干净湿润的楼板基层上。铺抹前，按照坐便器的位置，准确地将地脚螺栓预埋在相应的位置上。垫层的厚度为20～30 mm，分2～3层铺抹，每层应揉浆、拍打密实，垫层厚度应根据标高而定。在抹压的同时，应完成找坡工作，地面向地漏口找坡2%，地漏口周围50 mm范围内向地漏中心找坡5%，穿楼板管道根部位向地面找坡5%，转角墙部位的穿楼板管道向地面找坡 5%。分层抹压结束后，在垫层表面用钢丝刷拉毛。

（3）铺抹防水层。待垫层强度达到上人标准时，把地面和墙面清扫干净，并浇水充分湿润，然后铺抹四层防水层，第一、第三层为 10% UEA 水泥素浆，第二、第四层为 10%～12% 的 UEA（水泥：砂＝1：2）水泥砂浆层。铺抹方法如下：

第一层先将 UEA 和水泥按 1：9 的配合比准确称量后，充分干拌均匀，再按水胶比加水拌和成稠浆状，然后可用滚刷或毛刷涂抹，厚度为 2～3 mm。

第二层灰砂比为 1：2，UEA 掺入量为水泥质量的 10%～12%，一般可取 10%。待第一层素灰初凝后即可铺抹，厚度为 5～6 mm，凝固 20～24 h 后，适当浇水湿润。

第三层掺入 10% 的 UEA 水泥素浆层，其拌制要求、涂抹厚度与第一层相同，待其初凝后，即可铺抹第四层。

第四层 UEA 水泥砂浆的配合比、拌制方法、铺抹厚度均与第二层相同。铺抹时，应分次用铁抹子压 5～6 遍，使防水层坚固、密实，最后再用力抹压光滑，经硬化 12～24 h 后，浇水养护 3 d。

以上四层防水层的施工，应按照垫层的坡度要求找坡，铺抹的操作方法与地下工程防水砂浆施工方法相同。

（4）管道接缝防水处理。待防水层达到强度要求后，拆除捆绑在穿楼板部位的模板条，清理干净缝壁的乳渣、碎物，并按节点防水做法的要求涂布素灰浆和填充管件接缝防水砂浆，最后，灌水养护 7 d。蓄水期间，如不发生渗漏现象，可视为合格；如发生渗漏，找出渗漏部位，及时修复。

（5）铺抹 UEA 砂浆保护层。保护层 UEA 的掺量为 10%～12%，灰砂比为 1：（2～2.5），水胶比为 0.4。铺抹前，对要求用膨胀橡胶止水条做防水处理的管道、预埋螺栓的根部及需用密封材料嵌填的部位要及时做防水处理。然后，就可分层铺抹厚度为 15～25 mm 的 UEA 水泥砂浆保护层，并按坡度要求找坡，待硬化 12～24 h 后，浇水养护 3 d。最后，根据设计要求铺设装饰面层。

5. 施工注意事项

（1）厨房、卫生间施工一定要严格按规范操作，否则，一旦发生漏水，维修就会很困难。

（2）在厨房、卫生间施工时不得抽烟，并要注意通风。

（3）到养护期后，一定要做厕浴间闭水试验，如发现渗漏，应及时修补。

（4）操作人员应穿软底鞋，严禁踩踏尚未固化的防水层。铺抹水泥砂浆保护层时，脚下应铺设无纺布走道。

（5）防水层施工完毕，应设专人看管保护，并不准在尚未完全固化的涂膜防水层上进行其他工序的施工。

（6）防水层施工完毕，应及时进行验收，及时进行保护层的施工，减少不必要的损坏返修。

（7）在对穿楼板管道和地漏管道进行施工时，应用棉纱或纸团暂时封口，防止杂物落入管道，堵塞管道，留下排水不畅或泛水的后患。

（8）进行刚性保护层施工时，严禁在涂膜表面拖动施工机具、灰槽，施工人员应穿软底鞋在铺有无纺布的隔离层上行走。铲运砂浆时，应精心操作，防止铁锹铲伤涂膜；抹压砂浆时，铁抹子不得下意识地在涂膜防水层上磕碰。

（9）厨房、卫生间大面积防水层也可采用 JS 复合防水涂料、确保时、防水宝、堵漏灵、防水剂等刚性防水材料做防水层，其施工方法必须严格按生产厂家的说明书及施工指南进行施工。

(四)厨房、卫生间渗漏及堵漏措施

厨房、卫生间用水频繁，防水处理不当就会发生渗漏。主要表现在楼板管道滴漏水、地面积水、墙壁潮湿渗水，甚至下层顶板和墙壁也出现滴水等现象。治理卫生间的渗漏，必须先查找渗漏的部位和原因，然后采取有效的针对性措施。

1. 板面及墙面渗水

(1)渗水原因。板面及墙面渗水的主要原因是由于混凝土、砂浆施工的质量不良，在其表面存在微孔渗漏；板面、隔墙出现轻微裂缝；防水涂层施工质量不好或损坏都可以造成渗水现象。

(2)处理方法。首先将厨房、卫生间渗水部位的饰面材料拆除，在渗水部位涂刷防水涂料进行处理。但拆除厨房、卫生间后发现防水层存在开裂现象时，则应对裂缝先进行增强防水处理，再涂刷防水涂料。其增强处理一般可采用贴缝法、填缝法和填缝加贴缝法。贴缝法主要适用于微小的裂缝，可刷防水涂料并加贴纤维材料或布条，做防水处理。填缝法主要用于较显著的裂缝，施工时，要先进行扩缝处理，将缝扩成 15 mm×15 mm 左右的 V 形槽，清理干净后，刮填缝材料。填缝加贴缝法除采用填缝处理外，在缝的表面再涂刷防水涂料，并粘纤维材料处理。当渗漏不严重时，饰面板拆除困难，也可直接在其表面刮涂透明或彩色聚氨酯防水涂料。

2. 卫生洁具及穿楼板管道、排水管口等部位渗漏

(1)渗漏原因。卫生洁具及穿楼板管道、排水管口等部位产生渗漏的原因主要是细部处理方法不当，卫生洁具及管口周围填塞不严；管口连接件老化；由于振动及砂浆、混凝土收缩等原因出现裂缝；卫生洁具及管口周边未用弹性材料处理，或施工时嵌缝材料及防水涂料黏结不牢；嵌缝材料及防水涂层被拉裂或拉离黏结面。

(2)处理方法。先将漏水部位及周围清理干净，再填塞弹性嵌缝材料，或在渗漏部位涂刷防水涂料并粘贴纤维材料进行增强处理。如渗漏部位在管口连接部位，管口连接件老化现象比较严重，则可直接更换老化管口的连接件。

本章小结

建筑装饰是建筑装饰装修工程的简称，是为保护建筑物的主体结构、完善建筑物的使用功能和美化建筑物，采用装饰装修材料或饰物对建筑物的内外表面及空间进行的各种处理过程。建筑装饰施工的作用主要是保护建筑主体、保证建筑物使用功能、优化环境，创造使用条件及美化建筑，提高艺术效果。建筑装饰施工的任务是通过装饰施工人员的劳动，实现设计师的设计意图。建筑装饰施工所涉及的内容非常广泛，按大的工程部位划分有室内(包括室内顶棚、墙柱面、地面、门窗口、隔墙隔断、厨卫设备、室内灯具、家具及陈设品布置等)和室外(外墙面、地面、门窗、屋顶、檐口、雨篷、入口、台阶、建筑小品等)装饰工程施工；按一般工程部位划分有墙柱面装饰工程施工、顶棚装饰工程施工、地面装饰工程施工、门窗装饰工程施工等。

思考与练习

一、填空题

1. 建筑装饰装修的对象主要包括：_____；_____。

2. 特殊部位装饰装修包括_____。

二、选择题

1. 对木质装饰装修材料进行防火涂料涂布时，涂布量应不小于(　　)g/m²。

A. 200　　　　　　B. 300　　　　　　C. 400　　　　　　D. 500

2. 住宅装饰装修后室内甲醛浓度的限值为(　　)g/m³。

A. ≤0.08　　　　B. ≤0.20　　　　C. ≤0.50　　　　D. ≤0.80

3. 住宅装饰装修后室内苯浓度的限值为(　　)mg/m³。

A. ≤0.09　　　　B. ≤0.20　　　　C. ≤0.50　　　　D. ≤0.90

三、问答题

1. 试分析涂料类装饰装修的优点、缺点。

2. 采用块材铺贴装饰时，如何进行基层处理？

3. 简述建筑装饰施工的技术特点。

第二章　抹灰工程施工技术

了解建筑抹灰常用机具，熟悉抹灰机具的使用方法及抹灰施工要求，掌握装饰施工常用砂浆的制备、抹灰施工技术操作要点和抹灰施工质量的检查验收。

通过本章内容的学习，掌握抹灰工程常用砂浆的制备、抹灰施工技术操作要点及抹灰工程质量检查与验收要求，能够进行建筑抹灰装饰施工操作。

第一节　抹灰工程的概念和基本要求

一、抹灰工程的概念

抹灰工程是将各种砂浆、装饰性石屑浆、石子浆涂抹在建筑物的墙面、顶棚、地面等表面上，除保护建筑物外，还可作为饰面层起装饰作用。

其中，一般抹灰所使用的材料为石灰砂浆、水泥砂浆、混合砂浆、聚合物水泥砂浆、膨胀珍珠岩水泥砂浆、麻刀灰、纸筋灰、石膏灰等，根据房屋使用标准和质量要求，一般抹灰又可分为普通抹灰、中级抹灰和高级抹灰；装饰抹灰是指通过选用材料及操作工艺等方面的改进，而使抹灰富于装饰效果的水磨石、水刷石、干粘石、斩假石、拉毛与拉条抹灰、装饰线条抹灰以及弹涂、滚涂、彩色抹灰等，装饰抹灰的底层和中层与一般抹灰做法基本相同；特种砂浆抹灰是指采用保温砂浆、耐酸砂浆、防水砂浆等材料进行的具有特殊要求的抹灰。

抹灰工程主要有两大功能：一是防护功能，保护墙体不受风、雨、雪的侵蚀，增强光线反射，美化环境；在易受潮湿或酸碱腐蚀的房间里，主要起保护墙身、顶棚和楼地面的作用；二是美化功能，改善室内卫生条件，净化空气，美化环境，提高居住舒适度。

二、抹灰工程的基本要求

(一)抹灰工程的施工要求

(1)抹灰工程应对水泥的凝结时间和安定性进行复验。

(2)抹灰工程应对下列隐蔽工程项目进行验收：

1)抹灰总厚度大于或等于 35 mm 时的加强措施。

2)不同材料基体交接处的加强措施。

(3)各分项工程的检验批应按下列规定划分：

1)相同材料、工艺和施工条件的室外抹灰工程，每 500～1 000 m² 应划分为一个检验批，不足 500 m² 也应划分为一个检验批。

2)相同材料、工艺和施工条件的室内抹灰工程，每 50 个自然间(大面积房间和走廊按抹灰面积 30 m² 为一间)应划分为一个检验批，不足 50 间也应划分为一个检验批。

(4)检查数量应符合下列规定：

1)室内每个检验批应至少抽查 10%，并不得少于 3 间；不足 3 间时，应全数检查。

2)室外每个检验批每 100 m² 应至少抽查一处，每处不得小于 10 m²。

(5)外墙抹灰工程施工前应先安装钢木门窗框、护栏等，并应将墙上的施工孔洞堵塞密实。

(6)抹灰用的石灰膏的熟化期不应少于 15 d；罩面用的磨细石灰粉的熟化期不应少于 3 d。

(7)室内墙面、柱面和门洞口的阳角做法应符合设计要求。设计无要求时，应采用 1∶2 水泥砂浆做暗护角，其高度不应低于 2 m，每侧宽度不应小于 50 mm。

(8)当要求抹灰层具有防水、防潮功能时，应采用防水砂浆。

(9)各种砂浆抹灰层，在凝结前，应防止快干、水冲、撞击、振动和受冻；在凝结后，应采取措施防止玷污和损坏。水泥砂浆抹灰层应在湿润条件下养护。

(10)外墙和顶棚的抹灰层与基层之间及各抹灰层之间，必须黏结牢固。

(二)抹灰层的要求

1. 抹灰层的组成及做法要求

为使抹灰层与基层黏结牢固，防止起鼓、开裂并使表面平整，一般应分层(即分为底层、中层和面层)操作。

(1)底层为黏结层，其作用主要是与基层黏结并初步找平，根据基层(基体)材质的不同而采取不同的做法。

(2)中层为找平层，主要起找平作用，根据工程要求可一次抹成，也可分遍(道)涂抹，所用材料基本上与底灰相同。

(3)面层为装饰层，即通过不同的操作工艺使抹灰表面达到预期的装饰效果，抹灰层的组成及做法见表 2-1。

表 2-1　抹灰层的组成及做法

灰层	作用	基层材料	一般做法
底层	主要起与基层黏结作用，兼初步找平作用	砖墙基层	(1)内墙一般采用石灰砂浆、石灰炉渣浆打底，打底前，先刷一遍胶水溶液； (2)外墙、勒脚、屋檐以及室内有防水、防潮要求，可采用水泥砂浆打底
		混凝土和加气混凝土基层	(1)采用水泥砂浆或混合砂浆打底； (2)高级装饰工程的预制混凝土板顶棚，宜用聚合物水泥砂浆打底
		木板条、苇箔、钢丝网基层	(1)宜用混合砂浆或麻刀灰、玻璃丝灰打底； (2)需将灰浆挤入基层缝隙内，以加强拉结
中层	主要起找平作用		(1)所用材料基本与底层相同； (2)根据施工质量要求，可一次抹成，也可分遍进行

灰 层	作 用	基层材料	一般做法
面层	主要起装饰作用		(1)要求大面平整，无裂痕，颜色均匀； (2)室内一般采用麻刀灰、纸筋灰、玻璃丝灰，高级墙面也可用石膏灰浆和水砂面层等，室外常用水泥砂浆、水刷石、斩假石等

2. 抹灰层的厚度要求

抹灰层厚度要求是抹灰饰面的第二个结构要素，在实际的建筑装饰装修施工中，抹灰层的厚度控制是一项非常重要的工作。各道抹灰的厚度一般是由基层材料、砂浆品种、工程部位、质量标准及气候条件等因素确定的。抹灰层的平均总厚度根据具体部位、基层材质及抹灰等级标准等要求而有所差异，但不能大于表 2-2 中规定的数值，具体操作参考表 2-1 及表 2-3。

表 2-2　抹灰层平均总厚度　　　　　　　　　　　mm

项　目	基　层	抹灰层总厚度
内墙抹灰	普通抹灰	≤18
	中级抹灰	≤20
	高级抹灰	≤25
外墙抹灰	砖墙面	≤20
	勒脚及凸出墙面部分	≤25
	石材墙面	≤35
顶棚抹灰	板条、空心砖、现浇混凝土	≤15
	预制混凝土	≤18
	金属网	≤20

表 2-3　每层灰的控制厚度　　　　　　　　　　　mm

抹灰材料	每层灰厚度	抹灰材料	每层灰厚度
水泥砂浆	5～7	麻刀灰	＜3
石灰砂浆、混合砂浆	7～9	纸筋灰、石膏灰	＜2

第二节　抹灰工程施工常用机具

抹灰操作是一项复杂的工作，人工消耗多，技术含量高，同时，还涉及许多手工工具和施工机械。常用的手工工具有抹子、尺子、刷子等。由于每一种工具的用途各不相同，必须根据实际操作情况和施工要求，在抹灰工作开始前准备就绪，而且工具的使用和工人的操作熟练程度有很大关系。

一、搅拌机械

搅拌机械主要有麻刀机、砂浆搅拌机、连续混浆机、纸筋灰拌合机等搅拌机械。此类机械种类繁多，主要技术指标有工作容量、搅拌时间、电动机功率、转速、生产率、外形尺寸等。

下面以砂浆搅拌机为例，说明其构造、工作原理及使用方法。

(1)砂浆搅拌机的主要性能参数见表2-4。

表2-4　砂浆搅拌机的主要性能参数

性能指标	性能参数				
生产率	26 m³/班	6 m³/h	3 m³/h	3，4，6 m³/h	10 t/班
功率/kW	2.8	2.8，3	2.8	2.2，3	3
转速/(r·min⁻¹)	1 440	1 430，1 450	1 450	960～1 450	1 450
外形尺寸(长×宽×高)/(cm×cm×cm)	170×182×192	270×170×135 312×166×172 275×171×149	228×110×100	(137～228)× (181～116)× (117～133)	130×70×105 188×70×105
质量/kg	1 200	760	500	370～685	210～250

(2)砂浆搅拌机的构造与工作原理。

1)活门卸料砂浆搅拌机主要规格为325 L(料容量)，并安装铁轮或轮胎形成移动式。图2-1所示为这种砂浆搅拌机中比较有代表性的一种，具有自动进料斗和量水器，机架既是支撑架又是进料斗的滚轮轨道，料筒内沿其中心纵轴线方向装有一根转轴，转轴上装有搅拌叶片，叶片的安装角度除能保证均匀地拌和外，还需使砂浆不因拌叶的搅动而飞溅。量水器为虹吸式，可自动量配拌和用水。转轴由筒体两端的轴承支撑，并与减速器输出轴相连，由电动机通过 V 带驱动。卸料活门由手柄来启闭，拉起手柄可使活门开启，推压手柄可使活门关闭。

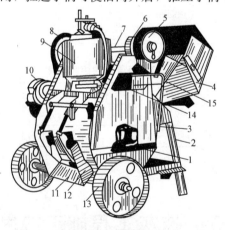

图 2-1　整装式活门卸料砂浆搅拌机

1—装料筒；2—机架；3—料斗升降手柄；4—进料斗；
5—制动轮；6—卷筒；7—上轴；8—离合器；
9—量水器；10—电动机；11—卸料门；12—卸料手柄；
13—行走轮；14—三通阀；15—给水手柄

进料斗的升降机构由上轴、制动轮、卷筒、离合器等组成，并由手柄操作。

2)图2-2所示为通用型 UJZ-325 型活门卸料砂浆搅拌机。这种砂浆搅拌机的结构已大为简化，为便于经常转移使用地点和长途运输，省掉了量水器、进料斗及其操作机构(离合器、制动器等)。

四支可调高度的支撑，使砂浆机能够稳定地坐落在地面上，使轮胎在工作时悬空。

3) LHJ-A 型活门卸料砂浆搅拌机如图 2-3 所示。其搅拌轴转速一般为 30 r/min，电动机输出动力后，用两级齿轮减速器和 V 带传动给转轴减速和增加扭矩。减速器制成悬挂式，靠壳体一侧和输出轴支撑在轴承座与机架上，这样可使底盘结构简单轻便。

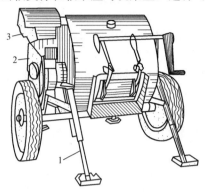

图 2-2　UJZ-325 型活门卸料砂浆搅拌机
1—支撑；2—减速器；3—电动机

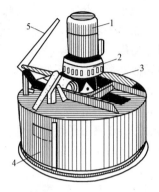

图 2-3　LHJ-A 型活门卸料砂浆搅拌机
1—电动机；2—行星摆线针轮减速器；
3—搅拌筒；4—出料活门；5—活门启闭手柄

（3）砂浆搅拌机的使用要求。

1) 一般砂（灰）浆机的操作比较简单，电源接通后便进入工作状态，如果运转正常，按要求加入物料和水，即可进行搅拌工作。

2) 为保证搅拌机的正常工作，使用前应认真检查拌叶是否存在松动现象，如有，则应予以紧固，因拌叶松动容易打坏搅拌筒，甚至损坏转轴。另外，还需检查整机的润滑情况，搅拌机的主轴承由于转速不高，一般均采用滑动轴承，由于轴承边口易于侵入尘屑和灰浆而加速磨损，故此处应特别注意保持清洁。搅拌机的电气线路连接要牢固，开关接触情况应该良好，装用的熔丝需符合标准，接地装置也应安全可靠。V 带的松紧度要适度，进、出料装置需操作灵活和安全可靠。

3) 倾翻卸料的砂浆搅拌机，当筒壁内粘有砂浆硬块或在砂浆中夹杂有粗粒石块时，拌叶易被卡塞，使搅拌筒在运转后被拖翻而造成事故。因此在启动前，须检查和清除筒内壁残留的砂浆硬块。

二、运输机械

运输机械有气力运输系统、砂浆泵、机械翻斗送灰车、手推车等。

下面以砂浆泵为例，说明其特点、性能、工作原理及使用方法。

（1）特点：砂浆泵是一种能适应各种不同工况条件的泵，如输送酸、碱性清液或料浆；冶炼行业各种腐蚀性矿浆；硫酸行业各类稀酸；环保行业各类污水等。该泵既耐腐蚀又耐磨损，使用范围十分广泛。砂浆泵具有如下特点：

1) 强大的耐磨性：过流部件全部采用钢衬超高分子量聚乙烯（UHMWPE）制造，超高分子量聚乙烯的耐磨性居塑料之首，是尼龙 66（PA66）、聚四氟乙烯（PTFE）的 4 倍，是碳钢、不锈钢耐磨性的 7～10 倍。

2) 强大的耐冲击性：超高分子量聚乙烯的冲击强度位居通用工程塑料之首，是（丙烯腈/丁二烯/苯乙烯）共聚物（ABS）的 5 倍，且能在 -196 ℃保持稳定，这是其他任何塑料所没有的特性。

3)优良的耐腐蚀性：该泵在一定温度和浓度范围内能耐各种腐蚀性介质(酸、碱、盐)及有机溶剂，在 20 ℃和 90 ℃的 80 种有机溶剂中浸渍 30 d，外表无任何反常现象，其他物理性能也几乎没有变化。

4)无噪声：超高分子量聚乙烯冲击能吸收性为塑料中最高值，消声性好，从而在输送过程中最大限度地减小了液体流动产生的噪声。

5)安全可靠，无毒素分解：该泵所采用的超高分子量聚乙烯化学性能极其稳定，因此也适合在食品行业使用。

6)摩擦系数低：该泵内部的摩擦系数仅为 0.07～0.11，故具有自润滑性。在水润滑条件下，其动摩擦系数比 PA66 和聚甲醛(POM)低一半。当以滑动或转动形式工作时，比钢和黄铜加了润滑油后的润滑性还要好。

7)抗黏性好：超高分子量聚乙烯抗黏性极好，抗黏附能力与 PTFE 相当，因此，在输送一些黏度较高的介质时也表现突出。

(2)主要性能：

1)耐腐耐磨，一泵多用，酸碱类清液料浆均适用。

2)泵体为钢衬超高分子量聚乙烯结构，衬里厚度为 8～20 mm，该泵应用了衬塑专利技术，和其他同类泵相比，具有衬里层抗热变形性能好、耐开裂、防脱落、使用温度高等优势。

3)叶轮有开式、闭式两种，可根据介质状况任选。

4)密封：K 型动力密封、K1 型动力密封、T 型填料密封、T1 型填料密封、C3 型非标密封。

5)适用介质：浓度为 80%以下的硫酸，浓度为 50%以下的硝酸，各种浓度的盐酸、液碱，既适用于清液，也适用于料浆。

(3)主要技术参数：使用温度为 −20 ℃～90 ℃(使用改性材质，可提高到 100 ℃以上)，进口直径为 32～350 mm，流量为 5～2 600 m³/h，扬程在 80 m 以内。

(4)砂浆泵的启动、运行及维护：

1)运行前的检查。试运行前应先用手盘动联轴器或轴，检查转向是否正确，运转是否灵活，如盘不动或有异常声音，应及时检查。检查时，先从外部用手检查联轴器是否水平，从轴承座上的油镜孔处，查看润滑油的位置是否在油镜的中心线附近(太多应放掉一些，太少应加上一些)，边检查边盘动，如果问题依然存在，就要拆泵检查(拆泵时请参照说明书上的结构简图和拆装程序)，清理异物，并和生产厂家联系协商解决方法。

2)开车步骤：泵内灌满液体→及时打开进口阀门(如进口阀门为单向止回阀，就不需要人工操作)→接通电源→再打开出口阀门。

3)运行中如有异常声音，或有电动机发热等不正常情况出现时，也应停机检查，检查方法和步骤同 1)。

4)停机：先关闭出口处阀门，然后切断电源，并及时关闭进口处阀门(如进口阀门为单向止回阀，就不需要人工操作)。

5)维护：

①轴承座内的润滑油应定期更换，在正常情况下，应六个月更换一次。

②寒冷季节，停泵后若有结冰现象，应先接通密封处冷却水，必要时可加热水解冻，后用手盘动联轴器，直到运转灵活，再按照启动步骤开车。

③有冷却水装置的泵，开车前应先接通冷却水，泵正常运行时，可继续接通，若条件不允许也可停掉，若冷却水的流量和压力都没有要求，采用自来水即可。

④泵在关闭出口阀门时的运行称为闭压运行状态，全塑泵或衬塑泵的闭压运行时间应尽可

能减短，常温介质以不超过 5 min 为限，高温介质最好不要超过 2 min。

⑤中分泵壳的泵，如进口 150 mm 以上的泵，中分面处的密封塑料，因热胀冷缩尺寸有些变化，安装时，应先将中分处的连接螺栓拧紧，再连接进口管路，以防中分面泄漏，此条对北方的用户尤其重要。

⑥泵不能承受进出口管道的重量，进口管路越短越好，泵出口到阀门处的垂直高度应尽可能短。

⑦保持电动机上没有水渍，防止电动机受潮。

三、斩假石专用工具

斩假石所使用的工具，除一般抹灰常用的手工工具外，还要备有剁斧(斩斧)、单刃或多刃斧、花锤(棱点锤)、扁凿、齿凿、弧口凿、尖锥等，如图 2-4 所示。

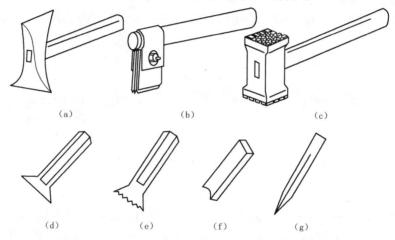

图 2-4 斩假石专用工具

(a)斩斧；(b)多刃斧；(c)花锤；(d)扁凿；(e)齿凿；(f)弧口凿；(g)尖锥

四、手工工具

常用手工工具如图 2-5 所示。

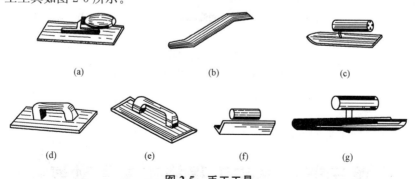

图 2-5 手工工具

(a)铁抹子；(b)钢皮抹子；(c)压子；(d)塑料抹子；(e)木抹子；(f)阴角抹子；(g)圆角阴角抹子

(1)铁抹子：俗称钢板，有方头和圆头两种，常用于涂抹底灰、水泥砂浆面层、水刷石及水磨石面层等。

（2）钢皮抹子：与铁抹子外形相似，但比较薄，弹性较大，用于抹水泥砂浆面层和地面压光等。

（3）压子：用于水泥砂浆的面层压光和纸筋石灰浆、麻刀石灰浆的罩面等。

（4）塑料抹子：有圆头和方头两种，用聚乙烯硬质塑料制成，用于压光纸筋石灰浆面层。

（5）木抹子：俗称木蟹，有圆头和方头两种，用白红松木制成，用于搓平和压实底子灰砂浆。

（6）阴角抹子：又称阴抽角器，有小圆角和尖角两种，用于阴角抹灰的压实和压光。

（7）圆角阴角抹子：又称明沟铁板，用于水池阴角和明沟阴角的压光。

五、其他机具

（1）水压泵、喷雾器等。

（2）检测工具：靠尺板（2 m）、线坠、钢卷尺、方尺、金属水平尺、八字靠尺、方口尺等（图2-6）。

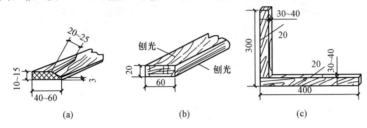

图 2-6　检测工具

(a)八字靠尺；(b)靠尺板；(c)方口尺

（3）辅助工具：铁锹、筛子、水桶（大小）、灰槽、灰勺、刮杠（大2.5 m、中1.5 m）、托灰板、软水管、长毛刷、鸡腿刷、钢丝刷、茅草帚、喷壶、小线、钻子（尖、扁）、粉线袋、铁锤、钳子、钉子、软（硬）毛刷、小压子、铁镏子、托线板等（图2-7）。

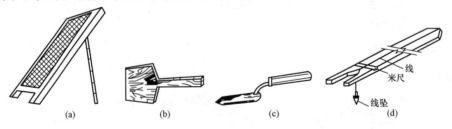

图 2-7　辅助工具

(a)筛子；(b)托灰板；(c)小压子；(d)托线板

第三节　抹灰工程施工常用砂浆

抹灰砂浆也称抹面砂浆，是指涂抹在建筑物或建筑构件表面的砂浆。其作用是保护墙体不受风雨、潮气等的侵蚀，提高墙体防潮、防风化、防腐蚀等方面的耐久性；同时，使墙面、地面等建筑部位平整、光滑、整洁美观。

抹面砂浆的组成材料与砌筑砂浆基本相同，但为了防止砂浆层开裂，有时需加入一些纤维材料（如纸筋、麻刀等），有时为了使其具有某些功能需加入特殊骨料或掺加料。

抹面砂浆在性能上与砌筑砂浆的要求有些差异。抹面砂浆要求除具有良好的和易性，便于施工外，其与基层材料的黏结强度也应较高。一般情况下，对抹面砂浆的强度要求不高；而处于潮湿环境或易受外力作用的部位（如地面、墙裙等），则应具有较高的强度和耐水性。

根据功能的不同，抹面砂浆可分为普通抹面砂浆、装饰抹面砂浆和具有某些特殊功能（防水、耐酸、绝热、吸声等）的特种砂浆。

一、普通抹面砂浆

普通抹面砂浆是建筑工程中用量最大的抹面砂浆，它主要对建筑物和墙体起保护作用，抵抗风、雨、雪等自然环境和有害杂质对建筑物的侵蚀，提高建筑物的耐久性。另外，经过砂浆抹面的墙面或其他构件的表面，又可以达到平整、光洁和美观的效果。

普通抹面砂浆通常可分为两层或三层进行施工，各层作用和抹灰要求不同，所以，各层选用的砂浆也有所区别。

底层抹灰的作用是使砂浆与底面能牢固地黏结，要求砂浆具有良好的和易性及较高的粘结力，其保水性要好，否则水分就容易被底面材料吸收而影响砂浆的粘结力，要求沉入度较大（100～120 mm），其组成材料常随底层而异。底材表面粗糙有利于与砂浆的黏结。

用于砖墙的底层抹灰，多用石灰砂浆或石灰炉灰砂浆；用于板条墙或板条顶棚的底层抹灰，多用麻刀石灰砂浆；用于混凝土墙、梁、柱、顶板等的底层抹灰，多用水泥砂浆或混合砂浆。

中层砂浆主要起找平作用，有时可省去，多用混合砂浆或石灰砂浆，比底层砂浆稍稠些（沉入度为70～90 mm）。

面层砂浆主要起保护和装饰作用，多采用细砂配制的混合砂浆、麻刀石灰砂浆或纸筋石灰砂浆（沉入度为70～80 mm）。

在容易碰撞或潮湿的地方，应采用水泥砂浆，如墙裙、踢脚板、地面、雨篷、窗台以及水池、水井等处，一般多用1∶2.5水泥砂浆。在硅酸盐砌块墙面上做抹面砂浆或粘贴饰面材料时，最好在砂浆层内夹一层事先固定好的钢丝网，以免日后发生剥落现象。确定抹面砂浆组成材料及配合比的主要依据是工程使用部位及基层材料的性质。普通抹面砂浆的配合比及应用范围可参考表2-5。

表2-5 普通抹面砂浆的配合比及应用范围

材料	配合比（体积比）	应用范围
石灰∶砂	1∶2～1∶4	用于砖石墙表面（檐口、勒脚、女儿墙及潮湿房间的墙除外）
石灰∶黏土∶砂	1∶1∶4～1∶1∶8	用于干燥环境的墙体表面
石灰∶石膏∶砂	1∶0.4∶2～1∶1∶3	用于不潮湿房间的墙及顶棚
石灰∶石膏∶砂	1∶2∶2～1∶2∶4	用于不潮湿房间的线脚及其他装饰工程
石灰∶水泥∶砂	1∶0.5∶4.5～1∶1∶5	用于檐口、勒脚、女儿墙及比较潮湿的部位
水泥∶砂	1∶3～1∶2.5	用于浴室、潮湿车间等墙裙、勒脚或地面基层
水泥∶砂	1∶2～1∶1.5	用于地面、顶棚或墙面面层
水泥∶砂	1∶1～1∶0.5	用于混凝土地面，随时压光

材料	配合比(体积比)	应用范围
水泥：石膏：砂：锯末	1：1：3：5	用于吸声粉刷
水泥：白石子	1：2～1：1	用于水磨石(打底用1：2.5水泥砂浆)
水泥：白石子	1：1.5	用于斩假石[打底用1：2～1：2.5水泥砂浆]
石灰膏：麻刀	100：2.5(质量比)	用于板层、顶棚底层
石灰膏：麻刀	100：1.3(质量比)	用于板层、顶棚面层(或100 kg石灰膏加3.8 kg纸筋)
石灰膏：纸筋	石灰膏0.1 m³，纸筋0.36 kg	用于较高级墙面、顶棚

二、装饰抹面砂浆

装饰抹面砂浆是指涂抹在建筑物内外墙表面，具有美观装饰效果的抹面砂浆。装饰抹面砂浆的底层和中层与普通抹面砂浆基本相同，主要是装饰的面层，要选用具有一定颜色的胶凝材料和骨料以及采用某些特殊的操作工艺，使表面呈现出不同的色彩、纹理质感、线条与花纹等装饰效果。

装饰砂浆的胶凝材料采用石膏、石灰、普通水泥、矿渣水泥、火山灰水泥、白水泥和彩色水泥，或在水泥中掺加白色大理石粉，使砂浆表面色彩明亮。其骨料多为白色、浅色或彩色的天然砂、彩釉砂和着色砂，也可用彩色大理石或花岗石碎屑、陶瓷碎粒或特制的塑料色粒。有时也可加入少量云母碎片、玻璃碎粒、长石、贝壳等，使表面获得发光效果。

掺加颜料的砂浆常用在室外抹灰工程中，将经受风吹、日晒、雨淋及大气中有害气体的腐蚀和污染。因此，装饰砂浆中的颜料应采用耐碱和耐光性好的矿物颜料。

根据组成材料不同，砂浆常分为灰浆类砂浆饰面和石碴类砂浆饰面。

灰浆类砂浆饰面是以水泥砂浆、石灰砂浆及混合砂浆作为装饰材料，采用各种工艺手段使水泥砂浆着色或表面得到处理，从而直接形成装饰面层。这类饰面主要靠掺入颜料及砂浆本身所能形成的质感来达到装饰目的。常见的工艺方法有拉毛、甩毛、搓毛、扫毛、喷涂、拉条、弹涂、外墙滚涂、假面砖及假大理石等。

石碴类砂浆饰面是在水泥砂浆中掺入各种颜色石碴作为骨料，制成石碴浆，然后用不同的做法除去表面水泥浆皮，形成石碴不同的外露样式，通过水泥石与石碴的色泽对比，构成不同的装饰效果。这类饰面主要靠石碴的颜色、颗粒形状来达到装饰目的，其色泽明亮，质感丰富，且不易褪色和污染。常见的工艺做法有水刷石、水磨石、斩假石、干粘石等。下面简单介绍几种常用工艺做法：

(1)拉毛。拉毛是先用水泥砂浆或混合砂浆做底层，再用水泥石灰混合砂浆或水泥纸筋灰做面层，在面层砂浆(罩面灰)凝结之前，用抹刀将表面拍拉成凹凸质感较强的饰面层。用该种工艺做成的面层兼具装饰和吸声作用，一般用于有吸声要求的礼堂、剧院等公共建筑的室内墙壁和顶棚饰面，也常用于外墙面、阳台栏板或围墙等外饰面。

(2)拉条。拉条是采用条形模具上下拉动，使场面抹灰呈规则的细条、粗条、半圆条、波形条、梯形条和长方形条等，是一种较新的抹灰做法。其优点是美观大方，不易积灰，成本低，并具有良好的音响效果。其适用于公共建筑门厅、观众厅、会议室等场面、方柱的装饰面层。

(3)弹涂。弹涂是在墙体表面涂刷一道聚合物水泥色浆后，用弹涂器分几遍将不同色彩的水泥色浆弹涂到墙面上，形成直径为1～3 mm、大小近似、颜色不同、相互交错的圆形色点，再喷罩一层甲基硅树脂或聚乙烯醇缩丁醛涂料，构成彩色的装饰面层。因外罩有涂料，故耐污染性能及耐久性较好。其适用于建筑物内外墙面饰面，也可用于顶棚饰面。

（4）水磨石。水磨石是用水泥拌和彩色石碴或白色大理石碎粒做面层，经拌匀、养护、硬化打磨、洒草酸冲洗、干后打蜡等工序制成的。水磨石可设计图案和色彩进行现场制作或工厂预制。水磨石一般用于室内装饰，多制作地面，也可预制成楼梯踏步、窗台板、柱面、踢脚板等多种建筑构件。

（5）斩假石。斩假石又称剁斧石，是以水泥石碴浆或水泥石屑浆做面层抹灰，待其硬化到具有一定强度时用剁斧、齿斧及各种凿子等工具在面层上剁斩出类似石材经雕琢效果的一种人造石料装饰方法。斩假石是石碴类饰面各种做法中效果最好的。它既具有真石的质感，又具有精工的特征，给人以朴实、自然、素雅、凝重的感觉。斩假石主要用于局部小面积装饰，如柱面、勒脚、扶手、栏杆、室外台阶和地坪等的装饰。

（6）干粘石。干粘石是在素水泥浆或聚合物水泥砂浆面层上，直接黏结粒径 5 mm 以下的彩色石碴、小石子或彩色玻璃碎粒，再拍平压实（石粒压入砂浆 2/3）的一种装饰抹灰做法。要求石子黏结牢固，不脱落，不漏浆。干粘石是由传统水刷石工艺演变而得的，其装饰效果与水刷石相同，但施工采用干操作，避免了水刷石的湿操作，施工效率高，污染小，并可节约水泥、石粒等原料。干粘石多用于建筑物的外墙装饰，具有一定的质感，经久耐用。

三、特种砂浆

（1）防水砂浆。防水砂浆是一种制作防水层用的抗渗性高的砂浆。砂浆防水层又叫作刚性防水层，仅适用于不受震动和具有一定刚度的混凝土或砖石砌体工程，广泛用于地下建筑、水塔、蓄水池等建筑物和构筑物的防水。对于变形较大或可能发生不均匀沉陷的建筑物，不宜采用刚性防水层。

防水砂浆宜选用 42.5 级以上的普通水泥和级配良好的中砂配制，也可在水泥砂浆中掺入防水剂制作。砂浆配合比中，水泥与砂的质量比不宜大于 1∶2.5，水胶比宜控制在 0.5～0.6，稠度不应大于 80 mm。防水砂浆还可用膨胀水泥或无收缩水泥来配制。

在水泥砂浆中掺入防水剂，可促使砂浆结构密实，或用于堵塞毛细管，从而提高砂浆的抗渗能力。常用防水剂有氯化物金属盐类防水剂、金属皂类防水剂和水玻璃类防水剂等。

氯化物金属盐类防水剂能在凝结硬化过程中生成不透水的复盐，起到促进结构密实的作用，从而提高砂浆的抗渗性能，一般用于水池和其他地下建筑物。由于氯化物金属盐会引起混凝土中钢筋的锈蚀，故采用这类防水剂时应注意钢筋的锈蚀情况。金属皂类防水剂主要也是起到填充微细孔隙和堵塞毛细管的作用。

防水砂浆的防渗效果在很大程度上取决于施工质量，因此，施工时要严格控制原材料的质量和配合比。在配制防水砂浆时，先将水泥和砂子干拌均匀，再把称量好的防水剂溶于拌和水中，然后三者拌匀即可进行施工，其施工方法有以下两种：

1）喷浆法。利用高压喷枪将砂浆以约 100 m/s 的速度喷至建筑物表面，砂浆被高压空气强烈压实，密实度大，抗渗性好。

2）人工多层抹压法。砂浆分四层或五层抹压，每层厚度为 5 mm 左右，总厚度为 20～30 mm。在涂抹前先在润湿清洁的底面上抹纯水泥浆，然后抹一层 5 mm 厚的防水砂浆，在初凝前用木抹子压实一遍，每层均采用同样的操作方法，最后一层要压光。抹完后要加强养护，以减少砂浆层内部连通的毛细管通道，防止脱水过快造成干裂，从而提高密实度和抗渗性，获得理想的防水效果。

（2）绝热砂浆。绝热砂浆又叫作保温砂浆，是采用水泥、石灰、石膏等胶凝材料与膨胀珍珠岩砂、膨胀蛭石或陶粒砂等轻质多孔骨料，按一定比例配制的砂浆。绝热砂浆具有轻质和绝热性能好等优点，其导热系数为 0.07～0.10 W/(m·K)，可用于屋面、墙壁以及供热管道等的绝热保护。常用的绝热砂浆有水泥膨胀珍珠岩砂浆、水泥膨胀蛭石砂浆、水泥石灰膨胀蛭石砂浆等。

(3)吸声砂浆。一般绝热砂浆是由轻质多孔骨料制成的，都具有良好的吸声性能，故也可作为吸声砂浆。另外，还可以用水泥、石膏、砂、锯末(其体积比约为1∶1∶3∶5)配制成吸声砂浆，或在石灰、石膏砂浆中掺入玻璃纤维、矿物棉等松软纤维材料从而也能获得一定的吸声效果。吸声砂浆主要用于室内墙壁和顶棚的吸声处理。

(4)耐酸砂浆。用水玻璃和氟硅酸钠配制成耐酸涂料，掺入石英石、花岗岩、铸石等粉状细骨料，可拌制成耐酸砂浆。耐酸砂浆多用作衬砌材料或用于耐酸地面和耐酸容器的内壁防护层。

第四节　抹灰工程施工要求

抹灰工程是墙柱面装饰中最常用、最基本的做法。通常可分为一般抹灰和装饰抹灰，装饰抹灰包括水刷石、斩假石、干粘石、假面砖、拉灰条等各种做法，抹灰类饰面具有艺术效果鲜明、民族色彩强烈的特点。

一、一般抹灰工程施工

一般抹灰是指用石灰砂浆、水泥砂浆、水泥混合砂浆、聚合物水泥砂浆、膨胀珍珠岩水泥砂浆、麻灰刀、纸筋灰、石膏灰等材料的抹灰。

(一)材料质量要求

1.胶凝材料

用于一般抹灰施工的胶凝材料主要有石灰膏、磨细生石灰粉、建筑石膏、抹灰石膏、水泥、粉煤灰等。

(1)石灰膏。抹灰用石灰必须先熟化成石灰膏，常温下石灰的熟化时间不得少于 15 d，不得含有未熟化的颗粒。

(2)磨细生石灰粉。用于抹灰工程的磨细生石灰粉，应符合现行行业标准《建筑生石灰》(JC/T 479—2013)中的要求，其细度应超过 4 900 孔/cm² 筛。石灰的质量标准见表2-6。

表2-6　石灰的质量标准

质量标准名称		块灰		生石灰粉		水化石灰		石灰浆	
		一等	二等	一等	二等	一等	二等	一等	二等
活性氧化钙及氧化镁之和(干重)/%		≥90	≥75	≥90	≥75	≥70	≥60	≥70	≥60
未烧透颗粒含量(干重)/%		≤10	≤12					≤8	≤12
每千克石灰的产浆量/L		≥2.4	≥1.8	暂不规定		暂不规定		暂不规定	
块灰内细粒的含量(干重)/%		≤8.0	≤10.0						
标准筛上筛余量含量(干重)/%	900 孔/cm² 筛不得大于	无规定		3	5	3	5	无规定	
	4 000 孔/cm² 筛不得大于			25	25	10	5		

（3）建筑石膏。根据现行国家标准《建筑石膏》（GB/T 9776—2008）中的规定，建筑石膏以天然石膏或工业副产品石膏经脱水处理制得的。其质量标准见表2-7。

表2-7 建筑用熟石膏的质量标准

质量技术指标		建筑石膏			模型石膏	高硬石膏
项目	指标	一等	二等	三等		
凝结时间/min	初凝（不早于）	5	4	3	4	3～5
	终凝（不早于）	7	6	6	6	7
	终凝（不迟于）	30	30	30	20	30
细度（筛余量）	64 孔/cm²	2	8	12	0	—
	900 孔/cm²	25	35	40	10	—
抗拉强度/MPa	养护 1 d 后	≥0.8	≥0.6	≥0.5	≥0.8	1.8～3.3
	养护 7 d 后	≥1.5	≥1.2	≥1.0	≥1.6	2.5～5.0
抗压强度/MPa	养护 1 d 后	5.0～8.0	3.5～4.5	1.5～3.0	7.0～8.0	9.0～24.0
	养护 7 d 后	8.0～12.0	6.0～7.5	2.5～5.0	10.0～15.0	25.0～30.0
	养护 28 d 后	—	—	—	—	

（4）抹灰石膏。根据《抹灰石膏》（GB/T 28627—2012）中的规定，抹灰石膏的技术指标见表2-8。

表2-8 抹灰石膏的技术指标

项目		技术指标			
		面层抹灰石膏	底层抹灰石膏	轻质底层抹灰石膏	保温层抹灰石膏
细度/%	1.0 mm 方孔筛的筛余量	0	—	—	—
	0.2 mm 方孔筛的筛余量	≤40	—	—	—
凝结时间	初凝时间/min	≥60			
	终凝时间/h	≤8			
可操作时间/min		≥30			
保水率/%		≥90	≥75	≥60	—
强度/MPa	抗折强度	≥3.0	≥2.0	≥1.0	
	抗压强度	≥6.0	≥4.0	≥2.5	≥0.6
	拉伸黏结强度	≥0.5	≥0.4	≥0.3	
体积密度/(kg·m⁻³)		—	—	≤1 000	≤500

（5）水泥。水泥必须有出厂合格证，标明进场批次，并按品种、强度等级、出厂日期分别堆放，保持干燥。如遇水泥强度等级不明或出厂日期超过 3 个月及受潮变质等情况，应经试验鉴定，按试验结果确定使用与否。不同品种的水泥不得混合使用。水泥的凝结时间和安定性应进行复验。

（6）粉煤灰。用于抹灰工程的粉煤灰，应符合现行国家标准《用于水泥和混凝土中的粉煤灰》（GB/T 1596—2017）的有关规定，其烧失量不大于 8%，需水量比不大于 105%，0.15 mm 筛的筛余量不大于 8%。

（7）外掺剂。抹灰砂浆的外掺剂有憎水剂、分散剂、减水剂、胶粘剂、颜料等，要根据抹灰的要求按比例适量加入，不得随意添加。

2. 细骨料

用于抹灰工程的细骨料主要有砂子、炉渣、膨胀珍珠岩等。

（1）砂子。根据现行国家标准《混凝土质量控制标准》（GB 50164—2011）中的规定，用于建筑工程的普通混凝土配制的普通砂的质量，应符合现行标准《建设用砂》（GB/T 14684—2011）和《普通混凝土用砂、石质量及检验方法标准》（JGJ 52—2006）中的规定。当中砂或中粗砂混合使用时，使用前应用不大于 5 mm 孔径的筛子过筛，颗粒要求坚硬洁净，不得含有黏土、草根、树叶、碱质物及其他有机物等有害物质。

（2）炉渣。用于一般抹灰工程的炉渣，其粒径不得大于 1.2～2.0 mm。在使用前应进行过筛，并浇水焖透在 15 d 以上。

（3）膨胀珍珠岩。膨胀珍珠岩是珍珠岩矿石经破碎形成的一种粒度矿砂，也是用途极为广泛的一种无机矿物材料，目前几乎涉及各个领域。它是用优质酸性火山玻璃岩石，经破碎、烘干、投入高温焙烧炉，瞬时膨胀而成的。用于抹灰工程的膨胀珍珠岩，宜采用中级粗细粒径混合级配，堆积密度宜为 80～150 kg/m^3。

3. 纤维材料

纤维材料是抹灰中常用的材料，用于一般抹灰工程的纤维材料，主要有麻刀、纸筋和玻璃纤维等。

（1）麻刀。麻刀是一种纤维材料，细麻丝、碎麻，掺在石灰里可以起到增强材料连接、防裂、提高强度的作用。麻刀以均匀、坚韧、干燥不含杂质为宜，其长度不得大于 30 mm，随用随敲打松散，每 100 kg 石灰膏中可掺加 1 kg 麻刀。

（2）纸筋。纸筋就是用纸与水浸泡后打碎的纸碎浆，以前多用草纸，现在多数用水泥纸袋替代，因为水泥纸袋的纤维韧性较好。在淋石灰时，先将纸筋撕碎并除去尘土，用清水把纸筋浸透，然后按 100 kg 石灰膏掺纸筋 2.75 kg 的比例加入淋灰池中。使用时需先用小钢磨再将其搅拌打细，并用 3 mm 孔径的筛子过滤成为纸筋灰。

（3）玻璃纤维。玻璃纤维是一种性能优异的无机非金属材料，种类繁多，其优点是绝缘性好、耐热性强、抗腐蚀性好，机械强度高。它是以玻璃球或废旧玻璃为原料经高温熔制、拉丝、络纱、织布等工艺制造成的。将玻璃丝切成 1 cm 长左右，在抹灰工程中每 100 kg 石灰膏中掺入量为 200～300 g，并要搅拌均匀。

4. 界面剂

界面剂用于对物体表面进行处理，该处理可能是物理作用的吸附或包覆，也经常是物理化学的作用。其目的是改善或完全改变材料表面的物理技术性能和表面化学特性。以改变物体界面物理化学特性为目的的产品，也可以称为界面改性剂。界面剂可以增强水泥砂浆与墙体（混凝土墙、砖墙、磨板墙等）的黏结，起到一种"桥架"的作用，防止水泥砂浆找平层空鼓、起壳，节约人工和机械拉毛的费用。在一般抹灰工程中常用的界面剂为 108 胶，其应满足游离甲醛含量≤1 g/kg 的要求，并应有试验报告。

（二）内墙一般抹灰施工

内墙抹灰施工工艺流程为：交接验收→基层处理→湿润基层→找规矩→做灰浆饼→设置标筋→阳角做护角→抹底层灰、中层灰→抹窗台板、墙裙或踢脚板→抹面层灰→现场清理→成品保护。

（1）交接验收。交接验收是进行内墙抹灰前不可缺少的重要流程，内墙抹灰交接验收是指对上一道工序进行检查验收交接，检验主体结构表面垂直度、平整度、弧度、厚度、尺寸等是否符合设计要求。如果不符合设计要求，应按照设计要求进行修补。同时，检查门窗框、各种预埋件及管道安装是否符合设计要求。

（2）基层处理。基层处理是一项非常重要的工作，为了保证基层与抹灰砂浆的黏结强度，应根据工程实际情况，对基层进行清理、修补、凿毛等处理。

（3）湿润基层。对基层处理完毕后，根据墙面的材料种类，均匀洒水湿润。对于混凝土基层将其表面洒水湿润后，再涂刷一薄层配合比为1:1的水泥砂浆（加入适量胶粘剂）。

（4）找规矩。找规矩即将房间找方或找正，这是抹灰前很重要的一项准备工作。找方后将线弹在地面上，然后依据墙面的实际平整度和垂直度及抹灰总厚度规定，与找方或找正线进行比较，决定抹灰层的厚度，从而找到一个抹灰的假想平面。将此平面与相邻墙面的交线弹于相邻的墙面上，以作此墙面抹灰的基准线，并以此为标志作为标筋的厚度标准。

（5）做灰浆饼。做灰浆饼即做抹灰标志块。在距离顶棚、墙阴角约为20 cm处，用水泥砂浆或混合砂浆各做一个标志块，厚度为抹灰层厚度，大小5 cm见方。以这两个标志块为标准，再用托线板靠、吊垂直确定墙下部对应的两个标志块的厚度，其位置在踢脚板上口，使上下两个标志块在一条垂直线上。标准的标志块体完成后，再在标志块的附近墙面钉上钉子，拉上水平的通线，然后按1.2～1.5 m间距做若干标志块。要注意，在窗口、墙垛角处必须做标志块。

（6）设置标筋。标筋也称为"冲筋""出柱头"，就是在上、下两个标志块之间先抹出一条长梯形灰埂，其宽度为10 cm左右，厚度与标志块相平，作为墙面抹灰填平的标准。其做法是：在上、下两个标志块中间先抹一层，再抹第二遍凸出成八字形，要比标志块凸出1 cm左右。然后用木杠紧贴"标志块"按照左上右下的方向搓，直到把标筋搓得与标志块一样平为止，同时要将标筋的两边用刮尺修成斜面，使其与抹灰面接槎顺平。

标筋所用的砂浆应与抹灰底层砂浆相同。做完标筋后应检查灰筋的垂直度和平整度，误差在0.5 mm以上者，必须重新进行修整。当层高大于3.2 m时，要两人分别在架子上下协调操作。抹好标筋后，两人各执硬尺一端保持通平。在操作过程中，应经常检查木尺，防止受潮变形，影响标筋的平整垂直度。灰浆饼和标筋如图2-8所示。

墙面抹灰工艺

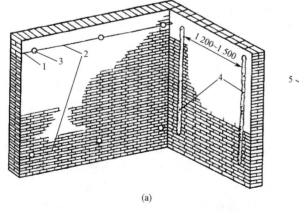 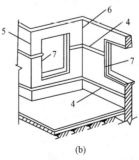

（a）　　　　　　　　　　　（b）

图2-8　灰浆饼和标筋

（a）竖向标筋；（b）横向标筋

1—钉子；2—挂线；3—灰浆饼；4—标筋；5—墙阳角；6—墙阴角；7—窗框

（7）抹门窗护角。室内墙角、柱角和门窗洞口的阳角是抹灰质量好坏的标志，也是大面积抹灰的标尺，抹灰要线条清晰、挺直，并应防止碰撞损坏。因此，凡是与人和物体经常接触的阳角部位，无论设计中有无具体规定，都需要做护角，并用水泥浆将护角捋出小圆角。

（8）抹底层灰。在标志块、标筋及门窗洞口做好护角，并达到一定强度后，底层抹灰即可进行操作。底层抹灰也称为刮糙处理，其厚度一般控制在 10～15 mm。抹底层灰可用托灰板盛砂浆，用力将砂浆推抹到墙面上，一般应从上而下进行。在两标筋之间抹满砂浆后，即用刮尺从下而上进行刮灰，使底灰层刮平刮实并与标筋面相平，操作中可用木抹子配合去高补低。将抹灰底层表面刮糙处理后，应浇水养护一段时间。

（9）抹中层灰。待底层灰达到七至八成干（用手指按压有指印但不软）时，即可抹中层灰。操作时一般按照自上而下、从左向右的顺序进行。先在底层灰上均匀洒水，其表面收水后在标筋之间装满砂浆，并用刮尺将表面刮平，再用木抹子来回搓抹，去高补低。搓平后用 2 m 靠尺进行检查，超过质量允许偏差时，应及时修整至合格。

根据抹灰工程的设计厚度和质量要求，中层灰可以一次抹成，也可以分层操作，这主要根据墙体的平整度和垂度偏差情况而定。

（10）抹面层灰。面层抹灰在工程上俗称罩面。面层灰从阴角开始，宜两人同时操作，一人在前面上灰，另一人紧跟在后面找平，并用铁抹子压光。室内面层抹灰常用纸筋石灰、石灰砂浆、麻刀石灰、石膏、水泥砂浆设大白腻子等罩面。面层抹灰应在底层灰浆稍干后进行，如果底层的灰浆太湿，会影响抹灰面的平整度，还可能产生"咬色"现象；底层灰太干则容易使面层脱水太快而影响黏结，造成面层空鼓。

1）纸筋石灰面层抹灰。纸筋石灰面层抹灰，一般应在中层砂浆六至七成干后进行。如果底层砂浆过于干燥，应先洒水湿润，再抹面层。抹灰操作一般使用钢皮抹子或塑料抹子，两遍成活，厚度为 2～3 mm。抹灰习惯由阴角或阳角开始，自左向右依次进行，两人配合操作，一人先竖向（或横向）薄薄抹上一层，要使纸筋石灰与中层紧密结合，另一人横向（或竖向）抹第二遍，两人抹的方向应相互垂直。在抹灰的过程中，要注意抹平、压实、压光。在压平后，可用排笔或扫帚蘸水横扫一遍，使表面色泽一致，再用钢皮抹子压实、揉平、抹光一次，面层会变得更加细腻光滑。

阴阳角分别用阴、阳角抹子捋光，随手用毛刷蘸水将门窗边口阳角、墙裙和踢脚板上口刷净。纸筋石灰罩面的另一种做法是：在第二遍灰浆完成后，稍干就用压子式塑料抹子顺抹子纹压光，经过一段时间，再进行认真检查，若出现起泡再重新压平。

2）麻刀石灰面层抹灰。麻刀石灰面层抹灰的操作方法，与纸筋石灰面层抹灰基本相同。但麻刀与纸筋纤维的粗细有很大区别，"纸筋"很容易捣烂，能形成纸浆状，故制成的纸筋石灰比较细腻，用它做罩面灰厚度可达到不超过 2 mm 的要求。而麻刀的纤维比较粗，且不易捣烂，用它制成的麻刀石灰抹面厚度按要求不得大于 3 mm 比较困难。如果面层的厚度过大，容易产生收缩裂缝，严重影响工程质量。

3）石灰砂浆面层抹灰。石灰砂浆面层抹灰，应在中层砂浆五至六成干时进行。如果中层抹灰比较干时，应洒水湿润后再进行抹灰。石灰砂浆面层抹灰施工比较简单，先用铁抹子抹灰，再用木刮尺从下向上刮平，然后用木抹子搓平，最后用铁抹子压光成活。

4）刮大白腻子。内墙面的面层可以不抹罩面灰，而采用刮大白腻子。这种方式的优点是操作简单，节约用工。面层刮大白腻子，一般应在中层砂浆干透，表面坚硬呈灰白色，没有水迹及潮湿痕迹，用铲刀能划出显白印时进行。大白腻子的配合比一般为：大白粉∶滑石粉∶聚乙酸乙烯乳液∶羧甲基纤维素溶液（浓度 5%）=60∶40∶（2～4）∶75（质量比）。在进行调配时，大白粉、滑石粉、羧甲基纤维素溶液，应提前按照设计配合比搅匀浸泡。

面层刮大白腻子一般不得少于两遍，总厚度在 1 mm 左右。头道腻子刮后，在基层已修补过的部位应进行修补找平，待腻子干透后，用 0 号砂纸磨平，扫净浮灰。待头道腻子干燥后，再进行第二遍。

5)木引线条的设置。为了施工方便，克服和分散大面积干裂与应力变形，可将饰面用分格条分成小块来进行。这种分块形成的线型称为引线条，如图 2-9 所示。在进行分块时，首先要注意其尺度比例应合理匀称，大小与建筑空间成正比，并注意有方向性的分格，应和门窗洞、线角相匹配。分格缝多为凹缝，其断面为 10 mm×10 mm、20 mm×10 mm 等，不同的饰面层均有各自的分格要求，要按照设计要求进行施工。

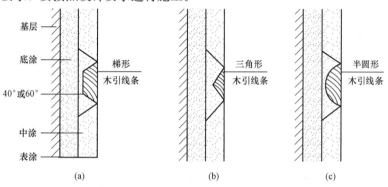

图 2-9　抹灰面木引线条的设置
(a)梯形木引线条；(b)三角形木引线条；(c)半圆形木引线条

(11)墙体阴(阳)角抹灰。在正式抹灰前，先用阴(阳)角方口尺上下核对阴角的方正，并检查其垂直度，然后确定抹灰厚度，并浇水湿润。阴(阳)角处抹灰应用木制阴(阳)角器进行操作，先抹底层灰，使上下抽动抹平，使室内四角达到直角，再抹中层灰，使阴(阳)角达到方正。墙体的阴(阳)角抹灰应与墙面抹灰同时进行。阴角的扯平找直如图 2-10 所示。

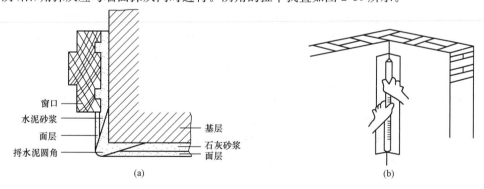

图 2-10　阴角的扯平找直
(a)阳角；(b)阴角

(三)外墙一般抹灰施工

外墙抹灰施工工艺流程为：交接验收→基层处理→湿润基层→找规矩→做灰浆饼→做"冲筋"→铺抹底层、中层灰→弹分格线、粘贴分格条→抹面层灰→起分格条、修整→养护。

(1)交接验收。交接验收是进行内墙抹灰前不可缺少的重要流程，外墙抹灰交接验收是指对上一道工序进行检查验收交接，检验主体结构表面垂直度、平整度、弧度、厚度、尺寸等是否符合设计要求。如果不符合设计要求，应按照设计要求进行修补。

（2）基层处理。基层处理是一项非常重要的工作，处理的如何将影响整个抹灰工程的质量。外墙抹灰基层处理主要做好如下工作：

1）主体结构施工完毕，外墙上所有预埋件、嵌入墙体内的各种管道已安装，并符合设计要求，阳台栏杆已装好。

2）门窗安装完毕检查合格，框与墙间的缝隙已经清理，并用砂浆分层分多遍将其堵塞严密。

3）采用大板结构时，外墙的接缝防水已处理完毕。

4）砖墙的凹处已用1:3的水泥砂浆填平，凸处已按要求剔凿平整，脚手架孔洞已堵塞填实，墙面污物已经清理，混凝土墙面光滑处已经凿毛。

（3）找规矩。外墙面抹灰与内墙面抹灰一样，也要挂线做标志块、标筋。其找规矩的方法与内墙基本相同，但要在相邻两个抹灰面相交处挂垂线。

（4）挂线、做灰浆饼。由于外墙抹灰面积大，另外，还有门窗、阳台、明柱、腰线等，因此，外墙抹灰找出规矩比内墙更加重要，要在四角先挂好自上而下的垂直线（多层及高层楼房应用钢丝线垂下），然后根据抹灰的厚度弹上控制线，再拉水平通线，并弹出水平线做标志块，然后做标筋。标志块和标筋的做法与内墙相同。

（5）弹线、粘贴分格条。室外抹灰时，为了增加墙面的美观，避免罩面砂浆产生收缩而裂缝，或大面积产生膨胀而空鼓脱落，要设置分格缝，分格缝处粘贴分格条。分格条在使用前要用水泡透，这样既便于施工粘贴，又能防止分格条在使用中变形，同时，也利于本身水分蒸发收缩易于起出。

水平分格条板应粘贴在水平线下口，垂直分格条板应粘贴在垂线的左侧。黏结一条横向或竖向分格条后，应用直尺校正其平整，并将分格条两侧用水泥浆抹成八字形斜角。当天抹面的分格条，两侧八字斜角可抹成45°。当天不再抹面的"隔夜条"，两侧八字形斜角可抹成60°。分格条要求横平竖直、接头平整，不得有错缝或扭曲现象，分格缝的宽窄和深浅应均匀一致。

（6）抹灰。外墙抹灰层要求有一定的耐久性。若采用水泥石灰混合砂浆，配合比为：水泥：石灰膏：砂＝1:1:6；若采用水泥砂浆，配合比为：水泥：砂＝1:3。底层砂浆具有一定强度后，再抹中层砂浆，抹时要用木杠、木抹子刮平压实、扫毛、浇水养护。在抹面层时，先用1:2.5的水泥砂浆薄薄刮一遍；第二遍再与分格条板涂抹齐平，然后按分格条厚度刮平、搓实、压光，再用刷子蘸水按同一方向轻刷一遍，以达到颜色一致，并清刷分格条上的砂浆，以免起出条板时损坏抹面。起出分格条后，随即用水泥砂浆把缝勾齐。

室外抹灰面积比较大，不易压光罩面层的抹纹，所以一般用木抹子搓成毛面，搓平时要用力均匀，先以圆圈形搓抹，再上下抽拉，方向要一致，以使面层纹路均匀。在常温情况下，抹灰完成24 h后，开始淋水养护以7 d为宜。

外墙抹灰时，在窗台、窗楣、雨篷、阳台、檐口等部位应做流水坡度。设计无要求时，流水坡度以10%为宜，流水坡下面应做滴水槽，滴水槽的宽度和深度均不应小于10 mm。要求棱角整齐、光滑平整，起到挡水的作用。

二、水刷石抹灰饰面施工

水刷石抹灰是将施抹完毕的水泥石碴浆的面层尚未干硬的水泥浆用清水冲掉，使各色石碴外露，形成具有"绒面感"的装饰表面。这种饰面耐久性好，装饰效果好。

1. 材料质量要求

(1)水泥。宜用不低于 32.5 级的矿渣硅酸盐水泥或不低于 42.5 级的普通硅酸盐水泥，且应用颜色一致的同批产品，超过三个月保存期的水泥不能使用。

(2)砂。宜选用河砂、中砂，并要用 5 mm 筛孔直径的筛子严格过筛。

(3)石子。要求采用颗粒坚硬的石英石(俗称水晶石子)，不含针片状和其他有害物质，石子的规格宜采用粒径约 4 mm，如采用彩色石子应分类堆放。

(4)石粒浆。水泥石粒浆的配合比，根据石粒粒径的大小而定，见表 2-9。如饰面采用多种彩色石子级配，按统一比例掺量先搅拌均匀，所用石子应事先淘洗干净待用。

表 2-9　水泥石粒浆配合比

石粒规格	大八厘	中八厘	小八厘	米粒石
水泥∶石粒	1∶1	1∶1.25	1∶1.5	1∶2.1, 1∶2.5, 1∶3
备注	根据工程需要也可用经筛选的 4～8 mm 豆石			

2. 施工要求

基层处理→抹砂浆找平层→抹水泥石粒浆→修整→喷刷→起分格条→养护。

(1)基层处理。应清除砖墙表面的残灰、浮尘，堵严大的孔洞，然后彻底浇水湿润。混凝土墙要高凿、低补，光滑表面要凿毛，表面油污要先用 10% 的火碱溶液清除，然后用清水冲洗干净。

(2)抹砂浆找平层。先在基层表面刷一层界面剂，然后抹一层薄薄的混合砂浆，用扫帚在表面扫毛，待混合砂浆达到五成干时，在表面弹线、找方、挂线、贴灰饼，接着抹 1∶3 的水泥砂浆并刮平、搓毛。两层砂浆的总厚度不超过 12 mm。若为砖墙面，可在基层清理后直接找规矩，并分层抹灰，将砂浆压入砖缝内，再用木抹子搓平、搓毛，如果觉得表面粗糙度不够，还可使用钢抹子在表面划痕。

(3)抹水泥石粒浆。待中层砂浆达到六七成干时，按设计要求弹线分格并粘贴分格条(木分格条事先在水中浸透)，然后，根据中层抹灰的干燥程度浇水湿润。紧接着用铁抹子满刮水胶比为 0.37～0.40 的水泥浆一道，随即抹面层水泥石粒浆。面层厚度视石粒粒径而定，通常为石粒粒径的 2.5 倍。水泥石粒浆的稠度应为 50～70 mm。要用铁抹子一次抹平，随抹随用铁抹子压紧、揉平，但不得把石粒压得过于紧固。

每一块分格内应从下边抹起，每抹完一格，即用直尺检查其平整度，凹凸处应及时修理，并将露出平面的石粒轻轻拍平。同一平面的面层要求一次完成，不宜留设施工缝。如必须留设施工缝时，应留在分格条的位置上。

抹阳角时，先抹的一侧不宜使用八字靠尺，应将石粒浆抹过转角，然后再抹另一侧。抹另一侧时，用八字靠尺将角靠直找齐。这样可以避免因两侧都用八字靠尺而在阳角处出现明显接槎。

(4)修整。待水泥石碴浆面层收水后，再用钢抹子压一遍，将遗留孔、缝挤严、抹平。被修整的部位先用软毛刷子蘸水刷去表面的水泥浆，阳角部位要往外刷，并用钢抹子轻轻拍平石碴，再刷一遍，再压实，直至修整平整为止。

(5)喷刷。当水泥石碴浆中的水泥浆凝结后，其表面手指按上去不显指痕，用刷子刷石粒不掉时，即可开始喷刷。喷刷分两遍进行，第一遍先用软毛刷子蘸水刷掉面层水泥浆，露出石粒；第二遍随即用手压喷浆机或喷雾器将四周相邻部位喷湿，然后由上往下顺序喷水。喷射要均匀，喷头离墙 100~200 mm，将面层表面及石粒间的水泥浆冲出，使石粒露出表面 1/2 粒径，达到清晰可见、均匀密布。然后用清水从上往下全部冲净。

（6）起分格条。喷刷后，即可用抹子柄敲击分格条，并用小鸭嘴抹子扎入分格条上下活动，将其轻轻起出。然后用小溜子找平，用鸡腿刷子刷光理直缝角，并用素灰将缝格修补平直，颜色必须一致。

（7）养护。水刷石抹完第二天起要洒水养护，养护时间不少于 7 d，在夏季施工时，应考虑搭设临时遮阳棚，防止阳光直接照射，导致水泥早期脱水而影响强度，削弱粘结力。

三、斩假石抹灰饰面施工

斩假石又称剁斧石，是仿制天然石料的一种建筑饰面。用不同的骨料或掺入不同的颜料，可以制成仿花岗石、玄武石、青条石等斩假石。

1. 材料质量要求

（1）水泥。42.5 级普通硅酸盐水泥或 32.5 级矿渣硅酸盐水泥，所用水泥是同一批号、同一厂家生产、同一颜色。

（2）砂。砂子宜选用粗砂或中砂，其含泥量应不大于 3%。

（3）石屑。石屑要坚韧有棱角，但不能过于坚硬，且不得使用风化了的石屑。

（4）色粉。有颜色的墙面，应挑选耐碱、耐光的矿物颜料，并与水泥一次干拌均匀，过筛装袋备用。

2. 施工要求

基层处理→抹底层及中层砂浆→弹线、贴分格条→抹面层水泥石粒浆→斩剁面层→修整。

（1）基层处理。斩假石抹灰施工的基层处理要求同水刷石抹灰施工。

（2）抹底层及中层砂浆。底层、中层表面都要求平整、粗糙，必要时还应划毛。中层灰达到七成干后，浇水湿润表面，随即满刮水胶比为 0.37~0.40 的素水泥浆一道。

（3）弹线、贴分格条。待素水泥浆凝结后，在墙面上按设计要求弹线分格，并粘贴分格条。斩假石一般按矩形分格分块，并实行错缝排列。

（4）抹面层水泥石粒浆。抹面层前，先根据底层的干燥程度浇水湿润，刷素水泥浆一道，然后用铁抹子将水泥石粒浆抹平，厚度一般为 13 mm；再用木抹子打磨拍实，上、下顺势溜直。不得有砂眼、空隙，并且每分格区内的水泥石粒浆必须一次抹完。石粒浆抹完后，随即用软毛刷蘸水顺剁纹方向将表面水泥浮浆轻轻刷掉，露出石粒至均匀为止。不得蘸水过多，用力过重，以免刷松石粒。石粒浆抹完后不得暴晒或冰冻雨淋，石粒浆中的水泥浆完成终凝后进行浇水养护。

（5）斩剁面层。常温下面层经 3~4 d 养护后即可进行试剁。试剁中若墙面石碴不掉，声音清脆，且容易形成剁纹即可进行正式斩剁。斩剁的顺序一般为先上后下，由左到右；先剁转角和四周边缘，后剁中间墙面。转角和四周剁水平纹，中间剁垂直纹；先轻剁一遍浅纹，再剁一遍深纹，两遍剁纹不重叠。剁纹的深度一般以 1/3 石粒的粒径为宜。在剁墙角、柱边时，宜用锐利的小斧轻剁，以防止掉边缺角。剁墙面花饰时，剁纹应随花纹走势剁，花饰周围的平面上则应剁垂直纹。

（6）修整。斩剁完毕，用刷子沿剁纹方向清除浮尘，也可以用清水冲刷干净，然后起出分格条，并按要求修补分格缝。

四、干粘石抹灰饰面施工

干粘石抹灰饰面是在水泥纸筋灰或纯水泥浆或水泥白灰砂浆黏结层的表面，用人工或机械

喷枪均匀地撒喷一层石子，用铁板拍平板实。此种面层适用于建筑外部装饰。

1. 材料质量要求

（1）水泥。水泥必须用同一品种，且强度等级不低于 32.5 级，不准使用过期水泥。

（2）砂。砂子最好是中砂或粗砂与中砂混合使用。中砂平均粒径为 0.35～0.5 mm，要求颗粒坚硬洁净，含泥量不得超过 3%，砂在使用前应过筛。不要用细砂、粉砂，以免影响其黏结强度。

（3）石子。石子粒径以小一点为好，但也不宜过小或过大，太小则容易脱落泛浆，过大则需增加黏结层厚度。粒径以 5～6 mm 或 3～4 mm 为宜。

使用时，将石子认真淘洗、择碴，晾晒后放入干净房间或袋装予以分类储存备用。

（4）石灰膏。石灰膏应控制用量，一般石灰膏的掺量为水泥用量的 1/2～1/3。用量过大，会降低面层砂浆的强度。合格的石灰膏中不得有未熟化的颗粒。

（5）兑色灰。美术干粘石的色调能否达到均匀一致，主要在于色灰兑得准不准，细不细致。兑色灰的具体做法是：按照样板配比兑色灰。兑色灰的数量每次要保持一定段落、一定数量，或者一种色泽，防止中途多次兑色灰，否则容易造成色泽不一。兑色灰时，要使用大灰槽子，将称量好的水泥及色粉投入后，即进行人工或机械拌和，再过一道箩筛，然后装入水泥袋子，逐包过秤，注明色灰品种，封好进库待用。

（6）颜料粉。原则上要使用矿物质的颜料粉，如现用的铬黄、铬绿、氧化铁红、氧化铁黄、炭黑、黑铅粉等。无论用哪种颜色粉，进场后都要经过试验。颜色粉的品种、货源、数量要一次进够，在装饰工程中，千万要把住这一关，否则无法保证色调一致。

2. 施工要求

基层处理→抹找平层→抹黏结层→甩石碴→压石碴→起分格条→修整→养护。

（1）基层处理。干粘石抹灰饰面基层处理的要求同水刷石抹灰饰面施工。

（2）抹找平层。干粘石抹灰饰面抹找平层施工方法及要求同水刷石抹灰饰面施工。

（3）抹黏结层。抹找平层完成后达到七成干验收合格，随即按设计要求弹线、分格、粘分格条，然后洒水湿润表面，接着刷素水泥浆一道，抹黏结层砂浆。黏结层砂浆稠度控制在 60～80 mm，要求一次抹平不显抹纹，表面平整、垂直，阴阳角方正。按分格大小，一次抹一块或数块，不准在块中甩槎。

（4）甩石碴。干粘石选用的彩色石粒粒径应比水刷石稍小，一般用小八厘。甩石碴时对每一分格块要先甩四周，后甩中间，自上而下，快速进行。石粒在甩板上要摊铺均匀，反手往墙上甩，甩射面要大，用力要平稳均匀，方向与墙面垂直，使石粒均匀地嵌入黏结砂浆中。

（5）压石碴。在黏结层的水泥砂浆完成终凝前至少进行拍压三遍。拍压时要横竖交错进行。头遍用大抹子横拍，然后再用一般抹子重拍、重压，也可以用橡胶辊子作最后的滚压。一般以石粒嵌入砂浆层的深度不小于石碴粒径的 1/2，以保证石粒黏结牢固。

（6）起分格条。饰面层平整、石碴均匀饱满时，起出分格条。

（7）修整。对局部有石碴脱落、分布不匀、外露尖角太多或表面平整度差等不符合质量要求的地方应立即进行修整、拍平。

（8）养护。干粘石的面层施工后应加强养护，在 24 h 后，应洒水养护 2～3 d。夏季日照强，气温高，要求有适当的遮阳条件，避免阳光直射，使干粘石凝结有一段养生时间，以提高强度。

五、假面砖抹灰饰面施工

假面砖是用彩色砂浆抹成相当于外墙面砖分块形式与质感的装饰抹灰饰面。

1. 材料质量要求

(1)水泥。宜采用42.5级以上普通硅酸盐水泥。

(2)砂。宜采用中砂，过筛，含泥量不应大于3%。

(3)颜料。应采用矿物质颜料，使用时按设计要求和工程用量，与水泥一次性搅拌均匀，备足，过筛装袋，保存时避免潮湿。

2. 施工要求

基层处理→抹底、中层砂浆→抹面层砂浆→表面划纹。

(1)墙面基层处理及抹底、中层砂浆的施工要求与一般抹灰基本相同。

(2)抹面层砂浆。面层砂浆涂抹前，浇水湿润中层，先弹水平线，按每步架为一个水平工作段，上、中、下弹三道水平线，以便控制面层划沟平直度。然后抹1：1水泥砂浆垫层3 mm，接着抹面层砂浆3～4 mm厚。

(3)表面划纹。面层稍收水后，用铁梳子沿靠尺板由上向下划纹，深度不超过1 mm。然后根据面砖的宽度用铁钩子沿靠尺板横向划沟，深度以露出垫层灰为准，划好横沟后将飞边砂粒扫净。

第五节　抹灰工程质量检查与验收

一、一般规定

(1)抹灰工程验收时应检查下列文件和记录：

1)抹灰工程的施工图、设计说明及其他设计文件；

2)材料的产品合格证书、性能检验报告、进场验收记录和复验报告；

3)隐蔽工程验收记录；

4)施工记录。

(2)抹灰工程应对下列材料及其性能指标进行复验：

1)砂浆的拉伸黏结强度；

2)聚合物砂浆的保水率。

(3)抹灰工程应对下列隐蔽工程项目进行验收：

1)抹灰总厚度大于或等于35 mm时的加强措施；

2)不同材料基体交接处的加强措施。

(4)各分项工程的检验批应按下列规定划分：

1)相同材料、工艺和施工条件的室外抹灰工程每1 000 m²划分为一个检验批，不足1 000 m²时也应划分为一个检验批；

2)相同材料、工艺和施工条件的室内抹灰工程每50个自然间应划分为一个检验批，不足50间也应划分为一个检验批，大面积房间和走廊可按抹灰面积每30 m²计为1间。

(5)检查数量应符合下列规定：

1)室内每个检验批应至少抽查10%，并不得少于3间，不足3间时应全数检查。

2)室外每个检验批每100 m²应至少抽查一处，每处不得小于10 m²。

(6)外墙抹灰工程施工前应先安装钢木门窗框、护栏等，应将墙上的施工孔洞堵塞密实，并

抹灰工程质量
验收标准

对基层进行处理。

(7)室内墙面、柱面和门洞口的阳角做法应符合设计要求。设计无要求时，应采用不低于M20水泥砂浆做护角，其高度不应低于 2 m，每侧宽度不应小于 50 mm。

(8)当要求抹灰层具有防水、防潮功能时，应采用防水砂浆。

(9)各种砂浆抹灰层，在凝结前应防止快干、水冲、撞击、振动和受冻，在凝结后应采取措施防止玷污和损坏。水泥砂浆抹灰层应在湿润条件下养护。

(10)外墙和顶棚的抹灰层与基层之间及各抹灰层之间应黏结牢固。

二、主控项目

1. 一般抹灰工程

(1)一般抹灰所用材料的品种和性能应符合设计要求及国家现行标准的有关规定。

检验方法：检查产品合格证书、进场检验记录、性能检验报告和复验报告。

(2)抹灰前基层表面的尘土、污垢、油渍等应清除干净，并应洒水润湿或进行界面处理。

检验方法：检查施工记录。

(3)抹灰工程应分层进行。当抹灰总厚度大于或等于 35 mm 时，应采取加强措施。不同材料基体交接处表面的抹灰，应采取防止开裂的加强措施，当采用加强网时，加强网与各基体的搭接宽度不应小于 100 mm。

检验方法：检查隐蔽工程验收记录和施工记录。

(4)抹灰层与基层之间及各抹灰层之间必须黏结牢固，抹灰层应无脱层和空鼓，面层应无爆灰和裂缝。

检验方法：观察；用小锤轻击检查；检查施工记录。

2. 保温层薄抹灰工程

(1)保温层薄抹灰所用材料的品种和性能应符合设计要求及国家现行标准的有关规定。

检验方法：检查产品合格证书、进场检验记录、性能检验报告和复验报告。

(2)基层质量应符合设计和施工方案的要求。基层表面的尘土、污垢、油渍等应清除干净。基层含水率应满足施工工艺的要求。

检验方法：检查施工记录。

(3)保温层薄抹灰及其加强处理应符合设计要求和现行国家标准的有关规定。

检验方法：检查隐蔽工程验收记录和施工记录。

(4)抹灰层与基层之间及各抹灰层之间应黏结牢固，抹灰层应无脱层和空鼓，面层应无爆灰和裂缝。

检验方法：观察；用小锤轻击检查；检查施工记录。

3. 装饰抹灰工程

(1)装饰抹灰所用材料的品种和性能应符合设计要求及国家现行标准的有关规定。

检验方法：检查产品合格证书、进场检验记录、性能检验报告和复验报告。

(2)抹灰前基层表面的尘土、污垢、油渍等应清除干净，并应洒水润湿或进行界面处理。

检验方法：检查施工记录。

(3)抹灰工程应分层进行。当抹灰总厚度大于或等于 35 mm 时，应采取加强措施。不同材料基体交接处表面的抹灰，应采取防止开裂的加强措施，当采用加强网时，加强网与各基体的搭接宽度不应小于 100 mm。

检验方法：检查隐蔽工程验收记录和施工记录。

(4)各抹灰层之间及抹灰层与基体之间应黏结牢固，抹灰层应无脱层、空鼓和裂缝。

检验方法：观察；用小锤轻击检查；检查施工记录。

4. 清水砌体勾缝工程

(1)清水砌体勾缝工程所用砂浆的品种和性能应符合设计要求及国家现行标准的有关规定。

检验方法：检查产品合格证书、进场检验记录、性能检验报告和复验报告。

(2)清水砌体勾缝应无漏勾。勾缝材料应黏结牢固、无开裂。

检查方法：观察检查。

三、一般项目

1. 一般抹灰工程

(1)一般抹灰工程的表面质量应符合下列规定：

1)普通抹灰表面应光滑、洁净、接槎平整，分格缝应清晰。

2)高级抹灰表面应光滑、洁净、颜色均匀、无抹纹，分格缝和灰线应清晰美观。

检验方法：观察；手摸检查。

(2)护角、孔洞、槽、盒周围的抹灰表面应整齐、光滑；管道后面的抹灰表面应平整。

检验方法：观察。

(3)抹灰层的总厚度应符合设计要求；水泥砂浆不得抹在石灰砂浆层上；罩面石膏灰不得抹在水泥砂浆层上。

检验方法：检查施工记录。

(4)抹灰分格缝的设置应符合设计要求，宽度和深度应均匀，表面应光滑，棱角应整齐。

检验方法：观察；尺量检查。

(5)有排水要求的部位应做滴水线(槽)。滴水线(槽)应整齐顺直，滴水线应内高外低，滴水槽的宽度和深度应满足设计要求，且不应小于 10 mm。

检验方法：观察；尺量检查。

(6)一般抹灰工程质量的允许偏差和检验方法应符合表 2-10 的规定。

表 2-10　一般抹灰工程质量的允许偏差和检验方法

项次	项　目	允许偏差/mm		检验方法
		普通抹灰	高级抹灰	
1	立面垂直度	4	3	用 2 m 垂直检测尺检查
2	表面平整度	4	3	用 2 m 靠尺和塞尺检查
3	阴阳角方正	4	3	用 200 mm 直角检测尺检查
4	分格条(缝)直线度	4	3	拉 5 m 线，不足 5 m 拉通线，用钢直尺检查
5	墙裙、勒脚上口直线度	4	3	拉 5 m 线，不足 5 m 拉通线，用钢直尺检查

注：1. 普通抹灰，本表第 3 项阴角方正可不检查。
　　2. 顶棚抹灰，本表第 2 项表面平整度可不检查，但应平顺。
　　3. 本表摘自《建筑装饰装修工程质量验收标准》(GB 50210—2018)。

2. 保温层薄抹灰工程

(1)保温层薄抹灰工程表面应光滑、洁净、颜色均匀、无抹纹，分格缝和灰线应清晰美观。

检验方法：观察；手摸检查。

（2）护角、孔洞、槽、盒周围的抹灰表面应整齐、光滑；管道后面的抹灰表面应平整。

检验方法：观察。

（3）保温层薄抹灰层总厚度应符合设计要求。

检验方法：检查施工记录。

（4）保温层薄抹灰分格缝的设置应符合设计要求，宽度和深度应均匀，表面应光滑，棱角应整齐。

检验方法：观察；尺量检查。

（5）有排水要求的部位应做滴水线（槽）。滴水线（槽）应整齐顺直，滴水线应内高外低，滴水槽的宽度和深度均不应小于 10 mm。

检验方法：观察；尺量检查。

（6）保温层薄抹灰工程质量的允许偏差和检验方法应符合表 2-11 的规定。

表 2-11　保温层薄抹灰工程质量的允许偏差和检验方法

项次	项　　目	允许偏差/mm	检验方法
1	立面垂直度	3	用 2 m 垂直检测尺检查
2	表面平整度	3	用 2 m 靠尺和塞尺检查
3	阴阳角方正	3	用 200 mm 直角检测尺检查
4	分格条（缝）直线度	3	拉 5 m 线，不足 5 m 拉通线，用钢直尺检查
注：本表摘自《建筑装饰装修工程质量验收标准》（GB 50210—2018）。				

3. 装饰抹灰工程

（1）装饰抹灰工程的表面质量应符合下列规定：

1）水刷石表面应石粒清晰、分布均匀、紧密平整、色泽一致，应无掉粒和接槎痕迹。

2）斩假石表面剁纹应均匀顺直、深浅一致，应无漏剁处；阳角处应横剁并留出宽窄一致的不剁边条，棱角应无损坏。

3）干粘石表面应色泽一致、不露浆、不漏粘，石粒应黏结牢固、分布均匀，阳角处应无明显黑边。

4）假面砖表面应平整、沟纹清晰、留缝整齐、色泽一致，应无掉角、脱皮、起砂等缺陷。

检验方法：观察；手摸检查。

（2）装饰抹灰分格条（缝）的设置应符合设计要求，宽度和深度应均匀，表面应平整光滑，棱角应整齐。

检验方法：观察。

（3）有排水要求的部位应做滴水线（槽）。滴水线（槽）应整齐顺直，滴水线应内高外低，滴水槽的宽度和深度均不应小于 10 mm。

检验方法：观察；尺量检查。

（4）装饰抹灰工程质量的允许偏差和检验方法应符合表 2-12 的规定。

表 2-12　装饰抹灰工程质量的允许偏差和检验方法

项次	项目	允许偏差/mm				检验方法
		水刷石	斩假石	干粘石	假面砖	
1	立面垂直度	5	4	5	5	用 2 m 垂直检测尺检查
2	表面平整度	3	3	5	4	用 2 m 靠尺和塞尺检查

项次	项目	允许偏差/mm				检验方法
		水刷石	斩假石	干粘石	假面砖	
3	阳角方正	3	3	4	4	用200 mm直角检测尺检查
4	分格条(缝)直线度	3	3	3	3	拉5 m线,不足5 m拉通线,用钢直尺检查
5	墙裙、勒脚上口直线度	3	3	—	—	拉5 m线,不足5 m拉通线,用钢直尺检查

4.清水砌体勾缝工程

(1)清水砌体勾缝应横平竖直,交接处应平顺,宽度和深度应均匀,表面应压实抹平。

检验方法:观察;尺量检查。

(2)灰缝应颜色一致,砌体表面应洁净。

检验方法:观察。

本章小结

抹灰工程是将各种砂浆、装饰性石屑浆、石子浆涂抹在建筑物的墙面、顶棚、地面等表面上,除保护建筑物外,还可作为饰面层起装饰作用。抹灰砂浆是指涂抹在建筑物或建筑构件表面的砂浆。其作用是保护墙体不受风雨、潮气等的侵蚀,提高墙体防潮、防风化、防腐蚀等方面的耐久性;同时,使墙面、地面等建筑部位平整、光滑、整洁美观。根据功能的不同,抹面砂浆分为普通抹面砂浆、装饰抹面砂浆和具有某些特殊功能(防水、耐酸、绝热、吸声等)的特种砂浆。建筑装饰抹灰一般可分为一般抹灰和装饰抹灰,装饰抹灰包括水刷石、斩假石、干粘石、假面砖、拉灰条等各种做法。

思考与练习

一、填空题

1.一般抹灰可分为_____、_____和_____。

2.抹灰工程应对水泥的_____和_____进行复验。

3.抹灰施工常用的搅拌机械主要有_____、_____、_____、_____等。

4.装饰砂浆中的颜料应采用_____。

5._____多用作衬砌材料或用于耐酸地面和耐酸容器的内壁防护层。

6.用于抹灰工程的细骨料主要有_____、_____、_____等。

二、选择题

1.防水砂浆宜选用( )级以上的普通水泥和级配良好的中砂配制,也可在水泥砂浆中掺入防水剂制作。

　　A. 32.5　　　　　　B. 42.5　　　　　　C. 52.5　　　　　　D. 62.5

2.防水砂浆配合比中,水泥与砂的质量比不宜大于( )。

　　A. 1∶1.5　　　　　B. 1∶2.5　　　　　C. 1∶3.5　　　　　D. 1∶4.5

3. 防水砂浆稠度不应大于(　　)mm。

    A. 80　　　　　　　B. 90　　　　　　　　C. 100　　　　　　　D. 120

4. 绝热砂浆的导热系数为(　　)W/(m·K)。

    A. 0.01～0.17　　B. 0.01～0.10　　C. 0.07～0.17　　D. 0.07～0.10

5. 用于一般抹灰工程的炉渣,其粒径不得大于(　　)mm。

    A. 1.0～2.0　　　B. 1.2～2.2　　　C. 1.2～2.0　　　D. 1.0～2.2

6. 抹灰用的石灰膏的熟化期不应少于(　　)d。

    A. 10　　　　　　　B. 15　　　　　　　　C. 20　　　　　　　D. 25

三、问答题

1. 普通抹面砂浆施工应分层进行,各层要求是什么?

2. 什么是干粘石? 干粘石的施工要求是什么?

3. 防水砂浆的施工方法有哪些?

4. 内墙装饰抹灰面层时应怎样进行刮大白腻子?

5. 简述外墙抹灰的施工工艺流程。

6. 外墙抹灰时,应怎样进行基层处理?

第三章　吊顶工程施工技术

第一节　吊顶的组成与分类

一、吊顶的组成

吊顶主要由吊杆、龙骨架、饰面板及其相配套的连接件和配件组成，如图 3-1 所示。吊杆在吊顶中起到承上启下的作用，连接楼板和龙骨架；龙骨架在吊顶中起着承重和固定饰面板的作用；饰面板增强了室内的装饰效果。

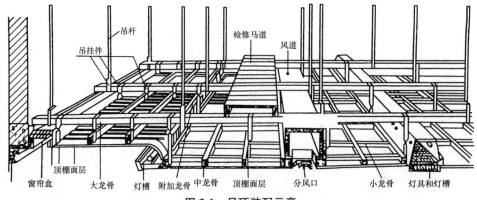

图 3-1　吊顶装配示意

二、吊顶的分类

吊顶可分为整体面层吊顶、板块面层吊顶和格栅吊顶，具体见表3-1。

表3-1　吊顶分类

序号	类别	说明
1	整体面层吊顶	整体面层吊顶是指面层材料接缝不外露的吊顶。其包括以轻钢龙骨、铝合金龙骨和木龙骨等为骨架，以石膏板、水泥纤维板和木板等为整体面层的吊顶
2	板块面层吊顶	板块面层吊顶指的是面层材料接缝外露的吊顶。其包括以轻钢龙骨、铝合金龙骨和木龙骨等为骨架，以石膏板、金属板、矿棉板、木板、塑料板、玻璃板和复合板等为板块面层的吊顶，图3-2所示为矿棉板、硅钙板吊顶示意图
3	格栅吊顶	格栅吊顶是由条状或点状等材料不连续安装的吊顶。其包括以轻钢龙骨、铝合金龙骨和木龙骨等为骨架，以金属、木材、塑料和复合材料等为格栅面层的吊顶，如图3-3～图3-5所示

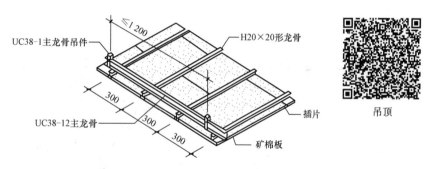

图3-2　矿棉板、硅钙板吊顶示意

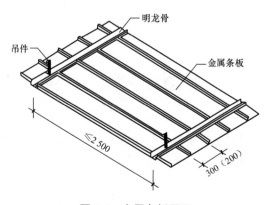

图3-3　金属条板吊顶

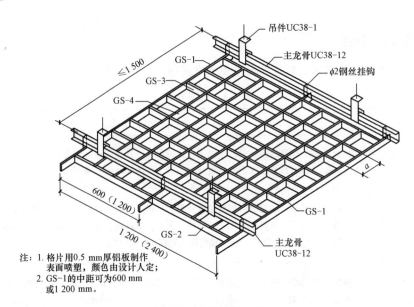

注：1. 格片用0.5 mm厚铝板制作
表面喷塑，颜色由设计人定；
2. GS-1的中距可为600 mm
或1 200 mm。

图3-4　金属搁栅吊顶

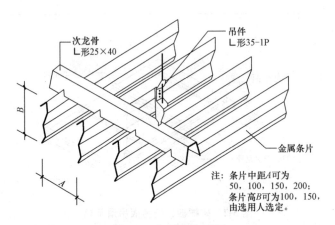

注：条片中距A可为
50，100，150，200；
条片高B可为100，150，
由选用人选定。

图3-5　金属条片吊顶

第二节　吊顶工程常用施工机具

常用的吊顶装修用施工机具，按用途可分为锯、刨、钻、磨、钉五大类。对一些特殊施工工艺，还需有专用机具和一些无动力的小型机具配合。现在主要介绍一些常用于吊顶装修作业的机具。

一、电锤

电锤又称为冲击电钻，是电钻中的一类，可用于铝合金门窗、铝合金吊顶以及饰面石材安装工程，另外，还有多功能电锤，调节到适当位置配上适当钻头可以代替普通电钻、电镐使用。

电锤是在电钻的基础上，增加了一个由电动机带动有曲轴连杆的活塞，在一个汽缸内往复压缩空气，使汽缸内空气压力呈周期变化，变化的空气压力带动汽缸中的击锤往复打击钻头的顶部，好像用锤子敲击钻头，故名电锤。

由于电锤的钻头在转动的同时还产生了沿着电钻杆方向的快速往复运动（频繁冲击），所以，它可以在脆性大的水泥混凝土及石材等材料上快速打孔。高档电锤可以利用转换开关，使电锤的钻头处于不同的工作状态，即只转动不冲击，只冲击不转动，既冲击又转动。图 3-6 所示为 JIZC-22 型电锤结构原理。

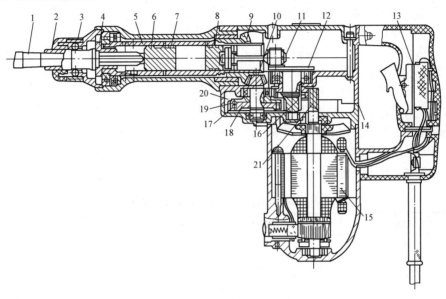

图 3-6　JIZC-22 型电锤结构原理图

1—钻头；2—钻杆；3—控制环；4—钎套；5—旋转套筒；6—冲击锤；7—绝缘密封环；
8—活塞；9—大伞齿轮；10—小伞齿轮；11—连杆；12—偏心轴；13—开关；
14—变速箱；15—电动机；16—一级从动齿轮；17—离合器弹簧；
18—二级从动齿轮；19—钢球；20—离合器盖；21—电枢齿轮轴

国产 JIZC-22 型电锤是具有代表性的产品，其技术性能见表 3-2。这种电锤的随机配件有钻孔深度限位杆、侧手柄、防尘罩、注射器和整机包装手提箱等。

表 3-2　JIZC-22 型电锤的技术性能指标

性能指标		取值
电压/V		110、115、120、127、200、220、230、240
输入功率/W		520
空载转速/(r·min⁻¹)		800
满载冲击频率/(次·min⁻¹)		3 150
钻孔直径/mm	混凝土	22
	钢	13
	木材	30

二、电钻

电钻是一种体积小、质量轻、使用灵敏、操作简单和携带方便的小型电动机具，基本上可分为微型电钻和电动冲击钻两类。微型电钻是用来对金属、塑料或其他类似材料及工件进行钻孔的电动工具，如图 3-7 所示，主要由外壳、电动机、传动机构、钻头和电源连接装置等组成。手电钻所用的电动机有交直流两用串激式、三相中频、三相工频和直流永弹磁式。其中交直流两用串激式的电钻构造较简单，容易制造，且体积小、质量轻，在装饰工程施工中应用最为广泛。

从技术性能上看，手电钻有单速、双速、四速和无级调速几种。其中，双速电钻为齿轮变速。在装饰工程

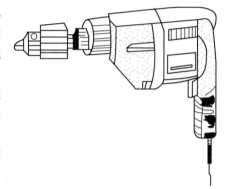

图 3-7　微型电钻

中用手电钻钻孔的孔径多在 13 mm 以下，钻头可以直接卡固在钻头夹内。若需钻削 13 mm 以上孔径的孔时，则还要加装莫氏锥套筒。手电钻的规格是以最大钻孔直径来表示的。国产交直流两用电钻的规格、技术性能见表 3-3。

表 3-3　国产交直流两用电钻的规格、技术性能

电钻规格/mm	额定转速/(r·min⁻¹)	额定转矩/(N·m)
4	≥2 200	0.4
6	≥1 200	0.9
10	≥700	2.5
13	≥500	4.5
16	≥400	7.5
19	≥330	8.0
23	≥250	8.6

三、射钉枪

射钉枪又称射钉器，由于其外形和原理都与手枪相似，故常称为射钉枪。它是利用发射空包弹产生的火药燃气作为动力，将射钉打入建筑体的工具。发射射钉的空包弹与普通军用空包弹只是在大小上有所区别，对人同样有伤害作用。此产品的主要特点是可在设定范围内自由调节射钉力度。此产品采用新型弹夹，便于使用，并内置消声器，极大地降低了工作噪声。图 3-8 所示 SHD66-3 型射钉枪结构。

射钉枪使用时应注意以下几点：

（1）装钉子，将选用的钉子装入钉管，并用与枪钉管内径相配的通条，将钉子推到底部。

（2）装射壳，把射钉枪的前半部转动到位，向前拉；断开枪身，弹壳便自动退出。

（3）装射钉弹，把射钉弹装入弹膛，关上射钉枪，拉回前半部，顺时针方向旋转到位。

（4）击发，将射钉枪垂直地紧压于工作面上，扣动扳机击发，如有弹不发火，重新把射钉枪垂直紧压于工作面上，扣扳机再击发。如经两次扣动扳机子弹还不发火时，应保持原射击位置数秒，然后再将射钉弹退出。

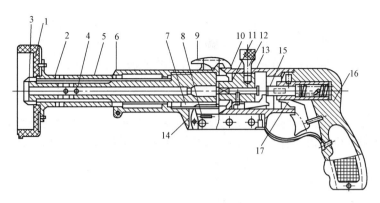

图 3-8　SHD66-3 型射钉枪结构

1—护罩；2—消声外壳；3—枪管螺母；4—枪管；5—消声管；6—前部外套；7—退壳器；
8—销轴；9—杠杆；10—后部外套；11—击针体；12—转动轮；13—机针；
14—凸轮；15—击杆；16—枪把；17—扳机

(5)在使用结束时或更换零件，以及断开射钉枪前，射钉枪不准装射钉弹。

(6)严禁用手掌推压钉管。

第三节　吊顶工程施工要求

一、木龙骨吊顶安装

木龙骨吊顶是以木质龙骨为基本骨架，配以胶合板、纤维板等作为饰面材料组合而成的吊顶体系。木龙骨吊顶适用于小面积的、造型复杂的悬吊式顶棚。其施工速度快、易加工，但防火性能差，常用于家庭装饰装修工程。

木龙骨吊顶

木龙骨吊顶主要由吊点、吊杆、木龙骨和面层组成。其基本构造如图 3-9 所示。

1. 市龙骨吊顶材料质量要求

(1)木龙骨一般宜选用针叶树类木材，树种及规格应符合设计要求，进场后应进行筛选，并将其中腐蚀部分、斜口开裂部分、虫蛀及腐烂部分剔除，其含水率不得大于18%。

(2)饰面板的品种、规格、图案应满足设计要求。材质应按有关材料标准和产品说明书的规定进行验收。

2. 市龙骨吊顶施工要求

施工准备→放线定位→木龙骨处理→木龙骨拼接→安装吊点紧固体→安装边龙骨→主龙骨的安装与调整→安装饰面板。

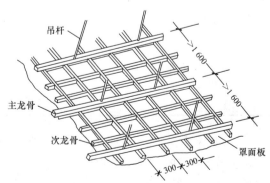

图 3-9　木龙骨吊顶基本构造

（1）施工准备。在吊顶施工前，顶棚上部的电气布线、空调管道、消防管道、供水管道、报警线路等均应安装就位并调试完成；自顶棚至墙体各开关和插座的有关线路敷设业已布置就绪；施工机具、材料和脚手架等已经准备完毕；顶棚基层和吊顶空间全部清理无误之后方可开始施工。

（2）放线定位。施工放线主要包括确定标高线、吊顶造型位置线、吊点位置线、大中型灯具吊点等。

1）确定标高线。定出地面的基准线，如原地坪无饰面要求，基准线为原地坪线，如原地坪有饰面要求，基准线则为饰面后的地坪线。以地坪线基准线为起点，根据设计要求在墙（柱）面上量出吊顶的高度，并画出高度线作为吊顶的底标高。

2）确定造型位置线。吊顶造型位置线可先在一个墙面上量出竖向距离，再以此画出其他墙面的水平线，即得到吊顶位置的外框线，然后再逐步找出各局部的造型框架线；若室内吊顶的空间不规则，可以根据施工图纸测出造型边缘与墙面的距离，找出吊顶造型边框的有关基本点，将点再连接成吊顶造型线。

3）确定吊点位置线。平顶吊顶的吊点一般是按每平方米一个布置，要求均匀分布；有叠级造型的吊顶应在叠级交界处设置吊点，吊点间距通常为 $800\sim1\,200$ mm。上人吊顶的吊点要按设计要求加密。吊点在布置时不应与吊顶内的管道或电气设备位置产生矛盾。较大的灯具，要专门设置吊点。

（3）木龙骨处理。对建筑装饰工程中所用的木质龙骨材料要进行筛选并进行防腐与防火处理。一般将防火涂料涂刷或喷于木材表面，也可以将木材放在防火槽内浸渍。防火涂料的选择及使用规定见表 3-4。

表 3-4　防火涂料的选择及使用规定

序号	防火涂料种类	每平方米木材表面所用防火涂料的数量（以 kg 计）不得小于	特　征	基本用途	限制和禁止的范围
1	硅酸盐涂料	0.50	无抗水性，在二氧化碳的作用下分解	用于不直接受潮湿作用的构件上	不得用于露天构件及位于二氧化碳含量高的大气中
2	可赛银（酪素）涂料	0.70	—	用于不直接受潮湿作用的构件上	构件不得用于露天
3	掺有防火剂的油质涂料	0.60	抗水性良好	用于露天构件上	—
4	氯乙烯涂料和其他碳化氢为主的涂料	0.60	抗水性良好	用于露天构件上	—

（4）木龙骨拼接。为了方便安装，木龙骨吊装前通常是先在地面上进行分片拼接。分片拼接前先确定吊顶骨架面上需要分片或可以分片安装的位置和尺寸，再根据分片的平面尺寸选取龙骨纵横型材（经防腐、防火处理后已晾干）；先拼接组合大片的龙骨骨架，再拼接小片的局部骨架。拼接组合的面积不可过大，否则不便吊装。对于截面为 25 mm×30 mm 的木龙骨，可选用市售成品凹方型材。如为确保吊顶质量而采用现场制作木方，必须在木方上按中心线距 300 mm 开凿深 15 mm、宽 25 mm 的凹槽。骨架的拼接即按凹槽对凹槽的方法咬口拼联，在拼口处涂胶

并用圆钉固定。

(5)安装吊点紧固件。木龙骨吊顶紧固件的安装方法主要有以下几种：

1)在楼板底板上按吊点位置用电锤打孔，预埋膨胀螺栓，并固定等边角钢，将吊杆与等边角钢相连接。

2)在混凝土楼板施工时做预埋吊杆，吊杆预埋在吊点位置上。

3)在预制混凝土楼板板缝内按吊点的位置伸进吊筋的上部并钩挂在垂直于板缝的预先安放好的钢筋段上，然后对板缝二次浇筑细石混凝土并做地面。

(6)安装边龙骨。沿吊顶标高线固定边龙骨，一般是用冲击电钻在标高线以上 10 mm 处墙面打孔，孔径为 12 mm，孔距为 0.5～0.8 m，孔内塞入木楔，将边龙骨钉固在墙内木楔上，边龙骨的截面尺寸应与吊顶次龙骨尺寸相同。边龙骨固定后，其底边与其他次龙骨底边标高一致。

(7)主龙骨的安装与调整。

1)分片吊装。将拼接组合好的木龙骨架托起，至吊顶标高位置。对于高度低于 3 m 的吊顶骨架，可用高度定位杆做临时支撑；当吊顶高度超过 3 m 时，可用铁丝在吊点上做临时固定。根据吊顶标高线拉出纵横水平基准线，作为吊顶的平面基准。将吊顶龙骨架略作移位，使之与基准线平齐。待整片龙骨架调正调平后，即将其靠墙部分与边龙骨钉接。

2)龙骨架与吊杆固定。吊杆在吊点位置的固定方法有多种，应根据选用的吊杆材料和构造而定，如以 $\phi6$ 钢筋吊杆与吊点的预埋钢筋焊接；利用扁铁与吊点角钢以 M6 螺栓连接；利用角钢作吊杆与上部吊点角钢连接等。吊杆与龙骨架的连接，根据吊杆材料的不同可分别采用绑扎、钩挂及钉固等，如扁铁及角钢杆件与木龙骨可用两个木螺钉固定。

3)分片龙骨架间的连接。当两个分片骨架在同一平面对接时，骨架的端头要对正，然后用短木方进行加固。对于一些重要部位或有附加荷载的吊顶，骨架分片间的连接加固应选用铁件。对于变标高的选级吊顶骨架，可以先用一根木方将上、下两平面的龙骨架斜拉就位，再将上、下平面的龙骨用垂直的木方条连接固定。

4)龙骨架调整。龙骨安装完成后，要进行全面调整。用棉线或尼龙线在吊顶下拉出十字交叉的标高线，以检查吊顶的平整度及拱度，并且进行适当的调整。调整后，应将龙骨的所有吊挂件和连接件拧紧、夹牢。

(8)安装饰面板。

1)排板。为了保证饰面装饰效果，且方便施工，饰面板安装前要进行预排。胶合板罩面多为无缝罩面，即最终不留板缝，其排板形式有两种：一是将整板铺大面，分割板安排在边缘部位；二是将整板居中，分割板布置在两侧。排板完毕应将板按编号堆放，装订时按号就位。排板时，要根据设计图纸要求，留出顶面设备的安装位置，也可以将各种设备的洞口先在罩面板上画出，待板面铺装完毕，安装设备时再将面板取下来。

2)胶合板铺钉用 16～20 mm 长的小钉，钉固前先用电动或气动打枪机将钉帽砸扁。铺钉时将胶合板正面朝下托起到预定的位置，紧贴龙骨架，从板的中间向四周展开、钉固。钉子的间距控制在 150 mm 左右，钉头要钉入板面 1～1.5 mm。

二、轻钢龙骨安装

轻钢龙骨吊顶是以轻钢龙骨作为吊顶的基本骨架，以轻型装饰板材作为饰面层的吊顶体系。轻钢龙骨吊顶质轻、高强、拆装方便、防火性能好，一般可用于工业与民用建筑物的装饰吸声顶棚吊顶。轻钢龙骨吊顶基本构造如图 3-10 所示。

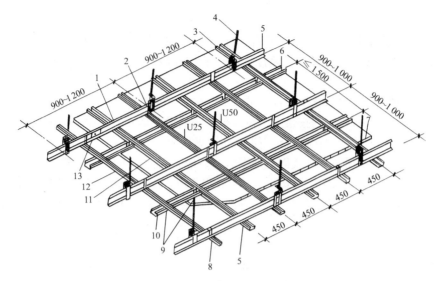

图 3-10　轻钢龙骨吊顶基本构造

1—U50 龙骨吊挂；2—U25 龙骨吊挂；3—UC50、UC45 大龙骨吊挂件；4—吊杆 $\phi 8 \sim \phi 10$；

5—UC50、UC45 大龙骨；6—U50、U25 横撑龙骨(中距应按板材端部设置横撑，但小于等于 1 500 mm)；

7—吊顶板材；8—U25 龙骨；9—U50、U25 挂插件连接；10—U50、U25 横撑龙骨；

11—U50 龙骨连接件；12—U25 龙骨连接件；13—UC50、UC45 大龙骨连接件

1. 轻钢龙骨材料质量要求

(1)轻钢龙骨。轻钢龙骨是采用镀锌铁板和薄钢板，经剪裁、冷弯、滚轧、冲压而成。轻钢龙骨按照龙骨的断面形状可以分为 U 形和 T 形。U 形轻钢龙骨架是由主龙骨、次龙骨、横撑龙骨、边龙骨和各种配件组装而成的。U 形轻钢龙骨按照主龙骨的规格可以分为 U38、U50、U60 三个系列。

(2)罩面板。罩面板应具有出厂合格证。罩面板不应有气泡、起皮、裂纹、缺角、污垢和图案不完整等缺陷。表面应平整，边缘整齐，色泽一致。

(3)其他材料。安装吊顶罩面板的紧固件、螺钉、钉子宜为镀锌的。吊杆用的钢筋、角铁等应作防锈处理。胶粘剂的类型应按所用罩面板的品种配套选用，若现场配制胶粘剂，其配合比应由试验确定。其他如射钉、膨胀螺栓等应按设计要求选用。

2. 轻钢龙骨吊顶施工要求

施工准备→弹线→固定边龙骨→安装吊杆→安装主龙骨与调平→安装次龙骨→安装横撑龙骨→安装饰面板→检查修整。

(1)施工准备。根据施工房间的平面尺寸和饰面板材的种类、规格，按设计要求合理布局，排列出各种龙骨的位置，绘制出组装平面图。以组装平面图为依据，统计并提出各种龙骨、吊杆、吊挂件及其他各种配件的数量。复核结构尺寸是否与设计图纸相符，设备管道是否安装完毕。

(2)弹线。根据顶棚设计标高，沿内墙面四周弹水平线，作为顶棚安装的标准线，其水平允许偏差为±5 mm。无埋件时，根据吊顶平面，在结构层板下皮弹线定出吊点位置，并复验吊点间距是否符合规定；如果有埋件，可免去弹线。

(3)固定边龙骨。吊顶边部的支承骨架应按设计的要求加以固定。对于无附加荷载的轻便吊顶，其 L 形轻钢龙骨或角铝型材等，较常用的设置方法是用水泥钉按 400～600 mm 的钉距与

墙、柱面固定。对于有附加荷载的吊顶，或是有一定承重要求的吊顶边部构造，有的需按900～1 000 mm 的间距预理防腐木砖，将吊顶边部支承材料与木砖固定。无论采用何种做法，吊顶边部支承材料底面均应与吊顶标高基准线相平且必须牢固可靠。

（4）安装吊杆。轻钢龙骨的吊杆一般用钢筋制作，吊杆的固定做法应根据楼板的种类不同而不同。预制钢筋混凝土楼板设吊筋，应在主体工程施工时预理吊筋。如无预理时应用膨胀螺栓固定，并应保证其连接强度；现浇钢筋混凝土楼板设吊筋，一般是预理吊筋，或是用膨胀螺栓或用射钉固定吊筋，并应保证其强度。采用吊杆时，吊杆端头螺纹部分长度不应小于 30 mm，以便于有较大的调节量。

（5）安装主龙骨与调平。轻钢龙骨的主龙骨与吊挂件连接在吊杆上，并拧紧固定螺母。一个房间的主龙骨与吊杆、吊挂件全部安装就位后，要进行平直调整，轻钢龙骨的主龙骨调平一般以一个房间为单元，方法是先用 60 mm×60 mm 的方木按主龙骨的间距钉上圆钉，分别卡住主龙骨，对主龙骨进行临时固定，然后在顶面拉出十字线和对角线，拧动吊筋上面的螺母，作升降调平，直至将主龙骨调成同一平面。房间吊顶面积较大时，调平时要使主龙骨中间部位略起拱，起拱的高度一般不应小于房间短向跨度的 1/200。

（6）安装次龙骨。次龙骨紧贴主龙骨安装，通长布置，利用配套的挂件与主龙骨连接，在吊顶平面上与主龙骨相垂直，它可以是中龙骨，有时则根据罩面板的需要再增加小龙骨，它们都是覆面龙骨。次龙骨的中距由设计确定，并因吊顶装饰板采用封闭式安装或是离缝及密缝安装等不同的尺寸关系而异。对于主、次龙骨的安装程序，由于主龙骨在上，次龙骨在下，所以一般的做法是先用吊件安装主龙骨，然后再以挂件在主龙骨下吊挂次龙骨。挂件（或称吊挂件）上端钩住主龙骨，下端挂住次龙骨即可将二者连接。

（7）安装横撑龙骨。横撑龙骨一般由次龙骨截取。安装时将截取的次龙骨端头插入挂插件，垂直于次龙骨且扣在次龙骨上，并用钳子将挂搭弯入次龙骨内。组装好后，次龙骨和横撑龙骨底面（即饰面板背面）要齐平。横撑龙骨的间距根据饰面板的规格尺寸而定，要求饰面板端部必须落在横撑龙骨上，一般情况下间距为 600 mm。

（8）安装饰面板。安装固定饰面板要注意对缝均匀、图案匀称清晰，安装时不可生扳硬装，应根据装饰板的结构特点进行，防止棱边碰伤和掉角。轻钢龙骨石膏板吊顶的饰面板材一般可分为两种类型：一种是基层板，需在板的表面做其他处理；另一种是板的表面已经作过装饰处理（即装饰石膏板类），将此种板固定在龙骨上即可。饰面板的固定方式也有两种：一种是用自攻螺钉把饰面板固定在龙骨上，但自攻螺钉必须是平头螺钉；另一种是饰面板成企口暗缝形式，用龙骨的两条肢插入暗缝内，靠两条肢将饰面板托挂住。

（9）检查修整。饰面板安装完毕后，应对其质量进行检查。如整个饰面板顶棚表面平整度偏差超过 3 mm、接缝平直度偏差超过 3 mm、接缝高低度偏差超过 1 mm、饰面板有钉接缝处不牢固，均应彻底纠正。

三、铝合金龙骨吊顶工程施工

铝合金龙骨吊顶属于轻型活动式吊顶，其饰面板用搁置、卡接、黏结等方法固定在铝合金龙骨上。铝合金龙骨吊顶具有外观装饰效果好、防火性能好等特点，较广泛地应用于大型公共建筑室内吊顶装饰。铝合金龙骨一般常用 T 形。T 形铝合金龙骨吊顶的基本构造如图 3-11 所示。

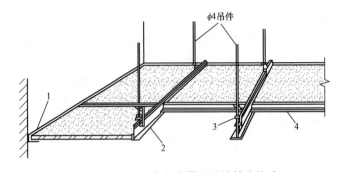

金属吊顶

图 3-11　T形铝合金龙骨吊顶的基本构造

1—边龙骨；2—次龙骨；3—T形吊挂件；4—横撑龙骨

1. 铝合金龙骨吊顶材料质量要求

(1)主龙骨。铝合金主龙骨的侧面有长方形孔和圆形孔。方形孔供次龙骨穿插连接，圆形孔供悬吊固定。其断面及立面如图 3-12 所示。

(2)次龙骨。铝合金次龙骨的长度要根据罩面板的规格确定。在次龙骨的两端，为了便于插入主龙骨的方眼中，要加工成"凸头"形状，其断面及立面如图 3-13 所示。为了使多根次龙骨在穿插连接中保持顺直，在次龙骨的凸头部位弯了一个角度，使两根次龙骨在一个方眼中保持中心线重合。

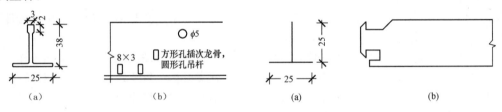

图 3-12　铝合金主龙骨断面和立面
(a)断面；(b)立面

图 3-13　铝合金次龙骨断面和立面
(a)断面；(b)立面

(3)边龙骨。铝合金边龙骨也称封口角铝，其作用是吊顶毛边检查部位等封口，使边角部位保持整齐、顺直。边龙骨有等肢与不等肢之分，一般常用 25 mm×25 mm 等肢角边龙骨，色彩应当与板的色彩相同。

2. 铝合金龙骨吊顶施工要求

施工准备→放线定位→固定悬吊体系→主、次龙骨的安装与调平→安装边龙骨→安装饰面板→检查修整。

(1)施工准备。根据选用罩面板的规格尺寸、灯具口及其他设施位置等情况，绘制吊顶施工平面布置图。一般应以顶棚中心线为准，将罩面板对称排列。小型设施应位于某块罩面板中间，大灯槽等设施占据整块或相连数块板位置，均以排列整齐美观为原则。

(2)放线定位。按位置弹出标高线后，沿标高线固定角铝(边龙骨)，角铝的底面与标高线齐平。角铝的固定方法可以用水泥钉将其按 400～600 mm 的间隔直接钉在墙、柱面或窗帘盒上。龙骨的分格定位，应按饰面板尺寸确定，其中心线间距尺寸应大于饰面板尺寸 2 mm。

(3)固定悬吊体系。铝合金龙骨吊顶悬吊体系的悬吊形式包括镀锌钢丝悬吊和伸缩式吊杆悬吊两种。采用镀锌钢丝悬吊时，由于活动式装配吊顶一般不做上人考虑，所以在悬吊体系方面也比较简单。目前用得最多的是用射钉将镀锌钢丝固定在结构上，另一端与主龙骨的圆形孔绑牢。镀锌钢丝不宜太细，如若单股使用，不宜用小于 14 号的镀锌钢丝。伸缩式吊杆的形式较多，用得较为普遍的是将 8 号镀锌钢丝调直，用一个带孔的弹簧钢片将两根镀锌钢丝连起来，调节与固定主要靠弹簧钢片。当用力压弹簧钢片时，将弹簧钢片两端的孔中心重合，吊杆就可伸缩自由。当手松开后，孔中心错位，与吊杆产生剪力，将吊杆固定。铝合金吊顶如果选用将板条卡到龙骨上，龙骨与板条配套使用的龙骨断面，宜选用伸缩式吊杆。龙骨的侧面有间距相等的孔眼，悬吊时，在两侧面孔眼上用钢丝拴一个圈或钢卡子，吊杆的下弯钩吊在圈上或钢卡上。铝合金龙骨吊顶悬吊体系的吊杆或镀锌钢丝与结构的一端固定时，常用的办法是用射钉枪将吊杆或镀锌钢丝固定。可以选用尾部带孔或不带孔的两种射钉规格。如果用角钢一类材料做吊杆，则龙骨也大部分采用普通型钢，应用冲击钻固定膨胀螺栓，然后将吊杆焊在螺栓上。吊杆与龙骨的固定，可以采用焊接或钻孔用螺栓固定。

(4)主、次龙骨的安装与调平。主龙骨通常采用相应的主龙骨吊挂件与吊杆固定，其固定和调平方法与 U 形轻钢龙骨相同。主龙骨的间距为 1 000 mm 左右。次龙骨应紧贴主龙骨安装就位。龙骨就位后，然后再满拉纵横控制标高线（十字中心线），从一端开始，边安装边调整，最后再精调一遍，直到龙骨调平和调直为止。如果面积较大，在中间还应考虑水平线适当起拱。调平时应注意一定要从一端调向另一端，要做到纵横平直。特别对于铝合金吊顶，龙骨的调平调直是施工工序比较麻烦的一道，龙骨是否调平，也是板条吊顶质量控制的关键。因为只有龙骨调平，才能使板条饰面达到理想的装饰效果。

(5)安装边龙骨。边龙骨宜沿墙面或柱面标高线钉牢，固定时，一般常用高强水泥钉，钉的间距一般不宜大于 50 cm。如果基层材料强度较低，紧固力不满足时，应采取相应的措施加强，如改用膨胀螺栓或加大水泥钉的长度等办法。在一般情况下，边龙骨不能承重，只起到封口的作用。

(6)安装饰面板。铝合金龙骨吊顶饰面板的安装方法通常有以下三种：

1)明装。即纵横 T 形龙骨骨架均外露，饰面板只需搁置在 T 形龙骨两翼上即可。

2)暗装。即饰面板边部有企口，嵌装后骨架不暴露。

3)半隐。即饰面板安装后外露部分。

(7)检查修整。饰面板安装完毕后，应进行检查，饰面板拼花不严密或色彩不一致时要调换，花纹图案拼接有误时要纠正。

第四节　吊顶工程施工质量检查与验收

一、基本规定

(1)吊顶工程验收时应检查下列文件和记录：

1)吊顶工程的施工图、设计说明及其他设计文件。

2)材料的产品合格证书、性能检测报告、进场验收记录和复验报告。

3)隐蔽工程验收记录。

4)施工记录。

(2)吊顶工程应对人造木板的甲醛含量进行复验。

(3)吊顶工程应对下列隐蔽工程项目进行验收：

吊顶工程质量
验收标准

1）吊顶内管道、设备的安装及水管试压、风管严密性检验；

2）木龙骨防火、防腐处理；

3）埋件；

4）吊杆安装；

5）龙骨安装；

6）填充材料的设置；

7）反支撑及钢结构转换层。

（4）同一品种的吊顶工程每 50 间应划分为一个检验批，不足 50 间也应划分为一个检验批，大面积房间和走廊可按吊顶面积每 30 m² 计为 1 间。

（5）每个检验批应至少抽查 10%，并不得少于 3 间，不足 3 间时应全数检查。

（6）安装龙骨前，应按设计要求对房间净高、洞口标高和吊顶内管道、设备及其支架的标高进行交接检验。

（7）吊顶工程的木龙骨和木面板应进行防火处理，并应符合有关设计防火标准的规定。

（8）吊顶工程中的埋件、钢筋吊杆和型钢吊杆应进行防腐处理。

（9）安装面板前应完成吊顶内管道和设备的调试及验收。

（10）吊杆与主龙骨端部距离不得大于 300 mm。当吊杆长度大于 1 500 mm 时，应设置反支撑。当吊杆与设备相遇时，应调整并增设吊杆或采用型钢支架。

（11）重型设备和有振动荷载的设备严禁安装在吊顶工程的龙骨上。

（12）吊顶埋件与吊杆的连接、吊杆与龙骨的连接、龙骨与面板的连接应安全可靠。

（13）吊杆上部为网架、钢屋架或吊杆长度大于 2 500 mm 时，应设有钢结构转换层。

（14）大面积或狭长形吊顶面层的伸缩缝及分格缝应符合设计要求。

二、主控项目

1. 整体面层吊顶工程

（1）吊顶标高、尺寸、起拱和造型应符合设计要求。

检验方法：观察；尺量检查。

（2）面层材料的材质、品种、规格、图案、颜色和性能应符合设计要求及国家现行标准的有关规定。

检验方法：观察；检查产品合格证书、性能检验报告、进场验收记录和复验报告。

（3）整体面层吊顶工程的吊杆、龙骨和面板的安装应牢固。

检验方法：观察；手扳检查；检查隐蔽工程验收记录和施工记录。

（4）吊杆和龙骨的材质、规格、安装间距及连接方式应符合设计要求。金属吊杆和龙骨应经过表面防腐处理；木龙骨应进行防腐、防火处理。

检验方法：观察；尺量检查；检查产品合格证书、性能检验报告、进场验收记录和隐蔽工程验收记录。

（5）石膏板、水泥纤维板的接缝应按其施工工艺标准进行板缝防裂处理。安装双层板时，面层板与基层板的接缝应错开，并不得在同一根龙骨上接缝。

检验方法：观察。

2. 板块面层吊顶工程

（1）吊顶标高、尺寸、起拱和造型应符合设计要求。

检验方法：观察；尺量检查。

（2）面层材料的材质、品种、规格、图案、颜色和性能应符合设计要求及国家现行标准的有关规定。当面层材料为玻璃板时，应使用安全玻璃并采取可靠的安全措施。

检验方法：观察；检查产品合格证书、性能检验报告、进场验收记录和复验报告。

（3）面板的安装应稳固严密。面板与龙骨的搭接宽度应大于龙骨受力面宽度的2/3。

检验方法：观察；手扳检查；尺量检查。

（4）吊杆和龙骨的材质、规格、安装间距及连接方式应符合设计要求。金属吊杆和龙骨应进行表面防腐处理；木龙骨应进行防腐、防火处理。

检验方法：观察；尺量检查；检查产品合格证书、性能检验报告、进场验收记录和隐蔽工程验收记录。

（5）板块面层吊顶工程的吊杆和龙骨安装应牢固。

检验方法：手扳检查；检查隐蔽工程验收记录和施工记录。

3. 格栅吊顶工程

（1）吊顶标高、尺寸、起拱和造型应符合设计要求。

检验方法：观察；尺量检查。

（2）格栅的材质、品种、规格、图案、颜色和性能应符合设计要求及国家现行标准的有关规定。

检验方法：观察；检查产品合格证书、性能检验报告、进场验收记录和复验报告。

（3）吊杆和龙骨的材质、规格、安装间距及连接方式应符合设计要求。金属吊杆和龙骨应进行表面防腐处理；木龙骨应进行防腐、防火处理。

检验方法：观察；尺量检查；检查产品合格证书、性能检验报告、进场验收记录和隐蔽工程验收记录。

（4）格栅吊顶工程的吊杆、龙骨和格栅的安装应牢固。

检验方法：观察；手扳检查；检查隐蔽工程验收记录和施工记录。

三、一般项目

1. 整体面层吊顶工程

（1）面层材料表面应洁净、色泽一致，不得有翘曲、裂缝及缺损。压条应平直、宽窄一致。

检验方法：观察；尺量检查。

（2）面板上的灯具、烟感器、喷淋头、风口箅子和检修口等设备设施的位置应合理、美观，与面板的交接应吻合、严密。

检验方法：观察。

（3）金属龙骨的接缝应均匀一致，角缝应吻合，表面应平整，应无翘曲和锤印。木质龙骨应顺直，应无劈裂和变形。

检验方法：检查隐蔽工程验收记录和施工记录。

（4）吊顶内填充吸声材料的品种和铺设厚度应符合设计要求，并应有防散落措施。

检验方法：检查隐蔽工程验收记录和施工记录。

（5）整体面层吊顶工程安装的允许偏差和检验方法应符合表3-5的规定。

表 3-5　整体面层吊顶工程安装的允许偏差和检验方法

项次	项目	允许偏差/mm	检验方法
1	表面平整度	3	用2m靠尺和塞尺检查
2	缝格、凹槽直线度	3	拉5m线，不足5m拉通线，用钢直尺检查

2. 板块面层吊顶工程

(1)面层材料表面应洁净、色泽一致，不得有翘曲、裂缝及缺损。面板与龙骨的搭接应平整、吻合，压条应平直、宽窄一致。

检验方法：观察；尺量检查。

(2)面板上的灯具、烟感器、喷淋头、风口算子和检修口等设备设施的位置应合理、美观，与面板的交接应吻合、严密。

检验方法：观察。

(3)金属龙骨的接缝应平整、吻合、颜色一致，不得有划伤和擦伤等表面缺陷。木质龙骨应平整、顺直，应无劈裂。

检验方法：观察。

(4)吊顶内填充吸声材料的品种和铺设厚度应符合设计要求，并应有防散落措施。

检验方法：检查隐蔽工程验收记录和施工记录。

(5)板块面层吊顶工程安装的允许偏差和检验方法应符合表3-6的规定。

表3-6　板块面层吊顶工程安装的允许偏差和检验方法

项次	项目	允许偏差/mm				检验方法
		石膏板	金属板	矿棉板	木板、塑料板、玻璃板、复合板	
1	表面平整度	3	2	3	2	用2 m靠尺和塞尺检查
2	接缝直线度	3	2	3	3	拉5 m线，不足5 m拉通线，用钢直尺检查
3	接缝高低差	1	1	2	1	用钢直尺和塞尺检查

3. 格栅吊顶工程

(1)格栅表面应洁净、色泽一致，不得有翘曲、裂缝及缺损。栅条角度应一致，边缘应整齐，接口应无错位。压条应平直、宽窄一致。

检验方法：观察；尺量检查。

(2)吊顶的灯具、烟感器、喷淋头、风口算子和检修口等设备设施的位置应合理、美观，与格栅的套割交接处应吻合、严密。

检验方法：观察。

(3)金属龙骨的接缝应平整、吻合、颜色一致，不得有划伤和擦伤等表面缺陷。木质龙骨应平整、顺直，应无劈裂。

检验方法：观察。

(4)吊顶内填充吸声材料的品种和铺设厚度应符合设计要求，并应有防散落措施。

检验方法：观察；检查隐蔽工程验收记录和施工记录。

(5)格栅吊顶内楼板、管线设备等表面处理应符合设计要求，吊顶内各种设备管线布置应合理、美观。

检验方法：观察。

(6)格栅吊顶工程安装的允许偏差和检验方法应符合表3-7的规定。

表3-7　格栅吊顶工程安装的允许偏差和检验方法

项次	项目	允许偏差/mm		检验方法
		金属格栅	木格栅、塑料格栅、复合材料格栅	
1	表面平整度	2	3	用2 m靠尺和塞尺检查
2	格栅直线度	2	3	拉5 m线，不足5 m拉通线，用钢直尺检查

本章小结

　　吊顶主要由吊杆、龙骨架、饰面板及其相配套的连接件和配件组成，分为整体面层吊顶、板块面层吊顶和格栅吊顶。常用的吊顶装修用施工机具，按用途可分为锯、刨、钻、磨、钉五大类，对一些特殊施工工艺，还需有专用机具和一些无动力的小型机具配合。吊顶施工应按施工工艺流程和操作技术要求进行，并符合《建筑装饰装修工程施工质量验收标准》(GB 50210—2018)的质量规定。

思考与练习

一、填空题

1. _____在吊顶中起到承上启下的作用，连接楼板和龙骨架。

2. 吊顶可分为_____、_____和_____。

3. _____是用来对金属、塑料或其他类似材料及工件进行钻孔的电动工具。

4. 木龙骨吊顶主要由_____、_____、_____和_____组成。

5. 轻钢龙骨按照龙骨的断面形状可以分为_____和_____。

6. 边龙骨有_____与_____之分。

7. 铝合金龙骨吊顶悬吊体系的悬吊形式包括_____和_____两种。

二、选择题

1. 铝合金龙骨一般常用的为(　　)。

    A. 工形　　　　　　B. L 形　　　　　　C. 方形　　　　　　D. T 形

2. 轻钢龙骨施工时，横撑龙骨的间距根据饰面板的规格尺寸而定，要求饰面板端部必须落在横撑龙骨上，一般情况下间距为(　　)mm。

    A. 500　　　　　　B. 600　　　　　　C. 700　　　　　　D. 800

三、问答题

1. 龙骨根据使用部位不同可分为哪几个类型？

2. 使用射钉枪应注意哪些问题？

3. 简述木龙骨吊顶的适用范围。

4. 木龙骨吊顶施工如何进行施工放线？

5. 如何进行木龙骨吊顶紧固件的安装？

6. 如何进行铝合金龙骨吊顶饰面板的安装？

7. 吊顶工程施工前，应对哪些隐蔽工程进行验收？

第四章 幕墙工程施工技术

知识目标

了解幕墙的类型，熟悉不同类型幕墙的构造，掌握预埋件处理、幕墙工程施工技术要求及幕墙工程施工质量检查与验收要求。

能力目标

通过本章内容的学习，能够进行玻璃幕墙、金属幕墙、石材幕墙的施工并能够根据规范要求对施工质量进行检查验收。

第一节 幕墙的类型

建筑幕墙指的是建筑物不承重的外墙护围，通常由面板（玻璃、金属板、石板、人造板等）和后面的支承结构（铝横梁立柱、钢结构、玻璃肋等）组成。幕墙工程是现代建筑外墙非常重要的装饰工程，它新颖耐久、美观时尚、装饰感强，与传统装饰技术相比，具有施工速度快、工业化和装配化程度高、便于维修等特点，它是融建筑技术、建筑功能、建筑艺术、建筑结构为一体的建筑装饰构件。

一、玻璃幕墙

玻璃幕墙是现代建筑装饰中有着重要影响的饰面，具有质感强烈、形式造型性强和建筑艺术效果好等特点，但玻璃幕墙造价高，抗风、抗震性能较弱，能耗较大，对周围环境可能形成光污染。

玻璃幕墙主要由饰面玻璃、固定玻璃的骨架以及结构与骨架之间的连接和预埋材料三部分组成。玻璃幕墙包括构件式玻璃幕墙、单元式玻璃幕墙、全玻璃幕墙和点支承玻璃幕墙，见表 4-1。

表 4-1 玻璃幕墙的类型

项次	项目	类型及简介
1	构件式玻璃幕墙	构件式玻璃幕墙是玻璃幕墙的一种分类形式，是指将在工厂制作的一根根元件（立柱、横梁）和一块块玻璃（组件），运往工地并用连接件将立柱安装在主体结构上，再在立柱上安装横梁，形成幕墙框格后安装固定玻璃（组件）。一般分为构件式明框玻璃幕墙、构件式隐框玻璃幕墙、构件式半隐框玻璃幕墙等几种形式

项次	项目	类型及简介
2	单元式玻璃幕墙	单元式玻璃幕墙是直接安装在主体结构上的建筑幕墙
3	全玻璃幕墙	全玻璃幕墙是指由玻璃肋和玻璃面板构成的玻璃幕墙。全玻璃幕墙是随着玻璃生产技术的提高和产品的多样化而诞生的，它为建筑师创造一个奇特、透明、晶莹的建筑提供了条件，全玻璃幕墙已发展成为一个多品种的幕墙家族，它包括玻璃肋胶接全玻璃幕墙和玻璃肋点连接全玻璃幕墙
4	点支承玻璃幕墙	点支承玻璃幕墙是由玻璃面板、点支承装置和支承结构构成的建筑幕墙

目前，建筑工程常见的玻璃幕墙有全隐框、半隐框、挂架式玻璃幕墙。

1. 全隐框玻璃幕墙

全隐框玻璃幕墙的构造是在铝合金构件组成的框格上固定玻璃框，玻璃框的上框挂在铝合金整个框格体系的横梁上，其余三边分别用不同方法固定在立柱及横梁上，如图4-1所示。

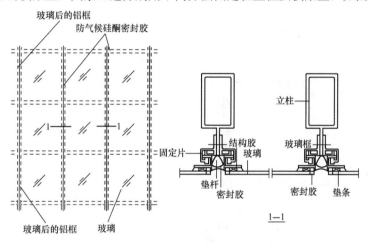

图4-1 全隐框玻璃幕墙基本构造

2. 半隐框玻璃幕墙

半隐框玻璃幕墙可分为竖隐横不隐玻璃幕墙和横隐竖不隐玻璃幕墙两类。

（1）竖隐横不隐玻璃幕墙。这种玻璃幕墙只有立柱隐在玻璃后面，玻璃安放在横梁的玻璃镶嵌槽内，镶嵌槽外加盖铝合金压板，盖在玻璃外面，如图4-2所示。

（2）横隐竖不隐玻璃幕墙。竖边用铝合金压板固定在立柱的玻璃镶嵌槽内，形成从上到下整片玻璃由立柱压板分隔成长条形画面，如图4-3所示。

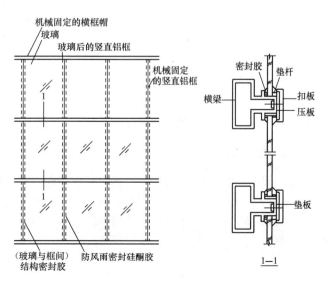

图4-2 竖隐横不隐玻璃幕墙基本构造

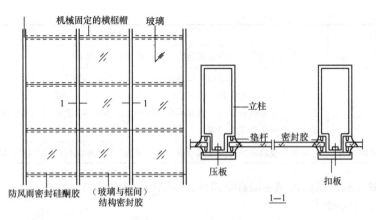

图 4-3　横隐竖不隐玻璃幕墙基本构造

3. 挂架式玻璃幕墙

挂架式玻璃幕墙基本构造如图 4-4 所示。

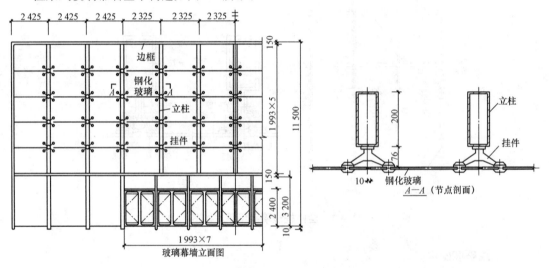

图 4-4　挂架式玻璃幕墙基本构造

二、金属幕墙

金属幕墙一般悬挂在承重骨架的外墙面上。其具有典雅庄重、质感丰富以及坚固、耐久、易拆卸等优点。其适用于各种工业与民用建筑。金属幕墙的基本构造如图 4-5 所示。

三、石材幕墙

石材幕墙是利用金属挂件将石材饰面板直接悬挂在主体结构上，它是一种独立的围护结构体系。石材幕墙干挂法构造分类基本上可分为直接干挂式、骨架干挂式、单元干挂式和预制复合板干挂式。前三类多用于混凝土结构基体；后者多用于钢结构工程。石材幕墙的基本构造如图 4-6～图 4-9 所示。

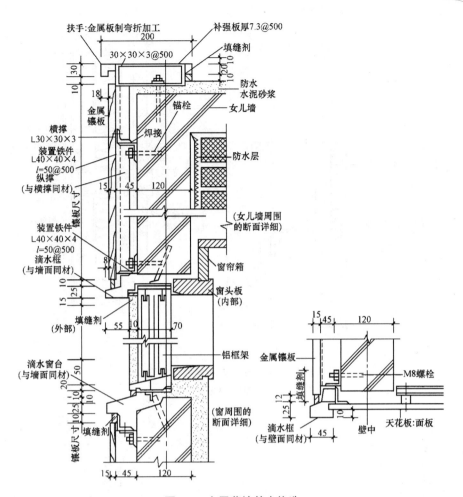

扶手:金属板制弯折加工
200
30×30×3@500
补强板厚7.3@500
填缝剂
防水
水泥砂浆
女儿墙
金属镶板
锚栓
焊接
横撑
L30×30×3
装置铁件
L40×40×4
l=50@500
纵撑
(与横撑同材)
防水层
(女儿墙周围
的断面详细)
装置铁件
L40×40×4
l=50@500
滴水框
(与墙面同材)
窗帘箱
填缝剂
(外部)
窗头板
(内部)
铝框架
滴水窗台
(与墙面同材)
填缝剂
(窗周围的
断面详细)
金属镶板
M8螺栓
填缝剂
滴水框
(与壁面同材)
天花板:面板
壁中

图 4-5　金属幕墙基本构造

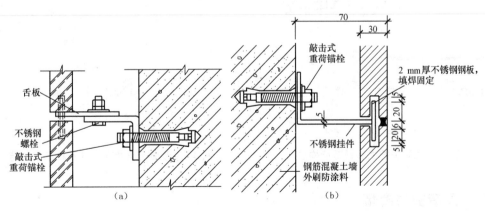

舌板
不锈钢
螺栓
敲击式
重荷锚栓

敲击式
重荷锚栓
2 mm厚不锈钢钢板,
填焊固定
不锈钢挂件
钢筋混凝土墙
外刷防涂料

(a)　　　　　(b)

图 4-6　直接干挂式石材幕墙构造
(a)二次直接法；(b)直接做法

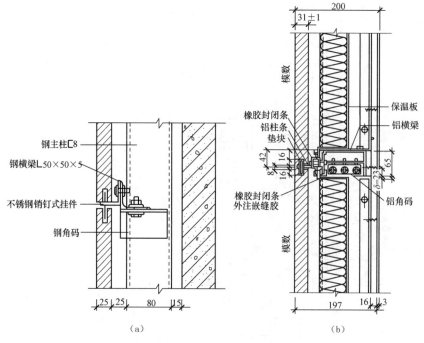

图 4-7 骨架干挂式石材幕墙构造

(a)不设保温层；(b)设保温层

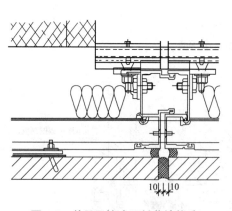

图 4-8 单元干挂式石材幕墙构造

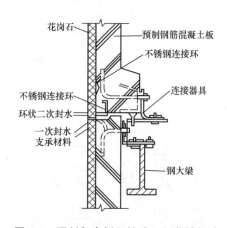

图 4-9 预制复合板干挂式石材幕墙构造

四、人造板材幕墙

人造板材幕墙是指面板材料为人造外墙板的建筑幕墙，包括瓷板幕墙、陶板幕墙、微晶玻璃板幕墙、石材蜂窝板幕墙、木纤维板幕墙和纤维水泥板幕墙。人造板材幕墙工程技术先进、安全可靠、美观适用、节能环保。人造板材幕墙的应用高度不宜大于 100 m。

第二节　预埋件处理

一、预埋件与结构的检查

在测量放样过程中，预埋件的检查与结构的检查相继展开，进行预埋件与结构的检查，并进行记录。

1. 预埋件上下、左右的检查

测量放线过程中，测量人员将预埋件标高线、分格线均用墨线弹在结构上。依据十字中心线，施工人员用钢卷尺进行测量，检查尺寸计算：理论尺寸－实际尺寸＝偏差尺寸。

2. 预埋件进出检查

预埋件进出检查时，测量放线人员从首层与顶层间布置钢线检查，一般15 m左右布置一根钢线，为减少垂直钢线的数量，横向使用鱼丝线进行结构检查，检查尺寸计算：理论尺寸－实际尺寸＝偏差尺寸。

3. 预埋件检查的记录

预埋件进场检查过程中，依据预埋件编号图进行填写上下、左右进出位记录。

二、预埋件的施工

1. 后置预埋件的施工

测量放线人员将后置预埋件位置用墨线弹在结构上，施工人员依据所弹十字定位线进行打孔，如图4-10所示。为确保打孔深度，应在冲击钻上设立标尺，控制打孔深度。

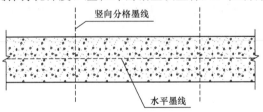

图 4-10　测量放线示意

打完孔后，分别将膨胀螺栓或化学锚栓穿入钢板与结构固定。膨胀螺栓锚入时必须保持垂直混凝土面，不允许膨胀螺栓上倾或下斜，确保膨胀螺栓有充分的锚固深度，膨胀螺栓锚入后拧紧时不允许连杆转动。膨胀螺栓锁紧时扭矩力必须达到规范和设计要求。安装化学锚栓时先将玻璃管药剂放入孔中，再将锚栓进行安装。放入螺杆后高速进行搅拌（冲击钻转速为750 r/s），待洞口有少量混合物外露后即可停止，如图4-11所示。

打孔后各项数据要求，化学锚栓深度一定要达到标准，严禁将锚栓长度割短。当化学螺栓施工完毕后，不能立即进行下一步施工，而必须等到螺栓里的化学药剂反应、凝固完成后方可开始下一步施工。

后置预埋件安装图如图4-12所示。

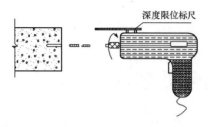

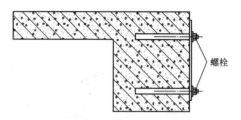

图 4-11 冲击钻使用示意   图 4-12 后置预埋件安装图

2. 幕墙预埋件的施工

预埋件是幕墙系统与主体结构的连接件之一，作为幕墙安装施工的第一项作业，预埋件的制作和安装是直接影响整个幕墙施工、安装及整体效果的重要因素。

(1)找出定位点：根据在现场查找的准确定位轴线以及图纸中提供的有关内容，确定定位点；定位点数量不得少于两点，确定定位点时要反复测量，一定要保证定位准确无误。

(2)拉水平线：在找出定位点位置抄平后，在定位点之间拉水平线，水平线可选用细钢丝线，同时用紧线器收紧，保证钢丝线的水平度。

(3)预置预埋件：根据复检确认的分格位置，先将预埋件预置至各自的位置，预置的目的是检查预埋件安装时与主体结构中钢筋是否有冲突，同时查看是否存在难以固定或需要处理才可固定的情况。以土建单位提供的水平线标高、轴向基准点、垂直预留孔确定每层控制点，并以此采用经纬仪、水准仪为每块预埋件定位，并加以固定，以防浇筑混凝土时发生位移，确保预埋件位置准确。

(4)对预埋件进行准确定位并固定点焊：对预埋件进行准确定位，要控制预埋件的三维误差(X向20、Y向10、Z向10)，在实际准确定位时确保误差在要求范围内。在定位准确后，对预埋件进行点焊固定。若发现预埋件受混凝土钢筋的限制而产生较大偏移的现象，必须在浇筑混凝土前予以纠正。

(5)加固预埋件：为了使预埋件在混凝土浇捣过程中不至于因震动产生移位，增加新的误差，故对预埋件必须进行加固。可采用拉、撑、焊接等措施进行加固，以增强预埋件的抗震力。

(6)校核预埋件：在混凝土模板拆除后，要马上找出预埋件，检查预埋件的质量。若有问题，应立即采取补救措施，在现场逐一进行复核验收。

第三节　幕墙工程施工要求

一、玻璃幕墙施工

(一)玻璃幕墙材料质量要求

1. 幕墙玻璃

(1)全玻璃幕墙面板的厚度不宜小于 10 mm；夹层玻璃单片的厚度不应小于 8 mm；全玻璃幕墙玻璃肋的截面厚度不应小于 12 mm，断面宽度不应小于 100 mm。

(2)幕墙玻璃应进行机械磨边处理，磨轮的数目应在 180 目以上。点支承幕墙玻璃的孔、板边缘应进行磨边和倒棱，磨边宜细磨，倒棱宽度不宜小于 1 mm。

（3）玻璃幕墙采用单片低辐射镀膜玻璃时，应使用在线热喷涂低辐射镀膜玻璃；离线镀膜的低辐射镀膜玻璃宜加工成中空玻璃使用，且镀膜面应朝向中空气体层。

（4）玻璃幕墙采用夹层玻璃时，应采用干法加工合成，其夹片宜采用聚乙烯醇缩丁醛（PVB）胶片；夹层玻璃合片时，应严格控制温、湿度。

（5）玻璃幕墙采用阳光控制镀膜玻璃时，离线法生产的镀膜玻璃应采用真空磁控溅射法生产工艺；在线法生产的镀膜玻璃应采用热喷涂法生产工艺。

（6）玻璃幕墙采用中空玻璃时，除应符合现行国家标准《中空玻璃》（GB/T 11944—2012）的有关规定，还应符合下列规定：

1）中空玻璃气体层厚度不应小于 9 mm。

2）中空玻璃应采用双道密封。

3）中空玻璃的间隔铝框可采用连续折弯型或插角型，不得使用热熔型间隔胶条。间隔铝框中的干燥剂宜采用专用设备装填。

4）中空玻璃加工过程应采取措施，消除玻璃表面可能产生的凹凸现象。

（7）有防火要求的幕墙玻璃，应根据防火等级要求，采用单片防火玻璃或其制品。

2. 铝合金型材

（1）铝合金框架体系多是经特殊挤压成型的幕墙骨架型材，按其竖梃截面高度，主要尺寸系列有 100 mm、120 mm、140 mm、150 mm、160 mm、180 mm、210 mm 等，截面宽度一般为 50～70 mm，壁厚为 2～5 mm，选用时需根据幕墙骨架受力情况由设计决定，按不同系列配套使用。其常用尺寸系列应用范围见表 4-2。

表 4-2　国产玻璃幕墙铝合金框材常用尺寸及应用范围

序号	名称	竖框断面尺寸 $h×b$ /(mm×mm)	主要特点	应用范围
1	简易通用型幕墙	采用铝合金门窗框料断面	简易、经济、框格通用性强	幕墙高度不大的建筑部位
2	MQ100（100系列）	100×50（限于单层玻璃）	构造简单、安装容易，连接支点可采用固定连接	楼层高≤3 m，框格宽度≤1.2 m，应用于强度为 2 kN/m² 的 50 m 以下建筑
3	MQ120（120系列）	120×50	结构构造基本同于 100 系列，具有严密的"断汽桥"，不结露、不挂霜、节能，框格外加扣盖后可增强装饰美感	同 100 系列
4	MQ140（140系列）	140×50	制作及安装简易，维修方便	楼层高≤3.6 m，框格宽度≤1.2 m，应用于强度 2.4 kN/m² 的 80 m 以下建筑
5	MQ150（150系列）	150×（50～65）	结构精巧、功能完善，可根据建筑造型设计为圆形、齿形或梯形平面	楼层高≤3.9 m，框格宽度≤1.5 m，应用于强度为 3.6 kN/m² 的 120 m 以下建筑

序号	名称	竖框断面尺寸 $h \times b$ /(mm×mm)	主要特点	应用范围
6	MQ150A (150A 系列)	150×(50~65)	在 MQ150 基础上予以改进，强度提高近 1/4，可在楼内镶装玻璃	同 150 系列
7	MQ150B (150B 系列)	150×(50~65)	幕墙各开启窗在关闭情况下难以分辨，故有隐形窗幕墙之称，增强了玻璃幕墙的美观	同 150 系列
8	MQ210 (210 系列)	210×(50~70)	属于重型较高标准的全隔热幕墙，性能和构造类似于 120 系列	楼层高≤3 m，框格宽度≤1.5 m，适用于强度≤25 kNm² 的 100 m 以上建筑或作大分格结构的玻璃幕墙

注：1. 本表中 120~210 系列幕墙玻璃可采用单层或中空玻璃。

2. 根据使用需要，幕墙上可开设各种(上悬、中悬、下悬、平开、推拉等)通风换气窗。

(2)幕墙铝合金型材骨架材料，应符合国家标准《铝合金建筑型材》(GB 5237.1~5237.5—2017)规定的高精度级和《铝及铝合金阳极氧化膜与有机聚合物膜》(GB/T 8013.1~8013.3—2018)及其配套引用标准的规定。

(3)材料进场应提供型材产品合格证、型材力学性能检验报告(进口型材应有国家商检部门的商检证)，资料不全均不能进场使用。

3. 钢材

(1)比较大的幕墙工程，要以钢结构为主骨架，铝合金幕墙与建筑物的连接件大部分采用钢材，使用的钢材以碳素结构钢为主。玻璃幕墙采用的钢材应符合国家标准《碳素结构钢》(GB/T 700—2006)、《低合金高强度结构钢》(GB/T 1591—2018)、《彩色涂层钢板及钢带》(GB/T 12754—2019)的规定。

(2)玻璃幕墙的不锈钢宜采用奥氏体不锈钢。不锈钢的技术要求应符合现行国家标准的相关规定。

(3)幕墙高度超过 40 m 时，钢构件宜采用高耐候结构钢，并应在其表面涂刷防腐涂料。

(4)钢构件采用冷弯薄壁型钢时，其壁厚不得小于 3.5 mm，且承载力应进行验算，表面处理应符合现行国家标准《钢结构工程施工质量验收规范》(GB 50205—2001)的有关规定。

4. 五金件

(1)玻璃幕墙采用的标准五金件应符合现行国家及行业标准的规定。

(2)玻璃幕墙采用的非标准五金件应符合设计要求，并应有出厂合格证。

5. 胶粘剂

(1)明框幕墙的中空玻璃密封胶，可采用聚硫密封胶和丁基密封腻子。

(2)隐框及半隐框幕墙的中空玻璃所用的密封材料，必须采用结构硅酮密封胶及丁基密封腻子。

(3)结构硅酮密封胶必须有生产厂家出具的黏结性、相容性的试验合格报告，要求必须与相黏结和接触的材料相容，与玻璃、铝合金型材(包括它们的镀膜)的粘结力及耐久性均有可靠保证。

(二)隐框玻璃幕墙安装施工

隐框玻璃幕墙安装施工工艺流程：施工准备→测量放线→立柱、横梁的安装→玻璃组件的安装→玻璃组件间的密封及周边收口处理→清理。

(1)施工准备。对主体结构的质量(如垂直度、水平度、平整度及预留孔洞、埋件等)进行检查，做好记录，如有问题应提前进行剔凿处理。根据检查的结果，调整幕墙与主体结构的间隔距离。

(2)测量放线。

1)确定立面分格定位线。依靠立面控制网测出各楼层每转角的实际与理论数据并准确做好记录，再与建施图标尺寸相对照，即可得出实际与理论的偏差数值。同时，以幕墙立面分格图为依据，用钢卷尺测量，对各个立面进行排版分格并用墨线标识。

2)建立幕墙立面沿控制线。将立面控制网平移至施工所在立面外墙，由此可统一确定各楼层的墙面位置并做上标记，各层立面以此标记为分辨率，并用钢丝连线确定立面位置，立柱型材即可以立面位置为准进行安装。

3)确立水平基准线。以±0.000基准点为依据，用长卷尺测出各层的标高线，再用水平仪在同一层抄平，并做出标记，利用此标记即可控制埋件及立柱的安装水平度。

(3)立柱、横梁的安装。立柱先与连接件连接，然后连接件再与主体结构埋件连接，立柱安装就位、调整后应及时紧固。横梁(即次龙骨)两端的连接件及弹性橡胶垫，要求安装牢固，接缝严密，应准确安装在立柱的预定位置。同一楼层横梁应由上而下安装，安装完一层时应及时检查、调整、固定。

1)立柱常用的固定方法有两种：一种是将骨架立柱型钢连接件与预埋铁件依弹线位置焊牢；另一种是将立柱型钢连接件与主体结构上的膨胀螺栓锚固。

采用焊接固定时，焊缝高度不小于7 mm，焊接质量应符合现行国家标准《钢结构工程施工质量验收规范》(GB 50205—2001)的有关规定。焊接完毕后应进行二次复核。相邻两根立柱安装标高偏差不应大于3 mm；同层立柱的最大柱高偏差不应大于5 mm；相邻两根立柱固定点的距离偏差不应大于2 mm。采用膨胀螺栓锚固时，连接角钢与立柱连接的螺孔中心线的位置应达到规定要求，最后拧紧螺栓，连接件与立柱间应设绝缘垫片。

立柱与连接件(支座)接触面之间必须加防腐隔离柔性垫片。上、下立柱之间应留有不小于15 mm的缝隙，闭口型材可采用长度不小于250 mm的芯柱连接，芯柱与立柱应紧密配合。

立柱安装牢固后，必须取掉上、下两立柱之间用于定位伸缩缝的标准块，并在伸缩缝处打密封胶。

2)横梁杆件型材的安装，如果是型钢，可焊接，也可用螺栓连接。焊接时，因幕墙面积较大、焊点多，要排定一个焊接顺序，防止幕墙骨架的热变形。固定横梁的另一种办法是：用一穿插件将横梁穿担在穿插件上，然后将横梁两端与穿插担件固定，并保证横梁、立柱间有一个微小间隙，便于温度变化伸缩。穿插件用螺栓与立柱固定。

同一根横梁两端或相邻两根横梁的水平标高偏差不应大于1 mm。同层水平标高偏差：当一幅幕墙宽度≤35 m时，不应大于5 mm；当一幅幕墙宽度＞35 m时，不应大于7 mm。横梁的水平标高应与立柱的嵌玻璃凹槽一致，其表面高低差不大于1 mm。

(4)玻璃组件的安装。安装玻璃组件前，要对组件结构进行认真的检查，结构胶固化后的尺寸要符合设计要求，同时要求胶缝饱满平整、连续光滑，玻璃表面不应有超标准的损伤及脏物。玻璃组件的安装方法如下：

1)在玻璃组件放置到主梁框架后，在固定件固定前要逐块调整好组件相互之间的齐平及间隙的一致。

2）板间表面的齐平采用刚性的直尺或铝方通料来进行测定，不平整的部分应调整固定块的位置或加入垫块。

3）板间间隙的一致，可采用半硬材料制成标准尺寸的模块，插入两板之间的间隙，确保间隙一致。

4）在组件固定后取走插入的模块，以保证板间有足够的位移空间。

5）幕墙整幅沿高度或宽度方向尺寸较大时，注意安装过程中的积累误差，适时进行调整。

（5）玻璃组件间的密封及周边收口处理。玻璃组件间的密封是确保隐框幕墙密封性能的关键，密封胶表面处理是隐框幕墙外观质量的主要衡量标准。必须正确放置好组件位置和防止密封胶污染玻璃。逐层实施组件间的密封工序前，检查衬垫材料的尺寸是否符合设计要求。

（6）清理。要密封的部位必须进行表面清理工作。先要清除表面的积灰，然后用挥发性能强的溶剂擦除表面的油污等脏物，最后用干净布再清擦一遍，保证表面清理干净。

（三）半隐框玻璃幕墙安装施工

半隐框玻璃幕墙安装施工工艺流程：测量放线→立柱、横梁的装配→楼层紧固件安装→安装立柱并抄平、调整→安装横梁→安装保温镀锌钢板→安装层间保温矿棉→安装楼层封闭镀锌板→安装单层玻璃窗密封条、卡→安装单层玻璃→安装双层中空玻璃密封条、卡→安装双层中空玻璃→安装侧压力板→镶嵌密封条→安装玻璃幕墙铝盖条→清理。

（1）测量放线。对主体结构的垂直度、水平度、平整度及预留孔洞、埋件等进行检查，做好记录，如有问题应提前进行剔凿处理。根据检查的结果，调整幕墙与主体结构的间隔距离。校核建筑物的轴线和标高，依据幕墙设计施工图纸，弹出玻璃幕墙安装位置线。

（2）立柱、横梁的装配。安装前应装配好立柱紧固件之间的连接件、横梁的连接件，安装镀锌钢板、立柱之间接头的内套管、外套管以及防水胶等，然后装配好横梁与立柱连接的配件及密封橡胶垫等。

（3）立柱安装。立柱先与连接件连接，然后将连接件与主体预埋件进行预安装，自检合格后需报质检人员进行抽检，抽检合格后方可正式连接。立柱的安装施工要点同前述隐框玻璃幕墙安装施工中立柱的安装施工要点。

（4）横梁安装。横梁安装施工要点同前述隐框玻璃幕墙安装施工中横梁杆件型材的安装施工要点。

（5）幕墙其他主要附件安装。有热工要求的幕墙，保温部分宜从内向外安装。当采用内衬板时，四周应套装弹性橡胶密封条，内衬板与构件接缝应严密；内衬板就位后，应进行密封处理。固定防火保温材料应锚钉牢固，防火保温层应平整，拼接处不应留缝隙。冷凝水排出管及附件应与水平构件预留孔连接严密，与内衬板出水孔连接处应设橡胶密封条。其他通气留槽孔及雨水排出口等应按设计施工，不得遗漏。

（6）玻璃安装。由于骨架结构类型的不同，玻璃固定方法也有差异。型钢骨架，因型钢没有镶嵌玻璃的凹槽，一般要将玻璃安装在铝合金窗框上，而后再将窗框与型钢骨架连接。铝合金型材骨架在生产成型的过程中，已将玻璃固定的凹槽同整个截面一次挤压成型，所以其玻璃安装工艺与铝合金窗框安装一样。立柱安装玻璃时，先在内侧安上铝合金压条，然后将玻璃放入凹槽内，再用密封材料密封。横梁装配玻璃与立柱在构造上不同，横梁支承玻璃的部分呈倾斜，要排除因密封不严流入凹槽内的雨水，外侧须用一条盖板封住。

（四）挂架式玻璃幕墙安装施工

挂架式玻璃幕墙安装施工工艺流程：测量放线→安装上部承重钢结构→安装上部和侧边边

框→玻璃安装→玻璃密封→清理。

(1)测量放线。幕墙定位轴线的测量放线必须与主体结构的主轴线平行或垂直，应及时调整其误差，不得积累，以免幕墙施工和室内外装饰施工发生矛盾，造成阴、阳角不方正和装饰面不平行等缺陷。

(2)安装上部承重钢结构。安装上部承重钢结构时，应注意检查预埋件或锚固钢板的牢固性，选用的锚栓质量要可靠，锚栓位置不宜靠近钢筋混凝土构件的边缘，钻孔孔径和深度要符合锚栓厂家的技术规定。每个构件安装位置和高度都应严格按照放线定位和设计图纸要求进行。内金属扣夹安装必须通顺平直。要用分段拉通线校核，对焊接造成的偏位要进行调直。外金属扣夹要按编号对号入座，试拼装同样要求平直。内外金属扣夹的间距应均匀一致，尺寸符合设计要求。所有钢结构焊接完毕后，应进行防腐处理。

(3)安装上部和侧边边框。安装时，要严格按照放线定位和设计标高施工，所有钢结构表面和焊缝刷防锈漆。将下部边框内的灰土清理干净，在每块玻璃的下部都要放置不少于两块氯丁橡胶垫块，垫块宽度同槽口宽度，长度不应小于 100 mm。

(4)玻璃安装。采用吊架自上而下地安装玻璃，并用挂件固定。安装前，应清洁镶嵌槽；中途暂停施工时，应对槽口采取护保措施。安装过程中，应随时检测和调整面板、玻璃肋的水平度和垂直度，使墙面安装平整。每块玻璃的吊夹应位于同一平面，吊夹的受力应均匀。玻璃两边嵌入槽口深度及预留空隙应符合设计要求，左右空隙尺寸宜相同。玻璃宜采用机械吸盘安装，并应采取必要的安全措施。

(5)玻璃密封。用硅胶进行每块玻璃之间的缝隙密封处理，及时清理余胶。

二、金属幕墙施工

(一)金属幕墙材料质量要求

1. 铝合金板

幕墙工程中常用的铝合金板，从表面处理方法上可分为阳极氧化膜、氟碳树脂喷涂、烤漆处理等；从几何尺寸上分为条形板、方形板及异型板；从常用的色彩分为银白色、古铜色、暖灰色、金色等；从板材构造特征上分为单层铝板、复合铝板、蜂窝铝板等。铝合金板的主要规格及性能见表 4-3。

表 4-3 常用铝合金板的规格及性能

板材类型	构造特点及性能	常用规格	技术指标
单层铝板	表面采用阳极氧化膜或氟碳树脂喷涂。多为纯铝板或铝合金板。为隔声保温，常在其后面加矿棉、岩棉或其他发泡材料	厚度 3～4 mm	(1)弹性模量 E：0.7×10^5 MPa。 (2)抗弯强度：84.2 MPa。 (3)抗剪强度：48.9 MPa。 (4)线膨胀系数：2.3×10^{-5}/℃
复合铝板	内外两层 0.5 mm 厚铝板中间夹 2～5 mm PVC 或其他化学材料，表面滚涂氟碳树脂，喷涂罩面漆。其颜色均匀，表面平整，加工制作方便	厚度 3～6 mm	(1)弹性模量 E：0.7×10^5 MPa。 (2)抗弯强度：≥15 MPa。 (3)抗剪强度：≥9 MPa。 (4)延伸率：≥10%。 (5)线膨胀系数：$24\times10^{-5}\sim28\times10^{-5}$/℃

板材类型	构造特点及性能	常用规格	技术指标
蜂窝铝板	两块厚 0.8～1.2 mm 及 1.2～1.8 mm 铝板夹在不同材料制成的蜂窝状芯材两面制成的，芯材有铝箔芯材、混合纸芯材等。表面涂树脂类金属聚合物着色涂料，强度较高，保温、隔声性能较好	总厚度：10～25 mm。蜂窝形状有：波形、正六角形、扁六角形、长方形、十字形等	(1)弹性模量 E：4×10^4 MPa。 (2)抗弯强度：10 MPa。 (3)抗剪强度：1.5 MPa。 (4)线膨胀系数：$22 \times 10^{-5} \sim 23.5 \times 10^{-5}$/℃

2. 钢板及不锈钢钢板

常用于金属板幕墙的钢板材一般有彩色涂层钢板和不锈钢钢板。其规格及性能见表 4-4。

表 4-4　钢板、不锈钢钢板的规格及性能

板材类型	构造特点及性能	常用规格	技术指标
彩色涂层钢板	在原板钢板上覆以 0.2～0.4 mm 软质或半硬质聚氯乙烯塑料薄膜或其他树脂，耐侵蚀，易加工	厚度 0.35～2.0 mm	(1)弹性模量 E：2.10×10^5 MPa。 (2)线膨胀系数：1.2×10^{-5}/℃
不锈钢钢板	具有优异耐蚀性，优越的成型性，不仅光亮夺目，还经久耐用	厚度 0.75～3.0 mm	(1)弹性模量 E：2.10×10^5 MPa。 (2)抗弯强度：≥180 MPa。 (3)抗剪强度：100 MPa。 (4)线膨胀系数：$1.2 \times 10^{-5} \sim 1.8 \times 10^{-5}$/℃

(二)金属幕墙安装施工要求

金属幕墙安装施工工艺流程：施工准备→安装预埋件→测量放线→对偏移铁件的处理→立柱安装→横梁安装→幕墙防火、防雷→金属板安装→注胶密封→清理。

(1)施工准备。施工前，应详细核查施工图纸和现场实测尺寸，以确保设计加工的完善，同时认真与结构图纸及其他专业图纸进行核对，以及时发现其不相符部位，尽早采取有效措施修正。另外，应及时搭设脚手架或安装吊篮，并将金属板及配件用塔式起重机、外用电梯等垂直运输设备运至各施工面层上。

(2)安装预埋件。埋设预埋件前要熟悉图纸上幕墙的分格尺寸。根据工程实际定位轴线定位点后，应复核精度，如误差超过规范要求，应与设计协商解决。水平分割前应对误差进行分摊，误差在每个分格间分摊值不大于 2 mm，否则应书面通知设计室。为防止预埋铁件在浇捣混凝土过程中移位，对预埋件应采用拉、撑、焊接等措施进行加固。

混凝土拆模板后，应找出预埋铁件。如有超过要求的偏位，应书面通知设计室，采取补救措施；对未镀锌的预埋件暴露在空气中部分要进行防腐处理。

(3)测量放线。由土建单位提供基准线(50 cm 线)及轴线控制点；复测所有预埋件的位置尺寸；根据基准线在底层确定墙的水平宽度和出入尺寸；利用经纬仪向上引数条垂线，以确定幕墙转角位置和立面尺寸；根据轴线和中线确定一立面的中线；测量放线时应控制分配误差，不使误差积累；测量放线应在风力不大于 4 级情况下进行；放线后应定时校核，以保证幕墙垂直度及立柱位置的正确性。

(4)立柱安装。立柱安装标高偏差不应大于 3 mm，轴线前后偏差不应大于 2 mm，左右偏差不应大于 3 mm。相邻两根立柱安装标高偏差不应大于 3 mm，同层立柱的最大标高偏差不应大于 5 mm，相邻两根立柱的距离偏差不应大于 2 mm。

（5）横梁安装。应将横梁两端的连接件及垫片安装在立柱的预定位置，并应安装牢固，其接缝应严密。相邻两根横梁的水平标高偏差不应大于 1 mm。同层标高偏差：当一幅幕墙宽度小于或等于 35 m 时，不应大于 5 mm；当一幅幕墙宽度大于 35 m 时，不应大于 7 mm。

（6）幕墙防火、防雷。幕墙防火应采用优质防火棉，抗火期要达到设计要求。防火棉用镀锌钢板固定，应使防火棉连续地密封于楼板与金属板之间的空位上，形成一道防火带，中间不得有空隙。

幕墙设计上应考虑使整片幕墙框架具有连续而有效的电传导性，并可按设计要求提供足够的防雷保护接合端。一般要求防雷系统直接接地，不与供电系统合用接地地线。

（7）金属板安装。将分放好的金属板分送至各楼层适当位置。检查铝（钢）框对角线及平整度，并用清洁剂将金属板靠室内面一侧及铝合金（型钢）框表面清洁干净。按施工图将金属板放置在铝合金（型钢）框架上，将金属板用螺栓与铝合金（型钢）骨架固定。金属板与板之间的间隙应符合设计要求，一般为 10～20 mm，用密封胶或橡胶条等弹性材料封堵，在垂直接缝内放置衬垫棒。

（8）注胶密封及清理。填充硅酮耐候密封胶时，需先将该部位基材表面用清洁剂清洗干净，密封胶须注满，不能有空隙或气泡。清洁中所使用的清洁剂应对金属板、铝合金（钢）型材等材料无任何腐蚀作用。

三、石材幕墙施工

（一）石材幕墙材料质量要求

1. 石材

（1）石板材质。石材饰面板多采用天然花岗岩，常用板材厚度为 25～30 mm。应选择质地密实、孔隙率小、含氧化铁矿成分少的品种。

（2）板材码放。板材要对称码放在型钢支架两侧，每一侧码放的板块数量不宜太多，一般 20 mm 厚的板材最多 8～10 块。

（3）块材表面处理。花岗石尽管结构很密实，但其晶体间仍存在肉眼无法察觉的空隙，仍有吸收水分和油污的能力，所以，对重要工程项目，对饰面板有必要进行化学表面处理。

2. 金属骨架

石材幕墙所用金属骨架材料应以铝合金为主，个别工程为避免电化腐蚀，局部骨架也有采用不锈钢骨架，但目前较多项目均采用碳素结构钢。采用碳素结构钢应进行热浸镀锌防腐蚀处理，并在设计中避免用现场焊接连接，以保证石板幕墙的耐久性。

（1）铝合金型材。石材幕墙所用铝合金型材应符合国家标准《铝合金建筑型材》（GB/T 5237.1～5237.5—2017）中规定的高精级和《铝及铝合金阳极氧化膜与有机聚合物膜》（GB/T 8013.1～8013.3—2018）的规定，氧化膜厚度不应低于 AA15 级。铝合金型材的化学成分应符合现行国家标准《变形铝及铝合金化学成分》（GB/T 3190—2008）的规定。

（2）碳素钢型材。碳素钢型材应按照现行国家规范《钢结构设计标准》（GB 50017—2017）要求执行，其质量应符合现行标准《碳素结构钢》（GB/T 700—2006）的规定。手工焊接采用的焊条，应符合现行标准《非合金钢及细晶粒钢焊条》（GB/T 5117—2012）或《热强钢焊条》（GB/T 5118—2012）的规定，选择的焊条型号应与主体金属强度相适应。普通螺栓可采用现行标准《碳素结构钢》（GB/T 700—2006）中规定的 Q235 钢制成。应该强调的是所有碳素钢构件应采用热镀锌防腐蚀处理，连接节点宜采用热镀锌钢螺栓或不锈钢螺栓。对现场不得不采用的少量手工焊接部位，应补刷富锌防锈漆。

（3）锚栓。幕墙立柱与主体钢筋混凝土结构宜通过预埋件连接，预埋件应在主体结构混凝土施工时埋入。在土建施工时没有埋入预埋件，此时如果采用锚栓连接，锚栓应通过现场拉拔等试验决定其承载力。

3. 金属挂件

金属挂件按材料分主要有不锈钢类和铝合金类两种。不锈钢挂件主要用于无骨架体系和碳素钢骨架体系中，主要用机械冲压法加工。铝合金挂件主要用于石板幕墙和玻璃幕墙共同使用时，金属骨架也为铝合金型材，多采用工厂热挤压成型生产。

4. 密封胶

硅酮密封胶应有保质年限的质量证书。用于石材幕墙的硅酮结构密封胶还应有证明无污染的试验报告。硅酮结构密封胶、硅酮耐候密封胶必须有与所接触材料的相容性试验报告。橡胶条应有成分分析报告和保质年限证书。

（二）石材幕墙安装施工要求

石材幕墙施工工艺流程：施工准备→安装预埋件→测量放线→金属骨架安装→防火保温材料安装→石材饰面板安装→灌注嵌缝硅胶→表面清洗。

（1）施工准备。施工前应熟悉工程概况，对工地的环境、安全因素、危险源进行识别、评价。掌握工地施工用水源、道路、运输（包括垂直运输）、外脚手架等情况；进行图纸会审，并对管理人员、工人班组进行图纸、施工组织设计、质量、安全、环保、文明施工、施工技术交底，并做好记录。

（2）安装预埋件。埋设预埋件前都要熟悉图纸上幕墙的分格尺寸。工程实际定位轴线定位点后，应复核精度，误差不得超过相关规范要求。水平分割前要对误差进行分摊，误差在每个分格间分摊值≤2 mm。为防止预埋铁件在浇捣混凝土过程中移位，对预埋件应采用拉、撑、焊接等措施进行加固。混凝土拆除模板后，应找出预埋铁件。对未镀锌的预埋件暴露在空气中部分要进行防腐处理。

（3）测量放线。由于幕墙施工要求精度很高，所以不能依靠土建水平基准线，必须由基准轴线和水准点重新测量复核。测量时，应按照设计在底层确定幕墙定位线和分格线位。用经纬仪或激光垂直仪将幕墙阳角和阴角线引上，并用固定在钢支架上的钢丝线作标志控制线。使用水平仪和标准钢卷尺等引出各层标高线，并确定好每个立面的中线。测量时还应控制分配测量误差，不能使误差积累，在风力不大于四级情况下进行，并要采取避风措施。放线定位后要对控制线定时校核，以确保幕墙垂直度和金属立柱位置的正确。所有外立面装饰工程应统一放基准线，并注意施工配合。

（4）金属骨架安装。安装时，应根据施工放样图检查放线位置，并安装固定竖框的铁件。先安装同立面两端的竖框，然后拉通线顺序安装中间竖框。将各施工水平控制线引至竖框上，并用水平尺校核。按照设计尺寸安装金属横梁。横梁一定要与竖框垂直。如有焊接时，应对下方和邻近的已完工装饰面进行成品保护。焊接时要采用对称焊，以减少因焊接产生的变形。检查焊缝质量合格后，所有的焊点、焊缝均需作去焊渣及防锈处理，如刷防锈漆等。

（5）防火保温材料安装。石材幕墙防火保温必须采用合格的材料，即要求有出厂合格证。材料安装时，在每层楼板与石板幕墙之间不能有空隙，应用镀锌钢板和防火棉形成防火带。在北方寒冷地区，保温层最好应有防水、防潮保护层，在金属骨架内填塞固定，要求严密牢固。保温层最好应有防水、防潮保护层，以便在金属骨架内填塞固定后严密可靠。

(6)石材饰面板安装。先按幕墙面基准线仔细安装好底层第一层石材；注意安放每层金属挂件的标高，金属挂件应紧托上层饰面板，而与下层饰面板之间留有间隙；安装时，要在饰面板的销钉孔或切槽口内注入石材胶(环氧树脂胶)，以保证饰面板与挂件的可靠连接；应先完成窗洞口四周的石材镶边，以免安装发生困难；安装到每一楼层标高时，要注意调整垂直误差，不积累；在搬运石材时，要有安全防护措施，摆放时下面要垫木方。

(7)嵌胶封缝。石材板之间的胶缝是石材幕墙的第一道防水措施，同时，也使石材幕墙形成一个整体。嵌胶封缝施工前，应按设计要求选用合格且未过期的耐候嵌缝胶。最好选用含硅油少的石材专用嵌缝胶，以免硅油渗透污染石材表面。施工时，用带有凸头的刮板填装泡沫塑料圆条，保证胶缝的最小深度和均匀性。选用的泡沫塑料圆条直径应稍大于缝宽。在胶缝两侧粘贴纸面胶带纸保护，以避免嵌缝胶迹污染石材板表面质量。用专用清洁剂或草酸擦洗缝隙处石材板表面。注胶应均匀无流淌，边打胶边用专用工具勾缝，使嵌缝胶成型后呈微弧形凹面。施工中要注意不能有漏胶污染墙面，如墙面上沾有胶液应立即擦去，并用清洁剂及时擦净余胶。

四、人造板材幕墙施工

在正常使用状态下，人造板材幕墙应具有良好的工作性能。抗震设计的人造板材幕墙，在遭受多遇地震影响时，一般不需修理即可继续使用；在遭受设防烈度地震影响时，有轻微破坏，经一般修理后可继续使用；在遭受预估的罕遇地震影响时，幕墙面板支承构件不得脱落。

本处介绍的人造板材幕墙指的是地震区和抗震设防烈度不大于 8 度地震区的民用建筑用瓷板、陶板、微晶玻璃板、石材蜂窝复合板、高压热固化木纤维板和纤维水泥板等外墙用人造板材幕墙工程。

(一)人造板材幕墙材料质量要求

1. 一般规定

(1)幕墙所用材料应符合现行国家有关标准的规定，并满足设计要求。材料出厂时，应有出厂合格证书。

(2)幕墙应选用耐候性材料，其物理和化学性能应适应幕墙所在地的气候、环境，并满足幕墙设计使用年限等要求。

(3)幕墙材料的燃烧性能等级应符合下列规定：

1)幕墙支承构件和连接件材料的燃烧性能应为 A 级；

2)幕墙用面板材料的燃烧性能，当建筑高度大于 50 m 时应为 A 级；当建筑高度不大于 50 m 时不应低于 B_1 级；

3)幕墙用保温材料的燃烧性能等级应为 A 级。

(4)幕墙用防火封堵材料应符合现行国家标准《防火封堵材料》(GB 23864—2009)和《建筑用阻燃密封胶》(GB/T 24267—2009)的规定。

(5)幕墙所用金属材料和金属配件除不锈钢和耐候钢外，均应根据使用需要，采取有效的表面防腐蚀处理措施。

(6)密封胶的黏结性能和耐久性应满足设计要求，应具有适用于幕墙面板基材和接缝尺寸及变位量的类型和位移能力级别，且不应污染所接触的材料。

(7)幕墙面板的放射性核素限量，应符合现行国家标准《建筑材料放射性核素限量》(GB 6566—2010)的规定。

2. 铝合金型材

(1)幕墙用铝合金型材的牌号和状态，壁厚、尺寸偏差、表面处理种类、膜厚及质量，应符合国家现行标准《铝合金建筑型材　第1部分：基材》(GB/T 5237.1—2017)、《铝合金建筑型材　第2部分：阳极氧化型材》(GB/T 5237.2—2017)、《铝合金建筑型材　第3部分：电泳涂漆型材》(GB 5237.3—2017)、《铝合金建筑型材　第4部分：喷粉型材》(GB/T 5237.4—2017)、《铝合金建筑型材　第5部分：喷漆型材》(GB/T 5237.5—2017)、《铝合金建筑型材　第6部分：隔热型材》(GB/T 5237.6—2017)和《建筑用隔热铝合金型材》(JG 175—2011)的规定。

（2）铝合金型材表面处理层种类和膜厚应根据构件的工作环境选用，并应满足使用要求。

3. 钢材

（1）幕墙用碳素结构钢、合金结构钢、低合金高强度结构钢和碳钢铸件，应符合现行国家标准《碳素结构钢》(GB/T 700—2006)、《合金结构钢》(GB/T 3077—2015)、《低合金高强度结构钢》(GB/T 1591—2018)、《碳素结构钢和低合金结构钢热轧钢板和钢带》(GB/T 3274—2017)、《结构用无缝钢管》(GB/T 8162—2018)、《一般工程用铸造碳钢件》(GB/T 11352—2009)等的规定。

（2）幕墙用不锈钢材宜采用统一数字代号为 S304×× 和 S316×× 系列奥氏体型不锈钢，并应符合现行国家标准《不锈钢棒》(GB/T 1220—2007)、《不锈钢冷加工棒》(GB/T 4226—2009)、《不锈钢冷轧钢板和钢带》(GB/T 3280—2015)、《不锈钢热轧钢板和钢带》(GB/T 4237—2015)和《不锈钢丝》(GB/T 4240—2019)等的规定。

不锈钢铸件的牌号和化学成分应符合现行国家标准《通用耐蚀钢铸件》(GB/T 2100—2017)和《工程结构用中、高强度不锈钢铸件》(GB/T 6967—2009)等的规定。

（3）幕墙用耐候钢应符合现行国家标准《耐候结构钢》(GB/T 4171—2008)的规定。

（4）幕墙用碳素结构钢、低合金结构钢和低合金高强度结构钢时，应采取有效的防腐措施。

（5）钢材之间的焊接，应符合现行国家标准《钢结构焊接规范》(GB 50661—2011)的规定。焊接所用的焊条应符合现行国家标准《非合金钢及细晶粒钢焊条》(GB/T 5117—2012)、《热强钢焊条》(GB/T 5118—2012)、《不锈钢焊条》(GB/T 983—2012)等的规定。

4. 面板材料

（1）幕墙用瓷板、陶板应符合现行行业标准《建筑幕墙用瓷板》(JG/T 217—2007)和《建筑幕墙用陶板》(JG/T 324—2011)的规定。

（2）幕墙用微晶玻璃应符合现行行业标准《建筑装饰用微晶玻璃》(JC/T 872—2000)中外墙装饰用微晶玻璃的规定，公称厚度不应小于 20 mm。在进行抗急冷急热试验时，尚应在试样表面均匀涂抹一层墨水，等待 5 min 后，用干净抹布将表面擦拭干净，不应有目视可见的微裂纹。

（3）幕墙用石材蜂窝板应符合现行行业标准《建筑装饰用石材蜂窝复合板》(JG/T 328—2011)的规定。面板石材为亚光面或镜面时，石材厚度宜为 3~5 mm；面板石材为粗面时，石材厚度宜为 5~8 mm。石材表面应涂刷符合现行行业标准《建筑装饰用天然石材防护剂》(JC/T 973—2005)规定的一等品及以上要求的饰面型石材防护剂，其耐碱性、耐酸性宜大于 80%。

（4）幕墙用纤维水泥板应采用符合现行行业标准《外墙用非承重纤维增强水泥板》(JG/T 396—2012)规定的外墙用涂装板，在未经表面防水处理和涂装处理状态下，板材的表观密度不宜小于 1.5 g/cm³，吸水率不应大于 20%，强度等级不宜低于Ⅲ级（饱水状态抗折强度不宜小于 18 MPa）。

（5）幕墙用木纤维板应符合现行行业标准《建筑幕墙用高压热固化木纤维板》(JG/T 260—2009)阻燃型的规定。

5. 其他材料

（1）人造板材幕墙用紧固件、连接件、密封材料、黏结材料应符合相关标准的规定。

（2）瓷板、微晶玻璃板、石材蜂窝板和纤维水泥板幕墙板缝防粘衬垫材料，宜采用聚乙烯泡沫棒，其密度不宜大于 37 kg/m³。

（3）幕墙构件断热构造所采用的隔热衬垫，其形状和尺寸应经计算确定，内外型材之间应可靠连接并满足设计要求。隔热衬垫宜采用聚酰胺、聚氨酯胶、未增塑聚氯乙烯等耐候性好、导热系数低的材料制作。

（二）人造板材幕墙安装要求

1. 一般规定

（1）安装幕墙的主体结构，应符合其施工质量验收规范的规定。

（2）进场的幕墙构件及附件的材料品种、规格、色泽和性能应符合设计要求。幕墙构件安装前应进行检验。不合格的构件不得安装使用。

（3）幕墙的安装施工应单独编制施工组织设计，内容应包括：工程概况、质量目标；编制目的、编制依据；施工部署、施工进度计划及控制保证措施；项目管理组织机构及有关的职责和制度；材料供应计划、设备进场计划；劳动力调配计划及劳保措施；与业主、总包、监理单位以及其他工种的协调配合方案；测量放线方法及注意事项；构件、组件加工计划及其加工工艺；施工工艺、安装方法及允许偏差要求；重点、难点部位的安装方法和质量控制措施；项目中采用新材料、新工艺时，应进行论证和制作样板的计划；安装顺序及嵌缝收口要求；成品、半成品保护措施；质量要求、幕墙物理性能检测及工程验收计划；季节施工措施；幕墙施工脚手架的验收、改造和拆除方案或施工吊篮的验收、搭设和拆除方案；文明施工和安全技术措施；施工平面布置图。

（4）幕墙工程的施工测量应符合下列规定：

1）幕墙分格轴线的测量应与主体结构测量相配合，及时调整、分配、消化主体结构偏差，不得积累。

2）应定期对幕墙的安装定位基准进行校核。

3）对高层建筑幕墙的测量，应在风力不大于 4 级时进行。

（5）幕墙安装过程中，应及时对半成品、成品进行保护；在构件存放、搬动、吊装时应轻拿轻放，不得碰撞、损坏和污染构件；对型材、面板的表面应采取保护措施。

（6）进行焊接作业时，应采取保护措施防止烧伤型材及面板表面。施焊后，应对钢材表面及时进行处理。

2. 安装施工准备

（1）安装施工前，幕墙安装施工企业应会同土建承包商检查现场，确认具备幕墙安装施工的条件。

（2）构件储存时，应依照幕墙安装顺序排列放置，储存架应有足够的承载力和刚度。在室外储存时应采取防护措施。

（3）当预埋件位置偏差过大或主体结构未埋设预埋件时，应制定补救措施或可靠连接方案，经与业主、土建设计单位洽商后方可实施。

（4）由于主体结构施工偏差过大而妨碍幕墙施工安装时，应会同业主、土建承建商洽商相应措施，并在幕墙安装施工前实施。

3. 预埋件、后锚固连接件

（1）幕墙与主体结构连接的预埋件，应在主体结构施工时按设计要求埋设。预埋件的形状、尺寸应符合设计要求，预埋件的焊接应符合现行行业标准《玻璃幕墙工程技术规范》（JGJ 102—2003）的相关规定。

（2）预埋件的埋设位置应符合设计规定，预埋件的位置应使锚筋或锚爪位于构件的外层主筋的内侧。锚筋或锚爪至构件边缘的距离应符合现行行业标准《玻璃幕墙工程技术规范》(JGJ 102—2003)的规定。预埋件安装到位后，应采取措施，对预埋件进行固定，并进行隐蔽工程验收。

（3）后锚固连接锚栓孔的位置应符合设计要求。锚栓施工前，宜检测基材原钢筋的位置，钻孔不得损伤主体结构构件钢筋。锚固区的基材厚度、锚板孔径、锚固深度等构造措施及锚栓安装施工，应符合现行行业标准《混凝土结构后锚固技术规程》(JGJ 145—2013)的规定，且应采取防止锚栓螺母松动和锚板滑移的措施。

（4）平板型预埋件和后置锚固连接件锚板的安装允许偏差应符合表 4-5 的规定。槽型预埋件的允许偏差应符合设计要求。

表 4-5　平板型预埋件和后置锚固连接件锚板的安装允许偏差

项目	允许偏差/mm
标高	±10
平面位置	±20
注：设计无要求时，标高和平面位置的允许偏差均为±20 mm。	

4. 幕墙安装

（1）幕墙立柱的安装应符合下列规定：

1）立柱安装轴线偏差不应大于 2 mm；

2）相邻两根立柱安装标高偏差不应大于 3 mm，同层立柱端部的标高偏差不应大于 5 mm；相邻两根立柱固定点的距离偏差不应大于 2 mm；

3）立柱安装就位、调整后应及时紧固。

（2）幕墙横梁的安装应符合下列规定：

1）横梁应安装牢固。伸缩间隙宽度应满足设计要求，采用密封胶对伸缩间隙进行填充时，密封胶填缝应均匀、密实、连续。

2）同一根横梁两端或相邻两根横梁的水平标高偏差不应大于 1 mm；同层横梁的标高偏差应符合下列规定：

①当一幅幕墙宽度不大于 35 m 时，不应大于 5 mm；

②当一幅幕墙宽度大于 35 m 时，不应大于 7 mm。

3）横梁安装完成一层高度时，应及时进行检查、校正和固定。

（3）幕墙其他主要附件安装应符合下列规定：

1）防火、保温材料应铺设平整且可靠固定，拼接处不应留设缝隙；

2）冷凝水排出管及其附件应与水平构件预留孔连接严密，与内衬板出水孔连接处应采取密封措施。

3）其他通气槽、孔及雨水排出口等应按设计要求施工，不得遗漏。

4）封口应按设计要求进行封闭处理；

5）幕墙安装采用的临时构件、临时螺栓等，应在紧固后及时拆除；

6）采用现场焊接或高强螺栓紧固的构件，应对焊接或紧固部位及时进行防锈处理。

（4）幕墙面板安装应符合下列规定：

1）安装面板前，应按规定进行面板材料的弯曲强度试验。用于寒冷地区的幕墙面板，还应进行抗冻性试验。

2)面板表面防护应符合设计要求。

3)检查面板用胶粘剂的相容性和密封胶的污染性。

4)根据连接方式确定幕墙面板的安装顺序，预安装并调整后，需在孔、槽内注入胶粘剂。

（5）幕墙面板开缝安装时，应对主体结构采取可靠的防水措施，并应有符合设计要求的排水出口。

（6）板缝密封施工，不得在雨天打胶，也不宜在夜晚进行。打胶温度应符合设计要求和产品要求，打胶前应使打胶面清洁、干燥。较深的密封槽口底部应采用聚乙烯发泡材填塞。

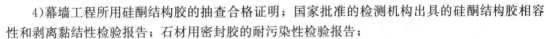

第四节 幕墙工程施工质量检查与验收

一、一般规定

（1）幕墙工程验收时应检查下列文件和记录：

1)幕墙工程的施工图、结构计算书、热工性能计算书、设计变更文件、设计说明及其他设计文件；

幕墙工程质量
验收标准

2)建筑设计单位对幕墙工程设计的确认文件；

3)幕墙工程所用材料、构件、组件、紧固件及其他附件的产品合格证书、性能检验报告、进场验收记录和复验报告；

4)幕墙工程所用硅酮结构胶的抽查合格证明；国家批准的检测机构出具的硅酮结构胶相容性和剥离黏结性检验报告；石材用密封胶的耐污染性检验报告；

5)后置埋件和槽式预埋件的现场拉拔力检验报告；

6)封闭式幕墙的气密性能、水密性能、抗风压性能及层间变形性能检验报告；

7)注胶、养护环境的温度、湿度记录；双组分硅酮结构胶的混匀性试验记录及拉断试验记录；

8)幕墙与主体结构防雷接地点之间的电阻检测记录；

9)隐蔽工程验收记录；

10)幕墙构件、组件和面板的加工制作检验记录；

11)幕墙安装施工记录；

12)张拉杆索体系预拉力张拉记录；

13)现场淋水检验记录。

（2）幕墙工程应对下列材料及其性能指标进行复验：

1)铝塑复合板的剥离强度；

2)石材、瓷板、陶板、微晶玻璃板、木纤维板、纤维水泥板和石材蜂窝板的抗弯强度；严寒、寒冷地区石材、瓷板、陶板、纤维水泥板和石材蜂窝板的抗冻性；室内用花岗石的放射性；

3)幕墙用结构胶的邵氏硬度、标准条件拉伸黏结强度、相容性试验、剥离黏结性试验；石材用密封胶的污染性；

4)中空玻璃的密封性能；

5)防火、保温材料的燃烧性能；

6)铝材、钢材主受力杆件的抗拉强度。

(3)幕墙工程应对下列隐蔽工程项目进行验收：

1)预埋件或后置埋件、锚栓及连接件；

2)构件的连接节点；

3)幕墙四周、幕墙内表面与主体结构之间的封堵；

4)伸缩缝、沉降缝、防震缝及墙面转角节点；

5)隐框玻璃板块的固定；

6)幕墙防雷连接节点；

7)幕墙防火、隔烟节点；

8)单元式幕墙的封口节点。

(4)各分项工程的检验批应按下列规定划分：

1)相同设计、材料、工艺和施工条件的幕墙工程每 1 000 m² 应划分为一个检验批，不足 1 000 m² 也应划分为一个检验批；

2)同一单位工程不连续的幕墙工程应单独划分检验批；

3)对于异型或有特殊要求的幕墙，检验批的划分应根据幕墙的结构、工艺特点及幕墙工程规模，由监理单位(或建设单位)和施工单位协商确定。

(5)幕墙工程主控项目和一般项目的验收内容、检验方法、检查数量应符合现行行业标准《玻璃幕墙工程技术规范》(JGJ 102—2003)、《金属与石材幕墙工程技术规范》(JGJ 133—2001)和《人造板材幕墙工程技术规范》(JGJ 336—2016)的规定。

(6)幕墙及其连接件应具有足够的承载力、刚度和相对于主体结构的位移能力。当幕墙构架立柱的连接金属角码与其他连接件采用螺栓连接时，应有防松动措施。

(7)玻璃幕墙采用中性硅酮结构密封胶时，其性能应符合现行国家标准《建筑用硅酮结构密封胶》(GB 16776—2005)的规定；硅酮结构密封胶应在有效期内使用。

(8)不同金属材料接触时应采用绝缘垫片分隔。

(9)硅酮结构密封胶的注胶应在洁净的专用注胶室进行，且养护环境、温度、湿度条件应符合结构胶产品的使用规定。

(10)幕墙的防火应符合设计要求和现行国家标准《建筑设计防火规范(2018 年版)》(GB 50016—2014)的规定。

(11)幕墙与主体结构连接的各种预埋件，其数量、规格、位置和防腐处理必须符合设计要求。

(12)幕墙的变形缝等部位处理应保证缝的使用功能和饰面的完整性。

二、主控项目

本部分列出了幕墙工程质量检查验收的主控项目，其验收内容、检验方法、检查数量由各幕墙技术标准规定。

1. 玻璃幕墙工程

玻璃幕墙工程主控项目应包括下列项目：

(1)玻璃幕墙工程所用材料、构件和组件质量；

(2)玻璃幕墙的造型和立面分格；

(3)玻璃幕墙主体结构上的埋件；

玻璃幕墙工程
技术规范

(4)玻璃幕墙连接安装质量;

(5)隐框或半隐框玻璃幕墙玻璃托条;

(6)明框玻璃幕墙的玻璃安装质量;

(7)吊挂在主体结构上的全玻璃幕墙吊夹具和玻璃接缝密封;

(8)玻璃幕墙节点、各种变形缝、墙角的连接点;

(9)玻璃幕墙的防火、保温、防潮材料的设置;

(10)玻璃幕墙防水效果;

(11)金属框架和连接件的防腐处理;

(12)玻璃幕墙开启窗的配件安装质量;

(13)玻璃幕墙防雷。

2. 金属幕墙工程

金属幕墙工程主控项目应包括下列项目:

(1)金属幕墙工程所用材料和配件质量;

(2)金属幕墙的造型、立面分格、颜色、光泽、花纹和图案;

(3)金属幕墙主体结构上的埋件;

(4)金属幕墙连接安装质量;

(5)金属幕墙的防火、保温、防潮材料的设置;

(6)金属框架和连接件的防腐处理;

(7)金属幕墙防雷;

(8)变形缝、墙角的连接节点;

(9)金属幕墙防水效果。

金属与石材幕墙
工程技术规范

3. 石材幕墙工程

石材幕墙工程主控项目应包括下列项目:

(1)石材幕墙工程所用材料质量;

(2)石材幕墙的造型、立面分格、颜色、光泽、花纹和图案;

(3)石材孔、槽加工质量;

(4)石材幕墙主体结构上的埋件;

(5)石材幕墙连接安装质量;

(6)金属框架和连接件的防腐处理;

(7)石材幕墙的防雷;

(8)石材幕墙的防火、保温、防潮材料的设置;

(9)变形缝、墙角的连接节点;

(10)石材表面和板缝的处理;

(11)有防水要求的石材幕墙防水效果。

4. 人造板材幕墙工程

人造板材幕墙工程主控项目应包括下列项目:

(1)人造板材幕墙工程所用材料、构件和组件质量;

(2)人造板材幕墙的造型、立面分格、颜色、光泽、花纹和图案;

(3)人造板材幕墙主体结构上的埋件;

(4)人造板材幕墙连接安装质量;

(5)金属框架和连接件的防腐处理;

人造板材幕墙
工程技术规范

(6)人造板材幕墙防雷；

(7)人造板材幕墙的防火、保温、防潮材料的设置；

(8)变形缝、墙角的连接节点；

(9)有防水要求的人造板材幕墙防水效果。

三、一般项目

本部分列出了幕墙工程质量检查验收的一般项目，其验收内容、检验方法、检查数量由各幕墙技术标准规定。

1. **玻璃幕墙工程**

玻璃幕墙工程一般项目应包括下列项目：

(1)玻璃幕墙表面质量；

(2)玻璃和铝合金型材的表面质量；

(3)明框玻璃幕墙的外露框或压条；

(4)玻璃幕墙拼缝；

(5)玻璃幕墙板缝注胶；

(6)玻璃幕墙隐蔽节点的遮封；

(7)玻璃幕墙安装偏差。

2. **金属幕墙工程**

金属幕墙工程一般项目应包括下列项目：

(1)金属幕墙表面质量；

(2)金属幕墙的压条安装质量；

(3)金属幕墙板缝注胶；

(4)金属幕墙流水坡向和滴水线；

(5)金属板表面质量；

(6)金属幕墙安装偏差。

3. **石材幕墙工程**

石材幕墙工程一般项目应包括下列项目：

(1)石材幕墙表面质量；

(2)石材幕墙的压条安装质量；

(3)石材接缝、阴阳角、凸凹线、洞口、槽；

(4)石材幕墙板缝注胶；

(5)石材幕墙流水坡向和滴水线；

(6)石材表面质量；

(7)石材幕墙安装偏差。

4. **人造板材幕墙工程**

人造板材幕墙工程一般项目应包括下列项目：

(1)人造板材幕墙表面质量；

(2)板缝；

(3)人造板材幕墙流水坡向和滴水线；

(4)人造板材表面质量；

(5)人造板材幕墙安装偏差。

本章小结

　　建筑幕墙指的是建筑物不承重的外墙护围，通常由面板(玻璃、金属板、石板、人造板等)和后面的支承结构(铝横梁立柱、钢结构、玻璃肋等)组成。常见的幕墙主要包括玻璃幕墙、金属幕墙、石材幕墙和人造板材幕墙四种类型。玻璃幕墙主要由饰面玻璃、固定玻璃的骨架以及结构与骨架之间的连接和预埋材料三部分组成。玻璃幕墙包括构件式玻璃幕墙、单元式玻璃幕墙、全玻璃幕墙和点支承玻璃幕墙。金属幕墙一般悬挂在承重骨架的外墙面上。石材板幕墙是利用金属挂件将石材饰面板直接悬挂在主体结构上，它是一种独立的围护结构体系。石材幕墙干挂法构造分类基本上可分为直接干挂式、骨架干挂式、单元干挂式和预制复合板干挂式，前三类多用于混凝土结构基体，后者多用于钢结构工程。人造板材幕墙是指面板材料为人造外墙板的建筑幕墙，包括瓷板幕墙、陶板幕墙、微晶玻璃板幕墙、石材蜂窝板幕墙、木纤维板幕墙和纤维水泥板幕墙。幕墙工程施工应按施工工艺流程和操作技术要求进行，并符合《建筑装饰装修工程施工质量验收标准》(GB 50210—2018)的质量规定。

思考与练习

一、填空题

1. 预埋件进场检查过程中，依据预埋件_____进行填写上下、左右进出位记录。

2. 测量放线人员将后置预埋件位置用_____弹在结构上，施工人员依据所弹_____进行打孔。

3. 后置预埋件施工时，为确保打孔深度，应在冲击钻上设立_____，控制打孔深度。

4. 在_____后，要马上找出预埋件，检查预埋件的质量。

5. 金属幕墙安装施工时，立柱安装标高偏差不应大于_____，轴线前后偏差不应大于_____，左右偏差不应大于_____。

6. 石材幕墙的板材要对称码放在型钢支架两侧，每一侧码放的板块数量不宜太多，一般20 mm厚的板材最多_____块。

二、选择题

1. 预埋件进出检查时，测量放线人员从首层与顶层间布置钢线检查，一般(　　)m左右布置一根钢线。
   A. 10　　　　　　B. 15　　　　　　C. 20　　　　　　D. 25

2. 全玻璃幕墙面板的厚度不宜小于(　　)mm。
   A. 10　　　　　　B. 15　　　　　　C. 20　　　　　　D. 25

3. 夹层玻璃单片的厚度不应小于(　　)mm。
   A. 6　　　　　　B. 7　　　　　　C. 8　　　　　　D. 10

4. 全玻璃幕墙玻璃肋的截面厚度不应小于(　　)mm，截面高度不应小于(　　)mm。
   A. 10，100　　　B. 12，120　　　C. 10，120　　　D. 12，100

5. 幕墙玻璃应进行机械磨边处理，磨轮的数目应在(　　)目以上。
   A. 150　　　　　B. 160　　　　　C. 170　　　　　D. 180

6. 金属幕墙安装施工时，相邻两根横梁的水平标高偏差不应大于( )mm。

    A. 1   B. 1.5   C. 2   D. 2.5

7. 金属幕墙安装施工时，金属板与板之间的间隙应符合设计要求，一般为( )mm，用密封胶或橡胶条等弹性材料封堵，在垂直接缝内放置衬垫棒。

    A. 10～20   B. 15～25   C. 25～30   D. 25～35

8. 石材幕墙的石材饰面板多采用天然花岗岩，常用板材厚度为( )mm。

    A. 10～20   B. 15～25   C. 25～30   D. 25～35

三、问答题

1. 简要回答幕墙的特点是什么。

2. 玻璃幕墙采用的中空玻璃应符合哪些规定？

3. 安装隐框玻璃幕墙时，应如何进行测量放线？

4. 安装隐框玻璃幕墙时，应如何进行玻璃组件的安装？

5. 石材幕墙安装所用密封胶应符合哪些要求？

6. 幕墙工程应对哪些材料的性能进行复验？

第五章 轻质隔墙工程施工技术

■ 知识目标

了解轻质隔墙的内容，熟悉不同类型轻质隔墙的构造，掌握不同类型轻质隔墙施工技术要求及施工质量检查验收要求。

■ 能力目标

通过本章内容的学习，能够进行板材隔墙、骨架隔墙、活动隔墙及玻璃隔墙施工并根据规范规定对轻质隔墙施工质量进行检查验收。

第一节 轻质隔墙的类型

轻质隔墙的类型很多，在国家标准《建筑装饰装修工程质量验收标准》(GB 50210—2018)中，按其构造方式和所用材料不同，将目前广泛应用的轻质隔墙类型归纳为板材隔墙、骨架隔墙、活动隔墙和玻璃隔墙四种类型。其中，板材隔墙包括复合轻质墙板、石膏空心板、增强水泥板和混凝土轻质板等隔墙；骨架隔墙包括以轻钢龙骨、木龙骨等为骨架，以纸面石膏板、人造木板、水泥纤维板等为墙面板的隔墙；玻璃隔墙包括玻璃板、玻璃砖隔墙。

一、板材隔墙

板材隔墙是指由轻质的条板用胶粘剂拼合在一起形成的隔墙。它是指不需要设置隔墙龙骨，由隔墙板材自承重，将预制或现制的隔墙板材直接固定于建筑主体结构上的隔墙工程。

1. 石膏板隔墙

石膏板是以建筑石膏($CaSO_4 \cdot 1/2H_2O$)为主要原料生产制成的一种质量轻、强度高、厚度薄、加工方便、隔声、隔热和防火性能较好的建筑材料。

(1)石膏条板隔墙构造。石膏条板的一般规格：长度为 2 500～3 000 mm，宽度为 500～600 mm，厚度为 60～90 mm。石膏条板表面平整光滑，且具有质量较轻(表观密度为 600～900 kg/m³)、比强度高(抗折强度为 2～3 MPa)，隔热[热导率为 0.22 W/(m² · K)]、隔声(隔声指数＞300 dB)、防火(耐火极限为 1～2.25 h)、加工性好(可锯、刨、钻)、施工简便等优点。其品种按照原材料不同，可分为石膏粉煤灰硅酸盐空心条板、磷石膏空心条板和石膏空心条板；按照防潮性能不同，可分为普通石膏空心条板和防潮石膏空心条板。

石膏空心条板一般用单层板作分室墙和隔墙，也可用双层空心条板，内设空气层或矿棉组成分户墙。单层石膏空心板隔墙，也可用割开的石膏板条做骨架，板条宽为 150 mm，整个条板的厚度约为 100 mm，墙板的空心部位可穿电线，板面上固定开关及插销等，可按需要钻成小孔，将圆木固定于上。

石膏空心条板隔墙板与梁（板）的连接，一般采用下楔法，即下部与木楔楔紧后，然后再填充干硬性混凝土。其上部固定方法有两种：一种为软连接；另一种为直接顶在楼板或梁下。

（2）石膏复合板隔墙构造。石膏面层的复合墙板是指用两层纸面石膏板或纤维石膏板和一定断面的石膏龙骨或木龙骨、轻钢龙骨，经过黏结、干燥而制成的轻质复合板材。常用石膏板复合墙板如图 5-1 所示。

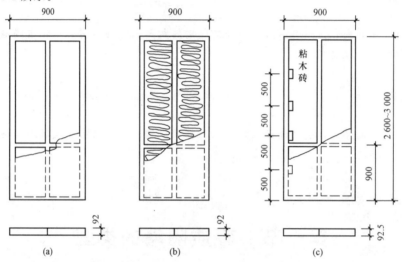

图 5-1　常用石膏板复合墙板示意
(a)一般复合板；(b)填芯复合板；(c)固定门框用复合板

石膏板复合墙板按照其面板不同，可分为纸面石膏板与无纸面石膏复合板；石膏板复合墙板按照其隔声性能不同，可分为空心复合板与实心复合板；石膏板复合墙板按照其用途不同，可分为一般复合板与固定门框用复合板。纸面石膏复合板的一般规格为：长 1 500～3 000 mm，宽 800～1 200 mm，厚 50～200 mm。无纸面石膏复合板的一般规格为：长 3 000 mm，宽 800～900 mm，厚 74～120 mm。

2. 加气混凝土条板隔墙

加气混凝土条板是以钙质材料（水泥、石灰）、含硅材料（石英砂、尾矿粉、粉煤灰、粒化高炉矿渣、页岩等）和加气剂作为原料，经过磨细、配料、搅拌、浇筑、切割和压蒸养护（8 个或 15 个大气压下养护 6～8 h）等工序制成的一种多孔轻质墙板。条板内配有适量的钢筋，钢筋宜预先经过防锈处理，并用点焊加工成网片。加气混凝土条板可以做室内隔墙，也可作为非承重的外墙板。由于加气混凝土能利用工业废料，产品成本比较低，能大幅度降低建筑物的自重，生产效率较高，保温性能较好，因此具有较好的技术经济效果。加气混凝土条板，按照其原材料不同，可分为水泥－矿渣－砂、水泥－石灰－砂和水泥－石灰－粉煤灰加气混凝土条板；加气混凝土隔墙条板的规格：厚度为 75 mm、100 mm、120 mm、125 mm；宽度一般为 600 mm；长度根据设计要求而定。

3. 石棉水泥复合板隔墙

石棉水泥复合板是以石棉纤维与水泥为主要原料，经制坯、压制、养护而制成的薄型建筑装饰板材。这种复合板具有防水、防潮、防腐、耐热、隔声、绝缘等性能，板面质地均匀，着色力强，并可进行锯割、钻孔和钉固加工，施工比较方便。主要适用于现场装配板墙、复合板隔墙及非承重复合隔墙。用于建筑隔墙的石棉水泥复合板的种类很多，按其表面形状不同有平板、波形板、条纹板、花纹板和各种异型板；除普通的素色板外，还有彩色石棉水泥板和压出各种图案的装饰板。石棉水泥面板的复合板，有夹带芯材的夹层板、以波形石棉水泥板为芯材的空心板、带有骨架的空心板等。

4. 钢丝网水泥板隔墙

钢丝网水泥板是以钢丝网或钢丝网和加筋为增强材，以水泥砂浆为基材组合而成的一种薄壁结构材料。

二、骨架隔墙

骨架隔墙工程包括以轻钢龙骨、木龙骨等为骨架，以纸面石膏板、人造木板、水泥纤维板等为墙面板的隔墙工程。

1. 轻钢龙骨隔墙

轻钢龙骨隔墙具有质量轻、强度高、防腐蚀性好等优点，在建筑装饰中应用非常广泛，其基本构造如图 5-2 所示。

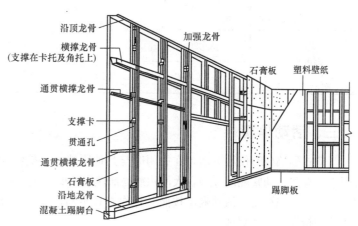

2. 木龙骨隔墙

图 5-2　墙体轻钢龙骨隔墙基本构造

木龙骨隔墙（隔断）一般采用木方材做骨架，采用木拼板、木条板、胶合板、纤维板、塑料板等作为饰面板。它可以代替刷浆、抹灰等湿作业施工，减轻建筑物自身质量，增强保温、隔热、隔声性能，并可降低劳动强度，加快施工进度。木龙骨隔墙基本构造如图 5-3 所示。

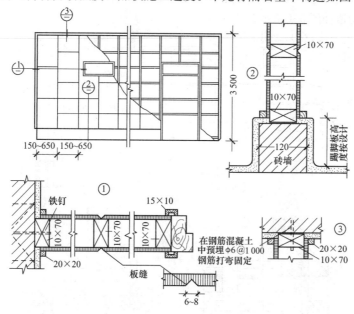

图 5-3　木龙骨轻质罩面板隔墙构造

3. 石膏龙骨隔墙

石膏龙骨一般用于现装石膏板隔墙。当采用 900 mm 宽石膏板时，龙骨间距为 453 mm；当采用 1 200 mm 宽石膏板时，龙骨间距为 603 mm；隔声墙的龙骨间距一律为 453 mm，并错位排列，见表 5-1。

表 5-1　石膏板宽与龙骨间距　　　　　　　　　　　　　　mm

	板宽	龙骨间距	构造
非隔声墙	900	453	453　453
	1 200	603	603　603
隔声墙	900	453	面层板宽 1 200
	1 200		453　453

三、活动隔墙

活动式隔墙（断）使用灵活，在关闭时与其他隔墙一样能够满足限定空间、隔墙和遮挡视线等要求。有些活动式隔墙（断），大面积或局部镶嵌玻璃，又具有一定的透光性，能够限定空间、隔声，而不遮挡视线。活动隔墙按照其操作方式不同，主要可分为拼装式活动隔墙、直滑式活动隔墙和折叠式活动隔墙。

四、玻璃隔墙

玻璃隔墙（断）外观光洁、明亮，并具有一定的透光性。可根据需要选用彩色玻璃、刻花玻璃、压花玻璃、玻璃砖等，或采用夹花、喷漆等工艺。玻璃隔断有底部带挡板、带窗台及落地等几种。其基本构造如图 5-4 所示。

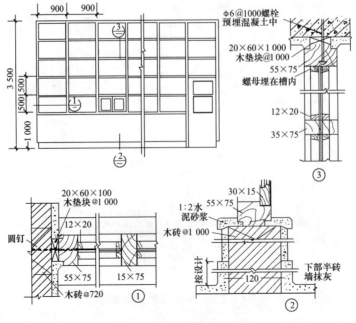

图 5-4　板材隔墙基本构造

常用于公共建筑之中的玻璃砖隔墙的基本构造如图 5-5 所示。玻璃砖也称玻璃半透花砖，其形状是方扁体空心的玻璃半透明体，其表面或内部有花纹出现。玻璃砖可分为实心砖与空心砖两类。近年来，玻璃砖隔墙在家庭装饰中得到了广泛的采用。

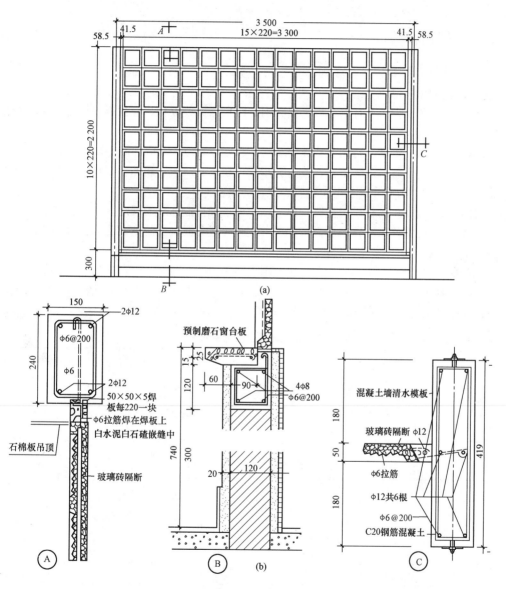

图 5-5 玻璃砖隔墙基本构造

(a)玻璃砖隔断立面；(b)构造节点

第二节 轻质隔墙工程施工要求

一、板材隔墙施工

(一)材料与施工机具

1. 施工材料要求

(1)对于复合轻质墙板、石膏空心板、预制钢丝网水泥板等板材,应检查出厂合格证,并按其产品质量标准进行验收。

(2)有隔声、隔热、阻燃、防潮等特殊要求的工程,板材应有相应性能等级的检测报告。

(3)罩面板应表面平整、边缘整齐,不应有污垢、裂纹、缺角、翘曲、起皮、色差、图案不完整的缺陷。胶合板、木质纤维板不应脱胶、变色和腐朽。

(4)龙骨和罩面板材料的材质均应符合现行国家标准和行业标准的规定。

(5)罩面板的安装宜使用镀锌的螺钉、钉子。接触砖石、混凝土的木龙骨和预埋的木砖应做防腐处理。所有木材都应做好防火处理。

(6)加气混凝土板是指采用以水泥、石灰、砂为原料制作的高性能蒸压轻质加气混凝土板,有轻质、高强、耐火、隔声、环保等特点,其板材规格与技术参数见表5-2、表5-3,室内隔墙常用150 mm厚以下的板。75 mm厚板用于不超过2 500 mm高的隔墙。

表5-2 加气混凝土隔墙板规格

品种	标准宽度/mm	厚度/mm	最大公称长度 L/mm	实际长度/mm	常用可变载荷标准值/(N·m^{-2})
隔墙板	600	75、100、125、150、175、200、250、300、120、180、240	1 800~6 000(300模数进位)	$L-20$	700

表5-3 加气混凝土板技术参数

强度级别		A2.5	A3.5	A5.0	A7.5
干密度级别		B04	B05	B06	B07
干密度/(kg·m^{-3})		≤425	≤525	≤625	≤725
抗压强度/MPa	平均值	≥2.5	≥3.5	≥5.0	≥7.5
	单组最小值	≥2.0	≥2.8	≥4.0	≥6.0
干燥收缩值/(mm·m^{-1})	标准法	≤0.5			
	快速法	≤0.8			
抗冻性	质量损失/%	≤5.0			
	冻后强度/MPa	≥2.0	≥2.8	≥4.0	≥6.0
导热系数(干态)/[W·(m·K)$^{-1}$]		≤0.12	≤0.14	≤0.16	≤0.18
注:依据《蒸压加气混凝土板》(GB 15762—2008)。					

(7)人造板及其制品中甲醛释放试验方法及限量值见表5-4。

表 5-4　人造板及其制品中甲醛释放试验方法及限量值

产品名称	试验方法	限量值	使用范围	限量标志
中密度纤维板、高密度纤维板、刨花板、定向刨花板等	穿孔萃取法	≤9 mg/(100 g)	可直接用于室内	E_1
		≤30 mg/(100 g)	必须饰面处理后才可允许用于室内	E_2
胶合板、装饰单板贴面胶合板、细木工板等	干燥器法	≤1.5 mg/L	可直接用于室内	E_1
		≤5.0/L	必须饰面处理后才可允许用于室内	E_2
饰面人造板(包括浸渍纸层压木质地板、实木复合地板、竹地板、浸渍胶膜纸饰面人造板等)	1 m³ 气候箱法	≤0.124 mg/m³	可直接用于室内	E_1
	干燥器法	≤1.5 mg/L		

注：1. 仲裁机关在仲裁工作中需要做试验时，采用气候箱法。
　　2. E_1 为可直接用于室内的人造板，E_2 为必须饰面处理后才可允许用于室内的人造板。

2. 施工机具

板材隔墙工程施工的主要施工机具有冲击电钻、台式切锯机、搂槽器、锋钢锯、撬棍、钢齿磨板、普通手锯、射钉枪、无齿锯、橡皮锤、木楔、扁铲、2 m 托线板、刮铲、平抹板、开孔器、拉铆枪等。

(二)石膏板隔墙施工

1. 石膏空心板隔墙施工

石膏空心板隔墙的施工工艺流程为：结构墙面、地面和顶面清理找平→墙体位置放线、分档→配板、修补→架立简易支架→安装 U 形钢板卡(有抗震要求时)→配制胶粘剂→安装隔墙板→安装门窗框→安装设备和电气→板缝处理→板面装修。

(1)结构墙面、地面和顶面清理找平。清理隔墙板与顶面、地面、墙体的结合部位，凡凸出墙面的砂浆、混凝土块和其他杂物等必须剔除并扫净，隔墙板与所有的结合部位应找平。

(2)墙体位置放线、分档。在建筑室内的地面、墙面及顶面，根据隔墙的设计位置，弹好隔墙的中心线、两边线及门窗洞口线，并按照板的宽度进行分档。

(3)配板、修补。隔墙所用的石膏空心板应按下列要求进行配板和修补：

1)板的长度应按楼层结构净高尺寸减 20～30 mm；

2)计算并测量门窗洞口上部及窗口下部的隔板尺寸，按此尺寸进行配板；

3)当板的宽度与隔墙的长度不适应时，应将部分板预先拼接加宽(或锯窄)成合适的宽度，放置在适当的位置；

4)隔板安装前要进行选板，如有缺棱掉角者，应用与板材材性相近的材料进行修补，未经修补的坏板不得使用。

(4)架立简易支架。按照放线位置在墙的一侧(即在主要使用房间墙的一面)架立一简单木排架，其两根横杠应在同一垂直平面内，作为竖立墙板的靠架，以保证墙体的平整度。简易支架支撑后，即可安装隔墙板。

(5)安装 U 形钢板卡(有抗震要求时)。当建筑结构有抗震要求时，应按照设计中的具体规定，在两块条板顶端的拼缝处设 U 形或 L 形钢板卡，将条板与主体结构连接。U 形或 L 形钢板卡用射钉固定在梁和板上，随安板随固定 U 形或 L 形钢板卡。

(6)配制胶粘剂。条板与条板拼缝、条板顶端与主体结构黏结，宜采用 1 号石膏型胶粘剂。胶粘剂要随配随用，在常温下应在 30 min 内用完，过时不得再加水加胶重新配制和使用。

(7)安装隔墙板。非地震区的条板连接，可采用刚性黏结，如图 5-6 所示；地震地区的条板连接，可采用柔性结合连接，如图 5-7 所示。

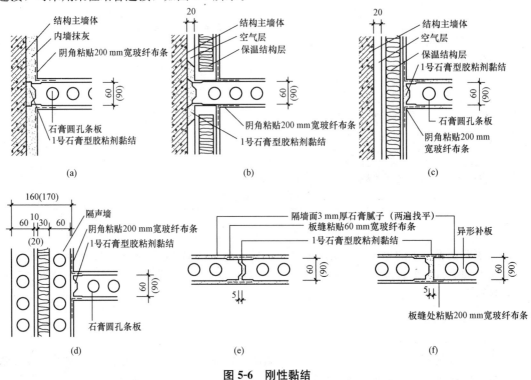

图 5-6 刚性黏结

(a)板与主墙体连接；(b)板与外墙内保温结构层连接(1)；(c)板与外墙保温结构层连接(2)；
(d)单层板与双层板隔声墙连接；(e)条板与条板连接；(f)板与异型补板连接

隔墙板的安装顺序，应从与结构墙体的结合处或门洞口处向两端依次进行安装，安装的步骤如下：

1)为使隔墙条板与墙面、顶面和地面黏结牢固，在正式安装条板前，应当认真清刷条板侧面上的浮灰和杂物。

2)在结构墙面、顶面、条板顶面、条板侧面涂刷一层 1 号石膏型胶粘剂，然后将条板立于预定的位置，用木楔(木楔背高为 20~30 mm)顶在板底两侧各 1/3 处，再用手平推条板，使条板的板缝冒浆，一人用特制的撬棍(山字夹或脚踏板等)在条板底部向上顶，另一人快速打进木楔，使条板顶部与上部结构底面贴紧。

在条板安装的过程中，应随时用 2 m 靠尺及塞尺测量隔墙面的平整度，同时用 2 m 托线板检查条板的垂直度。

3)隔墙条板黏结固定后，在 24 h 后用 C20 干硬性细石混凝土将条板下口堵严，细石混凝土的坍落度控制在 0~20 mm 为宜，当细石混凝土的强度达到 10 MPa 以上时，可撤去条板下的木楔，并用同等强度的干硬性水泥砂浆灌实。

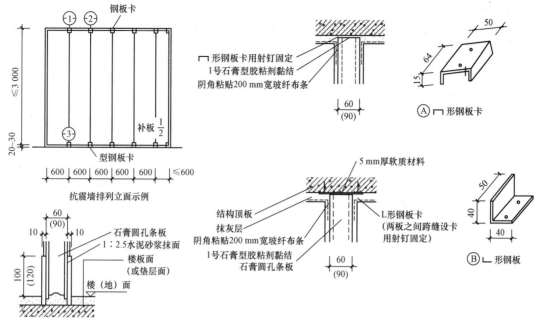

图 5-7　柔性结合连接

4)双层板隔断的安装，应先立好一层条板，再安装第二层条板，两层条板的接缝要错开。隔声墙中需要填充轻质隔声材料时，可在第一层条板安装固定后，把吸声材料贴在墙板内侧，然后再安装第二层条板。

(8)安装门窗框。石膏空心板隔墙上的门窗框应按照下列规定进行安装：

1)门框安装应在墙条板安装的同时进行，依照顺序立好门框，当板材按顺序安装至门口位置时，应当将门框立好、挤严，缝隙的宽度一般控制在 3～4 mm，然后再安装门框的另一侧条板。

2)金属门窗框必须与门窗洞口板中的预埋件焊接，木质门窗框应采用 L 型连接件，一端用木螺钉与木框连接，另一端与门窗口板中的预埋件焊接。

3)门窗框与门窗口条板连接应严密，它们之间的缝隙不宜超过 3 mm，如缝隙超过 3 mm 时应加木垫片进行过渡。

4)将所有缝隙间的浮灰清理干净，用 1 号石膏型胶粘剂嵌缝。嵌缝一定要严密，以防止门窗开关时碰撞门窗框而造成裂缝。

(9)安装设备和电器。在石膏空心板隔墙中安装必要的设备和电器是一项不可缺少和复杂的工作，可按照下列要求进行操作。

1)安装水暖、煤气管卡。按照水暖和煤气管道安装图，找准其标高和竖向位置，划出管卡的定位线，然后在隔墙板上钻孔扩孔(不允许剔凿孔洞)，将孔内的碎屑清理干净，用 2 号石膏型胶粘剂固定管卡。

2)安装吊挂埋件。隔墙板上可以安装碗柜、设备和装饰物，在每一块条板上可设两个吊点，每个吊点的吊重不得大于 80 kg。先在隔墙板上钻孔扩孔(不允许猛击条板)，将孔内的碎屑清理干净，用 2 号石膏型胶粘剂固定埋件，待完全干燥后再吊挂物体。

3)铺设电线管、接线盒。按电气安装图找准位置并划出定位线，然后铺设电线管、接线盒。

所有电线管必须顺着空心石膏板的板孔铺设,严禁横铺和斜铺。对于接线盒的安装,先在板面钻孔(防止猛击),再用扁铲扩孔,孔径应大小适度、方正。将孔内的碎屑清理干净,用 2 号石膏型胶粘剂稳住接线盒。

(10)板缝处理和板面装修。石膏空心板隔墙的板缝处理和板面装修应符合下列要求:

1)板缝处理。石膏空心板隔墙条板在安装 10 d 后,检查所有的缝隙是否黏结良好,对已黏结良好的板缝、阴角缝,先清理缝中的浮灰,用 1 号石膏型胶粘剂粘贴 50 mm 宽玻璃纤维网格带,转角隔墙在阳角处粘贴 200 mm 宽(每边各 100 mm)玻璃纤维布一层。

2)板面装修。用石膏腻子将板面刮平,打磨后再刮第二道腻子,再打磨平整,最后做饰面层。在进行板面刮腻子时,要根据饰面要求选择不同强度的腻子。

3)隔墙踢脚处理。在板的根部刷一道胶液,再做水泥或水磨石踢脚;如做塑料、木踢脚,可先钻孔打入木楔,再用圆钉钉在隔墙板上。

4)粘贴瓷砖。墙面在粘贴瓷砖前,应将板面打磨平整,为加强粘结力,先刷 108 胶水泥浆一道,再用 108 胶水泥砂浆粘贴瓷砖。

2. 石膏复合墙板隔墙的施工

石膏板复合墙板一般用作分室墙或隔墙,也可在两块复合板中设空气层组成分户墙。隔墙墙体与梁或楼板连接,一般常采用下楔法,即在墙板下端垫木楔,填干硬性混凝土。隔墙下部的构造,可根据工程需要做墙基或不做墙基,墙体和门框的固定,一般选用固定门框用复合板,钢木门框固定于预埋在复合板的木砖上,木砖的间距为 500 mm,可采用黏结和钉钉结合的固定方法。墙体与门框的固定如图 5-8~图 5-11 所示。

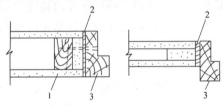

图 5-8 石膏板复合板墙与木门框的固定图
1—固定门框用复合板;2—黏结料;3—木门框

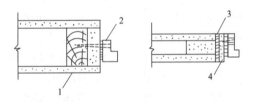

图 5-9 石膏板复合板墙与钢门框的固定
1—固定门框用复合板;2—钢门框;
3—黏结料;4—水泥刨花板

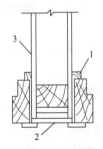

图 5-10 石膏板复合板墙端部与木门框固定
1—用 108 胶水泥砂浆粘贴木门口并用螺钉钉牢;
2—用厚石膏板封边;3—固定门框用复合板

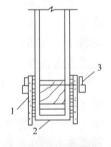

图 5-11 石膏板复合板墙端部与钢门框固定
1—粘贴 12 mm×105 mm 水泥刨花板,并用螺钉固定;
2—用厚石膏板封边;3—用木螺钉固定门框

石膏板复合板墙的隔声标准要按设计要求选定隔声方案。墙体中应尽量避免设电门、插座、穿墙管等,如必须设置时,则应采取相应的隔声构造,见表 5-5。

表 5-5　石膏板复合墙板的隔声、防火和限制高度

类别	墙厚/mm	质量/(kg·m⁻²)	隔声指数/dB	耐火极限/h	墙体限制高度/mm
非隔声墙	50	26.6	—	—	—
	92	27~30	35	0.25	3 000
隔声墙	150	53~60	42	1.5	3 000
	150	54~61	49	>1.5	3 000

石膏板复合墙板隔墙的安装施工顺序为：墙体位放线→墙基施工→安装定位架→复合板安装、并立门窗口→墙底缝隙填充干硬性细石混凝土。

在墙体放线以后，先将楼地面适度凿毛，将浮灰清扫干净，洒水湿润，然后现浇混凝土墙基；复合板安装应当从墙的一端开始排放，按排放顺序进行安装，最后剩余宽度不足整板时，必须按照所缺尺寸补板，补板的宽度大于 450 mm 时，在板中应增设一根龙骨，补板时在四周粘贴石膏板条，再在板条上粘贴石膏板；隔墙上设有门窗口时，应先安装门窗口一侧较短的墙板，同时随即立口，再安装门窗口的另一侧墙板。

一般情况下，门口两侧墙板宜使用边角比较方正的整板，在拐角两侧的墙板也应使用整板，如图 5-12 所示。

在复合板安装时，在板的顶面、侧面和门窗口外侧面，应清除浮土后均匀涂刷胶粘料成"︿"

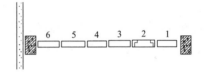

图 5-12　石膏板复合墙板隔墙安装次序示意
1，3—整板(门口板)；2—门口；4，5—整板；6—补板

状，安装时侧向面要严密，上下要顶紧，接缝内胶粘剂要饱满(要凹进板面 5 mm 左右)。接缝宽度为 35 mm，板底部的空隙不大于 25 mm，板下所塞木楔上下接触面应涂抹胶粘料。为保证位置和美观，木楔一般不撤除，但不得外露于墙面。

第一块复合板安装后，要认真检查垂直度，按照顺序进行安装时，必须将板上下靠紧，并用检查尺进行找平，如发现板面接缝不平，应及时用夹板校正，如图 5-13 所示。

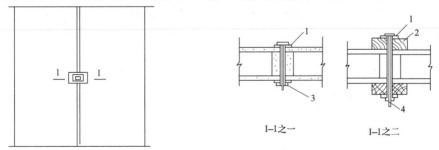

图 5-13　复合板墙板板面接缝夹板校正示意
1—垫圈；2—夹板；3—销子；4—M6 螺栓

双层复合板中间留空气层的墙体，其安装要求为：先安装一道复合板，暴露于房间一侧的墙面必须平整；在空气层一侧的墙板接缝，要用胶粘剂勾严密封。安装另一面复合板前，插入电气设备管线的安装工作，第二道复合板的板缝要与第一道墙板缝错开，并使暴露于房间一侧的墙面平整。

(三)加气混凝土条板隔墙施工

加气混凝土条板隔墙一般采用垂直安装，安装要点如下：

（1）板的两侧应与主体结构连接牢固，板与板之间用黏结砂浆黏结，沿板缝上下各 1/3 处按 30°角钉入金属片，在转角墙和丁字墙交接处，在板高上下 1/3 处，应斜向钉入长度不小于 200 mm、直径 8 mm 的铁件。

（2）加气混凝土条板上下部的连接，可采用刚性节点做法：在板的上端抹黏结砂浆，与梁或楼板的底部黏结，下部两侧用木楔顶紧，最后在下部的缝隙用细石混凝土填实。

（3）加气混凝土条板内隔墙安装顺序，应从门洞处向两端依次进行，门洞两侧宜用整块条板。无门洞时，应按照从一端向另一端顺序安装。板间黏结砂浆的灰缝宽度以 2～3 mm 为宜，一般不得超过 5 mm。板底部的木楔需要经过防腐处理，按板的宽度方向楔紧。

（4）加气混凝土条板隔墙安装，要求墙面垂直，表面平整，用 2 m 靠尺来检查其垂直度和平整度，偏差最大不应超过规定 4 mm。隔墙板的最小厚度，不得小于 75 mm；当厚度小于 125 mm 时，其最大长度不应超过 3.5 m。对双层墙板的分户墙，两层墙板的缝隙应相互错开。

（5）墙板上不宜吊挂重物，否则易损坏墙板，如果确实需要吊挂重物，则应采取有效的措施进行加固。

（6）装卸加气混凝土板材应使用专用工具，运输时应对板材做好绑扎措施，避免松动、碰撞。板材在现场的堆放点应靠近施工现场，避免二次搬运。堆放场地应坚实、平坦、干燥，不得使板材直接接触地面。堆放时宜侧立放置，注意采取覆盖保护措施，避免雨淋。

（四）石棉水泥复合板隔墙施工

现装石棉水泥板面层的复合墙板安装工艺，基本上与石膏板复合墙板隔墙相同，但需要注意以下几点：

（1）以波形石棉水泥板为芯材的复合板，是用合成树脂胶粘剂黏结起来的，采用石棉水泥小波板时，复合板的最小厚度一般为 28 mm。

（2）石棉水泥复合板在装运时，要用立架进行堆放，并用草垫塞紧，装饰时不得抛掷、碰撞，长距离运输需要钉箱包装，每箱不超过 60 张。

（3）堆放石棉水泥复合板的场地，应当坚实平坦，板应码垛堆放，堆放的高度不得超过 1.2 m，板的上面要用草垫或苦布进行覆盖，严禁在阳光下暴晒和雨淋。

（五）钢丝网水泥板隔墙施工

钢丝网水泥板隔墙的施工工艺流程为：结构墙面、顶面、地面清理和找平→进行施工放线→配夹心板及配套件→安装夹心板→安装门窗框→安装埋件、敷设线管、接线盒→检查校正补强→面层喷刷处理剂→制备砂浆→抹一侧底灰→喷防裂剂→抹另一侧底灰→喷防裂剂→抹中层灰→抹罩面灰→面层装修。

（1）施工放线。按照设计的隔墙轴线位置，在地面、顶面、侧面弹出隔墙的中心线和墙体的厚度线，划出门窗洞口的位置。当设计有要求时，按设计要求确定埋件的位置，当设计无明确要求时，按 400 mm 间距划出连接件或锚筋的位置。

（2）配钢丝网架夹心板及配套件。当设计有要求时，按设计要求配钢丝网架夹心板及配套件；当设计无明确要求时，可按以下原则进行配置。

1）当隔墙的高度小于 4 m 时，宜整板上墙。拼板时应错缝拼接。当隔墙高度或长度超过 4 m 时，应按设计要求增设加劲柱。

2）对于有转角的隔墙，在墙的拐角处和门窗洞口处应采用折板；裁剪的配板，应放在与结构墙、加劲柱的结合处；所裁剪的板的边缘，宜为一根整钢丝，拼缝时应用 22 号镀锌钢丝绑扎固定。

3)各种配套用的连接件、加固件和埋件要配齐。凡是采用未镀锌的铁件，要刷防锈漆两道进行防锈处理。

（3）安装网架夹心板。当设计对钢丝网架夹心板的安装、连接、加固补强有明确要求时，必须按设计要求进行；当设计无明确要求时，可按以下原则施工：

1）连接件的设置。

①对墙、梁、柱上已预埋锚筋（一般直径为 10 mm、6 mm，长度为 300 mm，间距为 400 mm）应顺直，并刷防锈漆两道。

②地面、顶板、混凝土梁、柱、墙面未设置锚固筋时，可按 400 mm 的间距埋膨胀螺栓或用射钉固定 U 形连接件，也可打孔插筋作为连接件，即紧贴钢丝网架两边打孔，孔距为 300 mm，孔径为 6 mm，孔深为 50 mm，两排孔应错开，孔内插入直径为 6 mm 的钢筋，下部埋入 50 mm，上部露出 100 mm。地面上的插筋可以不用环氧树脂锚固，对其余的孔应先进行清孔，再用环氧树脂锚固插筋。

2）安装夹心板。按照放线的位置安装钢丝网架夹心板，板与板的接缝处用箍码或 22 号镀锌钢丝绑扎牢固。

3）夹心板与混凝土墙、柱、砖墙连接处，以及阴角要用钢丝网加固，阴角角网总宽为 300 mm，一边用箍码或 22 号镀锌钢丝与钢丝网架连接，另一边用钢钉与混凝土墙、柱固定或用骑马钉与砖墙固定。

4）夹心板与混凝土墙、柱连接处的平缝，可用 300 mm 宽的平网加固，一边用箍码或 22 号镀锌钢丝与钢丝网架连接，另一边用钢钉与混凝土墙、柱固定。

5）用箍码或 22 号镀锌钢丝连接的，箍码或扎点的间距为 200 mm，并呈梅花形进行布点。

（4）门窗洞口加固补强及门窗框安装。当设计有明确要求的，必须按设计要求进行；当设计无明确要求时，可按以下原则施工。

1）门窗洞口加固补强。门窗洞口的加固补强，应按以下方法进行：

①门窗洞口各边用通长槽网和 2 根直径为 10 mm 的钢筋加固补强，槽网总宽为 300 mm 时，直径为 10 mm 的钢筋长度为洞边加 400 mm；

②门洞口的下部，用 2 根直径为 10 mm 的钢筋与地板上的锚筋或膨胀螺栓焊接；

③窗洞四角、门洞的上方两个角，用长度为 500 mm 的"之"字条按 45°方向双面加固。网与网用箍码或 22 号镀锌钢丝连接，直径为 10 mm 的钢筋用 22 号镀锌钢丝绑扎。

2）门窗框的安装。根据门窗框的安装要求，在门窗洞口处按设计要求安放预埋件，以便连接门窗框。

（5）安装埋件、敷设线管、稳住接线盒。

1）按照图纸要求埋设各种埋件、敷设线管、稳住接线盒等，并应与夹心板的安装同步进行，要确实固定牢固。

2）预埋件、接线盒等的埋设方法是按所需大小的尺寸抠去聚苯或岩棉，在抠洞的部位要喷一层 EC-1 表面处理剂，然后用 1∶3 水泥砂浆固定预埋件或稳住接线盒。

3）电线管等管道应用 22 号镀锌钢丝与钢丝网架绑扎牢固。

（6）检查校正补强。在正式抹灰前，要详细检查夹心板、门窗框、各种预埋件、管道、接线盒的安装和固定是否符合设计要求。安装好的钢丝网架夹心板要形成一个稳固的整体，并做到基本平整、垂直。达不到设计要求的要校正补强。

（7）制备水泥砂浆。水泥砂浆要用搅拌机搅拌均匀，稠度应合适。搅拌好的水泥砂浆应在初凝前用完，已凝固的砂浆不得二次掺水搅拌使用。

(8)抹一侧底灰。抹底灰应按以下规定进行。

1)抹一侧底灰前，先在夹心板的另一侧进行适当支顶，以防止抹底灰时夹心板出现晃动。抹灰前在夹心板上均匀喷一层 EC-1 表面处理剂，随即抹底灰。

2)抹底灰应按照现行国家标准《建筑装饰装修工程质量验收标准》(GB 50210—2018)中抹灰工程的规定进行。底灰的厚度为 12 mm 左右，底灰应基本平整，并用带齿的抹子均匀拉槽。抹完底灰后随即均匀喷一层 EC-1 表面防裂剂。

(9)抹另一侧底灰。在常温情况下，抹一侧底灰 48 h 后可拆去支顶，抹另一侧底灰，其操作方法同上。

(10)抹中层灰、罩面灰。在常温情况下，当两层底灰抹完 48 h 后可抹中层灰。操作应严格按抹灰工序的要求进行，按照阴角和阳角找方、设置标筋、分层赶平、进行修整、表面压光等工序的工艺作业。底灰、中层灰和罩面灰的总厚度为 25~28 mm。

(11)进行面层装修。按照设计要求和饰面层的施工操作工艺，进行面层装修。

二、骨架隔墙施工

(一)材料与施工机具

1. 龙骨

(1)轻钢龙骨。轻钢龙骨是以薄壁镀锌钢带或薄壁冷轧退火卷带为原料，经冲压或冷弯而成的轻质隔墙板支撑骨架材料。墙体轻钢龙骨主要有 Q50、Q75、Q100、Q150 四个系列，其具体规格及尺寸见表 5-6。墙体轻钢龙骨配件的规格及尺寸见表 5-7。

表 5-6　墙体轻钢龙骨主件的规格及尺寸　　　　　　　　　　　　　　mm

序号	名称	类型	断面	Q50			Q75			Q100			Q150			备注
				A	B	t	A	B	t	A	B	t	A	B	t	
1	横龙骨	U形		50 (52)	40	0.8	75 (77)	40	0.8	100 (102)	40	0.8	150 (152)	40	0.8	墙体与竖龙骨及建筑结构的连接构件
2	竖龙骨	C形		50	45 (50)	0.8	75	45 (50)	0.8	100	45 (50)	0.8	150	45 (50)	0.8	墙体的主要受力构件
3	通贯龙骨	U形		20	12	1.2	38	12	1.2	38	12	1.2	38	12	1.2	竖龙骨的中间连接构件
4	加强龙骨	C形		47.8	35 (40)	1.5	62	35 (40)	1.5	72.8 (75)	35 (40)	1.5	97.8	35	1.5	特殊构造中墙体的主要受力构件
5	沿顶(地)龙骨	U形		52	40	0.8	76.5	40	0.8	102	40	0.8	152	40	0.8	墙体与建筑结构楼地面连接构件

注：龙骨断面厚度(t)为 0.8 mm、1.2 mm、1.5 mm。

表 5-7　墙体轻钢龙骨配件的规格及尺寸

序号	名称	断面	断面尺寸 t/mm	备注
1	支撑卡		0.8	设置在竖龙骨开口一侧，用来保证竖龙骨平直和增强刚度
2	卡托		0.8	设置在竖龙骨开口的一侧，用以与通贯龙骨相连接
3	角托		0.8	用作竖龙骨背面与通贯龙骨相连接
4	通贯横撑接件		1	用于通贯龙骨的加长连接

（2）木龙骨。方木的含水率应不大于 25％，通风条件较差的地方选用木方材的含水率应不大于 20％。按消防要求对木龙骨做防火处理。

（3）石膏龙骨。石膏龙骨隔墙所用龙骨的规格、品种应符合设计及规范要求，且应具备出厂合格证。

2. 罩面板

（1）罩面板应具有出厂合格证。

（2）罩面板表面应平整、边缘整齐，不应有污垢、裂缝、缺角、翘曲、起皮、色差和图案不完整等缺陷。

（3）纸面石膏板采用二水石膏为主要原料，掺入适量外加剂和纤维做成板芯，用特制的纸或玻璃纤维毡为面层，牢固粘贴而成。其技术参数应符合表 5-8～表 5-10 的要求。

表 5-8　纸面石膏板规格尺寸允许偏差　　　　　　　　　　　　　mm

项目	长度	宽度	厚度	
			9.5	≥12.0
尺寸偏差	−6～0	−5～0	±0.5	±0.6

注：板面应切成矩形，两对角长度差不应大于 5 mm。

表 5-9　纸面石膏板断裂载荷值

板材厚度/mm	断裂载荷/N			
	纵向		横向	
	平均值	最小值	平均值	最小值
9.5	400	360	160	140
12	520	460	200	180
15	650	580	250	220
18	770	700	300	270

板材厚度/mm	断裂载荷/N			
	纵向		横向	
	平均值	最小值	平均值	最小值
21	900	810	350	320
25	1 100	970	420	380

表 5-10　纸面石膏板面密度值

板材厚度/mm	面密度/(kg·m⁻²)	板材厚度/mm	面密度/(kg·m⁻²)
9.5	9.5	18.0	18.0
12.0	12.0	21.0	21.0
15.0	15.0	25.0	25.0

3. 其他材料

(1)骨架隔墙所用的填充材料及嵌缝材料的品种、规格、性能应符合设计要求。骨架隔墙内的填充材料应干燥，且填充应密实、均匀、无下坠。

(2)骨架隔墙工程罩面板所使用的螺钉、钉子宜镀锌，其他如胶粘剂等，其材料的品种、规格、断面尺寸、颜色、物理及化学性质应符合设计要求。

4. 施工机具

骨架隔墙工程施工主要施工机具有电圆锯、角磨机、电锤、手电钻、电焊机、切割机、拉铆枪、铝合金靠尺、水平尺、扳手、卷尺、线坠、托线板、胶钳等。

(二)轻钢龙骨隔墙施工

墙位放线→墙垫施工→安装沿地、沿顶及沿边龙骨→安装竖龙骨→固定洞口及门窗框→安装通贯龙骨和横撑龙骨→安装一侧石膏板→安装电线及附墙设备管线→安装另一侧石膏板→接缝处理→连接固定设备、电气→踢脚台施工。

(1)墙位放线。根据设计图纸确定的隔断墙位，在楼地面弹线，并将线引测至顶棚和侧墙。

(2)墙垫施工。先对墙垫与楼、地面接触部位进行清理，然后涂刷界面处理剂一道，随即用C20 素混凝土制作墙垫。墙垫上表面应平整，两侧应垂直。

(3)安装沿地、沿顶及沿边龙骨。横龙骨与建筑顶、地连接及竖龙骨与墙、柱连接，一般可选用 M5×35 的射钉固定；对于砖砌墙、柱体，应采用金属胀铆螺栓。射钉或电钻打孔时，固定点的间距通常按 900 mm 布置，最大不应超过 1 000 mm。轻钢龙骨与建筑基体表面接触处，一般要求在龙骨接触面的两边各粘贴一根通长的橡胶密封条，以起防水和隔声作用。沿地(顶)及沿墙(柱)龙骨的固定方法，如图 5-14 所示。

(4)安装竖龙骨。竖向龙骨间距按设计要求确定。设计无要求时，可按板宽确定。如选用 90 cm、120 cm 板宽时，间距可定为 45 cm、60 cm。竖向龙骨与沿地(顶)龙骨采用拉铆钉方法固定，如图 5-15 所示。

(5)固定洞口及门窗框。门窗洞口处的竖龙骨安装应依照设计要求，采用双根并用或是扣盒子加强龙骨；如果门的尺度大且门扇较重时，应在门框外的上下左右增设斜撑。

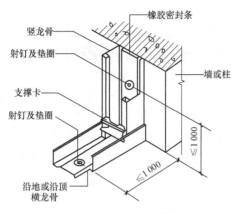

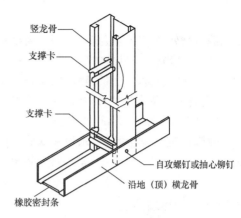

图 5-14　沿地(顶)及沿墙(柱)
龙骨固定示意

图 5-15　竖龙骨与沿地(顶)横
龙骨固定示意

(6)安装通贯龙骨。通贯横撑龙骨的设置，一种是低于 3 m 的隔断墙安装 1 道；另一种是 3～5 m 的隔断墙安装 2～3 道。对通贯龙骨横穿各条竖龙骨进行贯通冲孔，需要接长时使用其配套的连接件。在竖龙骨开口面安装卡托或支撑卡与通贯横撑龙骨连接锁紧，根据需要在竖龙骨背面可加设角托与通贯龙骨固定。采用支撑卡系列龙骨时，应先将支撑卡安装于竖龙骨开口面，卡距为 400～600 mm，与龙骨两端的距离为 20～25 mm。

(7)安装横撑龙骨。隔断墙轻钢骨架的横向支撑，除采用通贯龙骨外，有的需设其他横撑龙骨。一般当隔墙骨架超过 3 m 高度时，或是罩面板的水平方向板端(接缝)并非落在沿顶(地)龙骨上时，应设横向龙骨对骨架加强，或予以固定板缝。具体做法是，可选用 U 形横龙骨或 C 形竖龙骨作横向布置，利用卡托、支撑卡(竖龙骨开口面)及角托(竖龙骨背面)与竖向龙骨连接固定。有的系列产品，也可采用其配套的金属嵌缝条作竖龙骨的连接固定件。

(8)安装电线及附墙设备管线。按图纸要求施工，安装电气管线时不应切断横、竖向龙骨，也应避免沿墙下端走线。附墙设备安装时，应采取局部措施使固定牢固。

(9)安装石膏板。

1)安装石膏板之前，应检查骨架牢固程度，应对预埋墙中的管道、填充材料和有关附墙设备采取局部加强措施，进行验收并办理隐检手续，经认可后方可封板。

2)石膏板安装应用竖向排列，龙骨两侧的石膏板应错缝排列。石膏板用自攻螺钉固定，顺序是从板的中间向两边固定。12 mm 厚石膏板用长 25 mm 螺钉，两层 12 mm 厚石膏板用长 35 mm 螺钉。自攻螺钉在纸面石膏板上的固定位置是：离纸包边的板边大于 10 mm，小于 16 mm，离切割边的板边至少 15 mm。板边的螺钉钉距为 250 mm，边中的螺钉钉距为 300 mm。钉帽略埋入板内，但不得损坏纸面。

3)石膏板对接缝应错开，隔墙两面的板横向接缝也应错开；墙两面的接缝不能落在同一根龙骨上。凡实际上可采用石膏板全长的地方，应避免有接缝，可将板固定好再开孔洞。

4)卫生间等湿度较大的房间隔墙应做墙垫并采用防水石膏板，石膏板下端与踢脚间留缝 15 mm，并用密封膏嵌严。

(10)接缝处理。

1)暗缝接缝处理。首先扫尽缝中浮尘，用小开刀将腻子嵌入缝内并与板缝取平。待腻子凝固后，刮约 1 mm 厚腻子并粘贴玻璃纤维接缝带，再用开刀从上往下一个方向压、刮平，使多余腻子从接缝带网眼中挤出。随即用大开刀刮腻子，将接缝带埋入腻子中，此遍腻子应将石膏板的楔形棱边填满找平。

2)明缝接缝处理。明缝接缝处理即为留缝接缝处理。按设计要求在安装罩面纸面石膏板时留出 8～10 mm 缝隙，扫尽缝中浮尘后，将嵌缝条嵌入缝隙，嵌平实后用自攻螺钉钉固。

(11)连接固定设备、电气。隔声墙中设置暗管、暗线时，所有管线均不得与相邻石膏板、龙骨(双排龙骨或错位排列龙骨)相碰。在两排龙骨之间至少应留 5 mm 空隙，在两排龙骨的一侧翼缘上粘贴 3 mm 厚、50 mm 宽毡条。

(12)踢脚台施工。当设计要求设置踢脚台(墙垫)时，应先对楼地面基层进行清理，并涂刷界面处理剂一遍，然后浇筑 C20 素混凝土踢脚台。上表面应平整，两侧面应垂直。踢脚台内是否配置构件钢筋或埋设预埋件，应根据设计要求确定。

(三)木龙骨隔墙施工

弹线分格→木龙骨防火处理→拼装木龙骨架→木龙骨架安装→罩面板安装。

(1)弹线分格。在地面和墙面上弹出墙体位置宽度线和高度线，找出施工的基准点和基准线，使施工中有所依据。

(2)木龙骨防火处理。隔墙所用木龙骨需进行防火处理。

(3)拼装木龙骨架。对于面积不大的墙身，可一次拼成木龙骨架后，再安装固定在墙面上。对于大面积的墙身，可将木龙骨架分片拼组安装固定。

(4)木龙骨架安装。

1)木龙骨架中，上、下槛与立柱的断面多为 50 mm×70 mm 或 50 mm×100 mm，有时也用 45 mm×45 mm、40 mm×60 mm 或 45 mm×90 mm。斜撑与横挡的断面与立柱相同，也可稍小一些。立柱与横挡的间距要与罩面板的规格相配合。一般情况下，立柱的间距可取 400 mm、450 mm 或 455 mm，横挡的间距可与立柱的间距相同，也可适当放大。

2)安装立筋时，立筋要垂直，其上下端要顶紧上下槛，分别用钉斜向钉牢。然后在立筋之间钉横撑，横撑可不与立筋垂直，将其两端头按相反方向锯成斜面，以便楔紧和钉牢。横撑的垂直间距宜为 1.2～1.5 m。在门樘边的立筋应加大断面或者是双根并用。

3)窗口的上下及门口的上边应加横楞木，其尺寸应比门窗口大 20～30 mm，在安装门窗口时同时钉上。门窗樘上部宜加钉人字撑。

(5)罩面板安装。

1)立筋间距应与板材规格配合，以减少浪费。一般间距取 40～60 cm，然后在立筋的一面或两面钉板。

2)用胶合板罩面时，钉长为 25～35 mm，钉距为 80～150 mm，钉帽应打扁，并钉入板面 0.5～1 mm，钉眼应用油性腻子抹平，以防止板面空鼓、翘曲，钉帽生锈。如用盖缝条固定胶合板，钉距不应大于 200 mm，钉帽应顺木纹钉入木条面 0.5～1 mm。

3)用硬质纤维板罩面时，在阳角应做护角。纤维板上墙前应用水浸透，晾干后安装。

(四)石膏龙骨隔墙施工

石膏龙骨隔墙施工工艺流程：放线→做垫墙→粘贴辅助龙骨→黏结竖龙骨和斜撑→安装吊挂件→罩面板安装。

(1)放线。按设计要求，在地面上画出隔墙位置线，将线引测到侧面墙、顶棚上或梁下面。

(2)做垫墙。当踢脚线采用湿作业时，为了防潮，隔墙下端应做墙垫(或称导墙)。墙垫可用素混凝土，也可砌 2～3 皮砖。墙垫的侧面要垂直，上表面要水平，与楼板的结合要牢固。

(3)粘贴辅助龙骨。按隔墙放线位置，沿隔墙四周(即墙垫上面、两侧墙面和楼板底面)粘贴辅助龙骨。辅助龙骨用两层石膏板条黏合，其宽度按隔墙厚度选择，在其背面满涂胶粘剂与基层粘贴牢固，两侧边要找直，多余的胶粘剂应及时刮净。如果隔墙采用木踢脚板且不设置墙垫时，可在楼地面上直接粘贴辅助龙骨，龙骨上粘贴木砖，中距为 300 mm，并做出标记，以便于踢脚板的安装。

（4）黏结竖龙骨和斜撑。如果隔墙上没有门窗口时，竖龙骨从墙的一端开始排列；如设有门窗口时，则从门窗口开始排列，向一侧或向两侧排列。用线坠或靠尺找垂直，先黏结安装墙两端龙骨，龙骨上下端满涂胶粘剂，上端与辅助龙骨顶紧，下端用一对木楔涂胶适度挤严，木楔周围用胶粘剂包上，龙骨上部两侧用黏石膏块固定。当隔墙两端龙骨安装符合要求后，在龙骨的一侧拉线 1～2 道，安装中间龙骨并与线找齐。对于有门窗洞口的隔墙，必须先安装门窗洞口一侧的龙骨，随即立口，再安装另一侧的龙骨，不得后塞口。

斜撑用辅助龙骨截取，两端作斜面，蘸胶与龙骨黏合，其上端的上方和下端的下方应粘贴石膏板块固定，防止斜撑移动；当墙高大于 3 m 时，需接长龙骨，接头两侧用长 300 mm 辅助龙骨（或两层石膏板条）粘贴夹牢，并设横撑一道。横撑水平安装，两端的下方应粘贴石膏板块固定。

（5）安装吊挂件。石膏龙骨石膏板隔墙面需要设置吊挂措施时，单层石膏板隔墙可采用挂钩吊挂，吊挂质量限于 5 kg 以内；也可采用 T 形螺栓吊挂，单层板的吊挂质量为 10～15 kg，双层板吊挂质量为 15～25 kg；也可在双层板墙体上黏结木块吊挂，吊挂质量可达 15～25 kg。采用伞形螺栓作吊挂时，单板吊挂质量为 10～15 kg，双板吊挂质量为 15～25 kg。

（6）罩面板安装。石膏龙骨隔墙一般都用纸面石膏板作为面板，固定面板的方法，一是黏；二是钉。纸面石膏板可用胶粘剂直接粘贴在石膏龙骨上，粘贴方法是：先在石膏龙骨上满刷 2 mm 厚的胶粘剂，接着将石膏板正面朝外贴上去，再用 50 mm 长的圆钉钉上，钉距为 400 mm。

三、活动隔墙施工

（一）材料与施工机具

1. 材料质量要求

（1）活动隔墙所用墙板、配件等材料的品种、规格、性能和木材的含水率应符合设计要求。

（2）有阻燃、防潮等特殊要求的工程，材料应有相应性能等级的检测报告。

（3）骨架、罩面板材料，在进场、存放、使用过程中应妥善管理，使其不变形、不受潮、不损坏、不污染。

2. 施工机具

活动隔墙工程施工主要施工机具有红外线水准仪、电焊机、金属切割机、电锯、木工手锯、电刨、手提电钻、电动冲击钻、射钉枪、量尺、角尺、水平尺、线坠、墨斗、钢丝刷、小灰槽、2 m 靠尺、开刀、2 m 托线板、扳手、专用撬棍、螺钉刀、剪钳、橡皮锤、木楔、钻、扁铲等。

（二）施工要求

活动隔墙施工工艺流程：定位放线→隔墙板两侧壁龛施工→上导轨安装→隔扇制作→隔扇安装→隔扇间连接→密封条安装→活动隔墙调试。

（1）定位放线。按照设计确定活动隔墙的位置，在楼地面上进行弹线，并将线引测至顶棚和侧面墙上，作为活动隔墙的施工依据。

（2）隔墙板两侧壁龛施工。为便于隔扇的安装和拆卸，活动隔墙一端要设一个槽形的补充构件，这样也有利于隔扇安装后掩盖住端部隔扇与墙面之间的缝隙。

（3）上导轨安装。为便于隔扇的装拆，隔墙的上部有一通长的上槛(有槽形和 T 形两种)，用螺钉或钢丝固定在平顶上。

（4）隔扇制作。按设计要求进行隔扇的制作。

（5）隔扇安装。分别将隔扇两端嵌入上下槛导轨槽内。

（6）隔扇间连接。利用活动卡子连接固定隔扇，同时拼装成隔墙。

（7）密封条安装。隔扇底下应安装隔声密封条，靠隔扇的自重将密封条紧紧地压在楼地面上。

（8）活动隔墙调试。安装后，应该进行隔墙的调试，保证推拉平稳、灵活、无噪声，不得有弹跳、卡阻现象。

四、玻璃隔墙施工

(一)材料与施工机具

1. 材料质量要求

（1）玻璃隔墙工程所用材料的品种、规格、性能、图案和颜色应符合设计要求。玻璃隔墙应使用安全玻璃。其中，钢化玻璃厚度有 8 mm、10 mm、12 mm、15 mm、18 mm、22 mm 等，长、宽根据工程设计要求确定；其质量要求见表 5-11～表 5-14。

表 5-11　长方形平面钢化玻璃边长允许偏差　　　　　　　　　　　　　　　mm

厚度	边长(L)允许偏差			
	$L \leqslant 1\,000$	$1\,000 < L \leqslant 2\,000$	$2\,000 < L \leqslant 3\,000$	$L > 3\,000$
3，4，5，6	+1 −2	±3	±4	±5
8，10，12	+2 −3			
15	±4	±4		
19	±5	±5	±6	±7
>19	供需双方商定			

表 5-12　钢化玻璃孔径及其允许偏差　　　　　　　　　　　　　　　mm

公称孔径(D)	允许偏差
$4 \leqslant D \leqslant 50$	±1.0
$50 < D \leqslant 100$	±2.0
$D > 100$	供需双方商定

表 5-13　钢化玻璃厚度及其允许偏差　　　　　　　　　　　　　　　mm

公称厚度	厚度允许偏差	公称厚度	厚度允许偏差
3，4，5，6	±0.2	15	±0.6
8，10	±0.3	19	±1.0
12	±0.4	>19	供需双方商定

表 5-14　钢化玻璃的外观质量

缺陷名称	说明	允许缺陷数
爆边	每片玻璃每米边长允许长度不超过 10 mm，自玻璃边部向玻璃板表面延伸深度不超过 2 mm，自板面向玻璃厚度延伸深度不超过厚度 1/3 的爆边个数	1 处
划伤	宽度在 0.1 mm 以下的轻微划伤，每平方米面积内允许存在的条数	长度≤100 mm 时 4 条
	宽度大于 0.1 mm 的划伤，每平方米面积内允许存在的条数	宽度＝0.1～1 mm，长度≤100 mm 时 4 条
夹钳印	夹钳印与玻璃边缘的距离≤20 mm，边部变形量≤2 mm	
裂纹、缺角	不允许存在	

（2）空心玻璃砖。用透明或颜色玻璃制成的块状、空心的玻璃制品或块状表面施釉的制品，按照透光性分为透明玻璃砖和雾面玻璃砖。玻璃砖的种类不同，光线的折射程度也会有所不同，玻璃砖可供选择的颜色有多种。产品主要规格性能见表 5-15、表 5-16。

表 5-15　玻璃空心砖的规格　　　　　　　　　　　　　　　　　　mm

长	宽	厚	长	宽	厚
100	100	95	190	190	95
115	115	50	193	193	95
115	115	80	210	210	95
120	120	95	240	115	80
125	125	95	240	240	80
139	139	95	300	90	100
140	140	95	300	145	95
145	145	50	300	196	100
145	145	95	300	300	100
190	190	80			

表 5-16　玻璃空心砖的主要性能

抗压强度/MPa	导热系数/[W·(m·K)⁻¹]	质量/(kg·块⁻¹)	隔声/dB	透光率/%
6.0	2.35	2.4	40	81
4.8	2.50	2.1	45	77
6.0	2.30	4.0	40	85
6.0	2.55	2.4	45	77
6.0	2.50	4.5	45	81
7.5	2.50	6.7	45	85

（3）紧固材料。膨胀螺栓、射钉、自攻螺钉、木螺钉和粘贴嵌缝料应符合设计要求。

2. 施工机具

玻璃隔墙工程施工主要施工机具有冲击钻、电焊机、灰铲、线坠、托线板、卷尺、铁水平尺、皮数杆、小水桶、存灰槽、橡皮锤、扫帚、透明塑料胶带条等。

(二)玻璃木质隔墙安装

1. 玻璃板与市基架的安装

用木框安装玻璃时,在木框上要裁口或挖槽,校正好木框内侧后定出玻璃安装的位置线,并固定好玻璃板靠位线条,如图 5-16 所示。把玻璃装入木框内,其两侧距木框的缝隙应相等,并在缝隙中注入玻璃胶,然后钉上固定压条,固定压条宜用钉枪钉。

对面积较大的玻璃板,安装时应用玻璃吸盘器将玻璃提起来安装。

2. 玻璃与金属方框架的固定

玻璃与金属方框架安装时,先要安装玻璃靠位线条,靠位线条可以是金属角线或金属槽线。固定靠位线条通常是用自攻螺钉。安装玻璃前,应在框架下部的玻璃放置面上,放置一层厚 2 mm 的橡胶垫,如图 5-17 所示。然后把玻璃放入框内,并靠在靠位线条上。

如果玻璃面积较大,应用玻璃吸盘器安装。玻璃板距金属框两侧的缝隙应相等,并在缝隙中注入玻璃胶,然后安装封边压条。

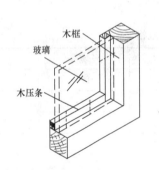

图 5-16 木框内玻璃安装方式

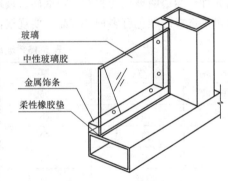

图 5-17 玻璃安装示意

(三)玻璃砖隔墙安装

1. 空心玻璃砖隔墙的安装

(1)固定金属型材框用的镀锌钢膨胀螺栓直径不得小于 8 mm,间距不得大于 500 mm。用于 80 mm 厚的空心玻璃砖的金属型材框,最小截面应为 90 mm×50 mm×3.0 mm;用于 100 mm 厚的空心玻璃砖的金属型材框,最小截面应为 108 mm×50 mm×3.0 mm。

(2)空心玻璃砖的砌筑砂浆等级应为 M5,一般宜使用白色硅酸盐水泥与粒径小于 3 mm 的砂拌制。

(3)室内空心玻璃砖隔墙的高度和长度均超过 1.5 m 时,应在垂直方向上每两层空心玻璃砖水平布两根 φ6(或 φ8)的钢筋(当只有隔墙的高度超过 1.5 m 时,放一根钢筋),在水平方向上每三个缝至少垂直布一根钢筋(错缝砌筑时除外),钢筋每端伸入金属型材框的尺寸不得小于 35 mm。最上层的空心玻璃砖应深入顶部的金属型材框中,深入尺寸不得小于 10 mm,且不得大于 25 mm。

(4)空心玻璃砖之间的接缝不得小于 10 mm,且不得大于 30 mm。

(5)空心玻璃砖与金属型材框两翼接触的部位应留有滑缝,且不得小于 4 mm,腹面接触的部位应留有胀缝,且不得小于 10 mm。滑缝和胀缝应用沥青毡和硬质泡沫塑料填充。金属型材框与建筑墙体和屋顶的结合部，以及空心玻璃砖砌体与金属型材框翼端的结合部应用弹性密封剂封闭。

如玻璃砖墙没有外框，则需做饰边。饰边通常有木饰边和不锈钢饰边。木饰边可根据设计要求做成各种线型，常见的形式如图 5-18 所示。不锈钢饰边常用的形式有单柱饰边、双柱饰边、不锈钢钢板槽饰边等，如图 5-19 所示。

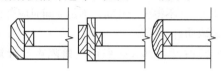

图 5-18　玻璃砖墙常见木饰边

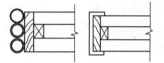

图 5-19　不锈钢饰边常见形式

2. 玻璃砖隔墙的安装

玻璃砖隔墙安装的施工要点如下：

(1)首皮摆底玻璃砖要按弹好的墙线砌筑。在砌筑墙两端的第一块玻璃砖时，将玻璃纤维毡或聚苯乙烯放入两端的边框内。

(2)玻璃纤维毡或聚苯乙烯随砌筑高度的增加而放置，一直到顶对接。在每砌筑完一皮后，用透明塑料胶带将玻璃砖墙立缝贴封，然后往立缝内灌入砂浆并捣实。

(3)玻璃砖墙皮与皮之间应放置双排钢筋梯网，钢筋搭接位置选在玻璃砖墙中央。

(4)最上一皮玻璃砌砖筑在墙中间收头，顶部槽钢内放置玻璃纤维毡或聚苯乙烯。

(5)水平灰缝和竖向灰缝厚度一般为 8～10 mm。划缝紧接立缝灌好砂浆后进行，划缝深度为 8～10 mm，需深浅一致，清扫干净。划缝 2～3 h 后即可勾缝，勾缝砂浆内掺入水泥质量为 2% 的石膏粉。

(6)砌筑砂浆应根据砌筑量随时拌和，且其存放时间不得超过 3 h。

第三节　轻质隔墙工程质量检查与验收

一、一般规定

(1)轻质隔墙工程验收时应检查下列文件和记录：

1)轻质隔墙工程的施工图、设计说明及其他设计文件；

2)材料的产品合格证书、性能检验报告、进场验收记录和复验报告；

3)隐蔽工程验收记录；

4)施工记录。

(2)轻质隔墙工程应对人造木板的甲醛释放量进行复验。

(3)轻质隔墙工程应对下列隐蔽工程项目进行验收：

1)骨架隔墙中设备管线的安装及水管试压；

2)木龙骨防火和防腐处理；

3)预埋件或拉结筋；

4)龙骨安装；

轻质隔墙工程
质量验收标准

5)填充材料的设置。

（4）同一品种的轻质隔墙工程每50间应划分为一个检验批，不足50间也应划分为一个检验批，大面积房间和走廊可按轻质隔墙面积每30 m² 计为1间。

（5）板材隔墙和骨架隔墙每个检验批应至少抽查10%，并不得少于3间，不足3间时应全数检查；活动隔墙和玻璃隔墙每个检验批应至少抽查20%，并不得少于6间，不足6间时应全数检查。

（6）轻质隔墙与顶棚和其他墙体的交接处应采取防开裂措施。

（7）民用建筑轻质隔墙工程的隔声性能应符合现行国家标准《民用建筑隔声设计规范》（GB 50118—2010）的规定。

二、主控项目

1. 板材隔墙工程

（1）隔墙板材的品种、规格、颜色和性能应符合设计要求。有隔声、隔热、阻燃和防潮等特殊要求的工程，板材应有相应性能等级的检验报告。

检验方法：观察；检查产品合格证书、进场验收记录和性能检验报告。

（2）安装隔墙板材所需预埋件、连接件的位置、数量及连接方法应符合设计要求。

检验方法：观察；尺量检查；检查隐蔽工程验收记录。

（3）隔墙板材安装应牢固。

检验方法：观察；手扳检查。

（4）隔墙板材所用接缝材料的品种及接缝方法应符合设计要求。

检验方法：观察；检查产品合格证书和施工记录。

（5）隔墙板材安装应位置正确，板材不应有裂缝或缺损。

检验方法：观察；尺量检查。

2. 骨架隔墙工程

（1）骨架隔墙所用龙骨、配件、墙面板、填充材料及嵌缝材料的品种、规格、性能和木材的含水率应符合设计要求。有隔声、隔热、阻燃和防潮等特殊要求的工程，其材料应有相应性能等级的检验报告。

检验方法：观察；检查产品合格证书、进场验收记录、性能检验报告和复验报告。

（2）骨架隔墙地梁所用材料、尺寸及位置等应符合设计要求。骨架隔墙的沿地、沿顶及边框龙骨应与基体结构连接牢固。

检验方法：手扳检查；尺量检查；检查隐蔽工程验收记录。

（3）骨架隔墙中龙骨间距和构造连接方法应符合设计要求。骨架内设备管线的安装、门窗洞口等部位加强龙骨的安装应牢固、位置正确。填充材料的品种、厚度及设置应符合设计要求。

检验方法：检查隐蔽工程验收记录。

（4）木龙骨及木墙面板的防火和防腐处理应符合设计要求。

检验方法：检查隐蔽工程验收记录。

（5）骨架隔墙的墙面板应安装牢固，无脱层、翘曲、折裂及缺损。

检验方法：观察；手扳检查。

（6）墙面板所用接缝材料的接缝方法应符合设计要求。

检验方法：观察。

3. 活动隔墙工程

（1）活动隔墙所用墙板、轨道、配件等材料的品种、规格、性能和人造木板甲醛释放量、燃烧性能应符合设计要求。

检验方法：观察；检查产品合格证书、进场验收记录、性能检验报告和复验报告。

（2）活动隔墙轨道应与基体结构连接牢固，并应位置正确。

检验方法：尺量检查；手扳检查。

（3）活动隔墙用于组装、推拉和制动的构配件应安装牢固、位置正确，推拉应安全、平稳、灵活。

检验方法：尺量检查；手扳检查；推拉检查。

（4）活动隔墙的组合方式、安装方法应符合设计要求。

检验方法：观察。

4. 玻璃隔墙工程

（1）玻璃隔墙工程所用材料的品种、规格、图案、颜色和性能应符合设计要求。玻璃隔墙应使用安全玻璃。

检验方法：观察；检查产品合格证书、进场验收记录和性能检验报告。

（2）玻璃板安装及玻璃砖砌筑方法应符合设计要求。

检验方法：观察。

（3）有框玻璃板隔墙的受力杆件应与基体结构连接牢固，玻璃板安装橡胶垫的位置应正确。玻璃板安装应牢固，受力应均匀。

检验方法：观察；手推检查；检查施工记录。

（4）无框玻璃板隔墙的受力爪件应与基体结构连接牢固，爪件的数量、位置应正确，爪件与玻璃板的连接应牢固。

检验方法：观察；手推检查；检查施工记录。

（5）玻璃门与玻璃墙板的连接、地弹簧的安装位置应符合设计要求。

检验方法：观察；开启检查；检查施工记录。

（6）玻璃砖隔墙砌筑中埋设的拉结筋应与基体结构连接牢固，数量、位置应正确。

检验方法：手扳检查；尺量检查；检查隐蔽工程验收记录。

三、一般项目

1. 板材隔墙工程

（1）板材隔墙表面应光洁、平顺、色泽一致，接缝应均匀、顺直。

检验方法：观察；手摸检查。

（2）隔墙上的孔洞、槽、盒应位置正确、套割方正、边缘整齐。

检验方法：观察。

（3）板材隔墙安装的允许偏差和检验方法应符合表 5-17 的规定。

表 5-17　板材隔墙安装的允许偏差和检验方法

项次	项目	允许偏差/mm				检验方法
		复合轻质墙板		石膏空心板	增强水泥板、混凝土轻质板	
		金属夹心板	其他复合板			
1	立面垂直度	2	3	3	3	用 2 m 垂直检测尺检查
2	表面平整度	2	3	3	3	用 2 m 靠尺和塞尺检查
3	阴阳角方正	3	3	3	4	用 200 mm 直角检测尺检查
4	接缝高低差	1	2	2	3	用钢直尺和塞尺检查

2. 骨架隔墙工程

(1)骨架隔墙表面应平整光滑、色泽一致、洁净、无裂缝，接缝应均匀、顺直。

检验方法：观察；手摸检查。

(2)骨架隔墙上的孔洞、槽、盒应位置正确、套割吻合、边缘整齐。

检验方法：观察。

(3)骨架隔墙内的填充材料应干燥，填充应密实、均匀、无下坠。

检验方法：轻敲检查；检查隐蔽工程验收记录。

(4)骨架隔墙安装的允许偏差和检验方法应符合表5-18的规定。

表 5-18　骨架隔墙安装的允许偏差和检验方法

项次	项目	允许偏差/mm		检验方法
		纸面石膏板	人造木板、水泥纤维板	
1	立面垂直度	3	4	用2m垂直检测尺检查
2	表面平整度	3	3	用2m靠尺和塞尺检查
3	阴阳角方正	3	3	用200m直角检测尺检查
4	接缝直线度	—	3	拉5m线，不足5m拉通线，用钢直尺检查
5	压条直线度	—	3	拉5m线，不足5m拉通线，用钢直尺检查
6	接缝高低差	1	1	用钢直尺和塞尺检查

3. 活动隔墙工程

(1)活动隔墙表面应色泽一致、平整光滑、洁净，线条应顺直、清晰。

检验方法：观察；手摸检查。

(2)活动隔墙上的孔洞、槽、盒应位置正确、套割吻合、边缘整齐。

检验方法：观察；尺量检查。

(3)活动隔墙推拉应无噪声。

检验方法：推拉检查。

(4)活动隔墙安装的允许偏差和检验方法应符合表5-19的规定。

表 5-19　活动隔墙安装的允许偏差和检验方法

项次	项目	允许偏差/mm	检验方法
1	立面垂直度	3	用2m垂直检测尺检查
2	表面平整度	2	用2m靠尺和塞尺检查
3	接缝直线度	3	拉5m线，不足5m拉通线，用钢直尺检查
4	接缝高低差	2	用钢直尺和塞尺检查
5	接缝宽度	2	用钢直尺检查

4. 玻璃隔墙工程

(1)玻璃隔墙表面应色泽一致、平整洁净、清晰美观。

检验方法：观察。

(2)玻璃隔墙接缝应横平竖直，玻璃应无裂痕、缺损和划痕。

检验方法：观察。

(3)玻璃板隔墙嵌缝及玻璃砖隔墙勾缝应密实平整、均匀顺直、深浅一致。

检验方法：观察。

(4)玻璃隔墙安装的允许偏差和检验方法应符合表 5-20 的规定。

表 5-20　玻璃隔墙安装的允许偏差和检验方法

项次	项目	允许偏差/mm		检验方法
		玻璃板	玻璃砖	
1	立面垂直度	2	3	用 2 m 垂直检测尺检查
2	表面平整度	—	3	用 2 m 靠尺和塞尺检查
3	阴阳角方正	2	—	用 200 mm 直角检测尺检查
4	接缝直线度	2	—	拉 5 m 线，不足 5 m 拉通线，用钢直尺检查
5	接缝高低差	2	3	用钢直尺和塞尺检查
6	接缝宽度	1	—	用钢直尺检查

本章小结

　　轻质隔墙的类型很多，目前应用较广泛的主要有板材隔墙、骨架隔墙、活动隔墙和玻璃隔墙四种类型。板材隔墙是指由轻质的条板用黏结剂拼合在一起形成的隔墙。它是指不需要设置隔墙龙骨，由隔墙板材自承重，将预制或现制的隔墙板材直接固定于建筑主体结构上的隔墙工程。骨架隔墙工程包括以轻钢龙骨、木龙骨、石膏龙骨等为骨架，以纸面石膏板、人造木板、水泥纤维板等为墙面板的隔墙工程。活动隔墙按照其操作方式不同，主要可分为拼装式活动隔墙、直滑式活动隔墙和折叠式活动隔墙。玻璃隔墙(断)外观光洁、明亮，并具有一定的透光性。可根据需要选用彩色玻璃、刻花玻璃、压花玻璃、玻璃砖等，或采用夹花、喷漆等工艺。轻质隔墙工程施工应按施工工艺流程和操作技术要求进行，并符合《建筑装饰装修工程施工质量验收标准》(GB 50210—2018)的质量规定。

思考与练习

一、填空题

1. 石膏条板的一般规格，长度为_____，宽度为_____，厚度为_____。

2. 石膏板复合墙板按照其面板不同，可分为_____与_____。

3. 钢丝网水泥板是以_____为增强材，以水泥砂浆为基材组合而成的一种薄壁结构材料。

4. 活动隔墙按照其操作方式不同，主要可分为_____、_____和_____。

5. 玻璃砖有与_____之_____分。

6. 加气混凝土条板隔墙一般采用_____安装。

二、选择题

1. 石膏板的主要原料是(　　)。

　　A. 建筑石膏　　　B. 钙质材料　　　C. 含硅材料　　　D. 人造木板

2. 石膏板复合墙板按照其隔声性能不同，可分为(   )。

 A. 纸面石膏板与无纸面石膏复合板

 B. 空心复合板与实心复合板

 C. 一般复合板与固定门框复合板

 D. 普通石膏空心条板和防潮石膏空心条板

3. 空心玻璃砖隔墙安装时，固定金属型材框用的镀锌钢膨胀螺栓直径不得小于(   )mm？间距不得大于(   )mm？正确的选项为(   )。

 A. 10，600　　　　 B. 8，600　　　　　 C. 10，500　　　　 D. 8，500

4. 空心玻璃砖之间的接缝不得小于(   )mm？且不得大于(   )mm？正确的选项为(   )。

 A. 10，30　　　　　 B. 8，30　　　　　 C. 8，500　　　　　 D. 10，50

三、问答题

1. 简述石棉水泥复合板隔墙的特点。

2. 石膏空心板隔墙所用的石膏空心板应怎样进行配板和修补？

3. 如何进行石膏空心板隔墙上门窗框的安装？

4. 现装石棉水泥板面层的复合墙板安装应注意哪些问题？

5. 活动隔墙安装施工所用材料应符合哪些要求？

6. 轻质隔墙工程验收时应检查哪些文件和记录？

第六章 门窗工程施工技术

 知识目标

了解门窗的常用类型，熟悉门窗的组成及其结构，掌握木门窗、金属门窗、塑料门窗、特种门窗和门窗玻璃的施工技术要求及施工质量检查验收要求。

能力目标

通过本章内容的学习，能够进行木门窗、金属门窗、塑料门窗、特种门窗及门窗玻璃的安装，并能够根据规范规定进行施工质量检查与验收。

第一节　门窗的分类及组成

门是人们进出建筑物的通道口，窗是室内采光通风的主要洞口，门窗是建筑工程的重要组成部分，被称之为建筑的"眼睛"，同时，也是建筑装饰装修工程施工中的重点。门窗在建筑立面造型、比例尺度、虚实变化等方面，对建筑外表的装饰效果有较大影响。

一、门的分类及组成

1. 门的分类

门的种类及形式很多，具体分类见表 6-1。

表 6-1　门的分类

序号	分类方法	类　　　别
1	按开启方式分类	可分为平开门、推拉门、旋转门、卷帘门、折叠门等
2	按不同材质分类	可分为木门、钢门、铝合金门、塑料门、塑钢门、玻璃门等
3	按技术用途分类	可分为隔声门、防辐射门、防火防烟门、防弹门、防盗门等
4	按门扇数量分类	可分为单扇门、双扇门、三扇门等

2. 门的组成

门主要由门框、门扇及五金配件组成，如图 6-1 所示。门框可分为上槛、中槛、边框三个组成部分。门扇由上冒头、中冒头、下冒头、边梃及门芯板等组成。门的五金配件主要由门把手、门锁、铰链、闭门器和门挡(门吸)等组成。

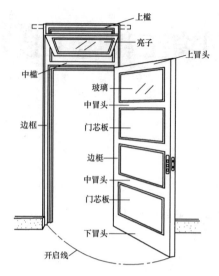

图 6-1　门的组成

门窗分类

二、窗的分类及组成

1. 窗的分类

窗的分类见表 6-2。

表 6-2　窗的分类

序号	分类方法	类　　　别
1	按开启方式分类	可分为固定窗、平开窗、悬窗、推拉窗、立式转窗等
2	按材料分类	可分为木窗、钢窗、塑钢窗、铝合金窗等
3	按嵌入的材料分类	可分为玻璃窗、纱窗、百叶窗、保温窗等
4	按窗扇的开启数量分类	可分为单开窗、双开窗等

2. 窗的组成

窗主要由窗框、窗扇和五金配件组成，如图 6-2 所示。当窗洞较小时，窗框只由边框组成；当窗洞较大时，窗框由上框、下框、中横框、中竖框、边框组成。窗扇由上冒头、中冒头、下冒头和边梃组成，并通过五金配件固定于窗框上。

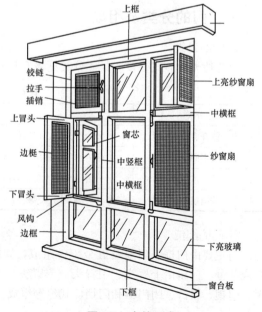

图 6-2　窗的组成

第二节 木门窗安装施工与质量验收

一、木门窗的基本构造

木制门的主要构造形式有夹板门、镶板（木板、胶合板或纤维板等）门、双扇门、拼板门、推拉门、平开木大门和弹簧门等。其外形构造见表6-3。

表6-3 木门主要构造形式

名称	图形	名称	图形	名称	图形
夹板门		镶板(胶合板或纤维板)门		拼板门	
				弹簧门	
		半截玻璃门		联窗门	
				钢木大门	
		双扇门		推拉门	
		拼板门		平开木大门	

木窗的主要构造形式有平开窗、推拉窗、旋转窗、提拉窗和百叶窗等。其外形构造见表6-4。

表 6-4　木窗主要构造形式

名称	图形	名称	图形	名称	图形
平开窗		立转窗		提拉窗	
推拉窗		百叶窗		中悬窗	

二、木门窗安装施工

1. 材料要求

（1）木门窗所用木材的品种、材质等级、规格、尺寸等应按设计要求选用并符合《木结构工程施工质量验收规范》（GB 50206—2012）的规定，要严格控制木材疵病的程度。

（2）木门窗应采用烘干的木材，其含水率不应大于当地气候的平衡含水率，一般在气候干燥地区不宜大于12%，在南方气候潮湿地区不宜大于15%。

（3）木门窗与砖石砌体、混凝土或抹灰层接触的部位或在主体结构内预埋的木砖，都要做防腐处理，必要时还应设防潮层，如果选用的木材为易虫蛀和易腐朽的必须进行防腐、防虫蛀处理。

（4）小五金零件的品种、规格、型号、颜色等均应符合设计要求，质量必须合格，地弹簧等五金零件应有出厂合格证。

2. 安装工具要求

（1）量具。量具是用来度量、检验工件尺寸的工具，它们有时也可用来画线。量具种类有直尺、钢卷尺、角尺、三角尺、折尺、水平尺、线坠、活络角尺等。

1）直尺。直尺有木质和钢质两种。木质直尺是用不易变形的硬杂木制成，尺身一侧刨成斜楞并夹有钢片，尺身上印有刻度。它的长度一般为300～1 000 mm。木尺主要用来度量工件的长短和宽厚，检验工件的平直度，也可用来画线。钢质直尺用不锈钢制成，它的两边和尺面平直、光滑，一面刻有刻度，它的长度一般为150～1 000 mm，主要用来度量精度要求较高的工件尺寸和画线。

2）钢卷尺。钢卷尺由薄钢片制成，放置于钢制或塑料制成的圆盒中。大钢卷尺的规格有5 m、10 m、15 m、20 m、30 m、50 m等，小钢卷尺的规格有1 m、2 m、3.5 m等。

3）角尺。角尺有木制和钢制两种。一般尺柄长15～20 cm，尺翼长20～40 cm，柄、翼互相垂直，用于画垂直线、平行线及检查平整正直，如图6-3（a）所示。

4）三角尺。三角尺的宽度均为15～20 cm，尺翼与尺柄的交角为90°，其余两角为45°，用不易变形的木料制成。使用时使尺柄贴紧物面边棱，可画出45°角及垂线，如图6-3（b）所示。

5）折尺。折尺有四折尺和八折尺两种，如图6-3（c）所示。四折尺是用钢质铰链、铜质包头把四块薄木板条连接而成的。公制四折尺展开长度为 500 mm，英制四折尺展开长度为 2 英尺（约为 610 mm）。八折尺是由铁皮圈及铆钉将八节薄板板条连接而成，它的长度为 1 000 mm。折尺上一般刻有公制和市尺（或英尺）刻度，主要用于工件度量和画线。木折尺使用时要拉直，并贴平物面。

6)水平尺。水平尺的中部及端部各装有水准管，当水准管内气泡居中时，即成水平。水平尺用于检验物面的水平或垂直。

7)线坠。线坠是用金属制成的正圆锥体，在其上端中央设有带孔螺栓盖，可系一根细绳，用于校验物面是否垂直。使用时手持绳的上端，坠尖向下自由下垂，视线随绳线，当绳线与物面上下距离一致时，即表示物面为垂直。

8)活络角尺。活络角尺的尺柄和尺翼是用螺栓连接的，尺翼叠放在尺柄上，尺翼同尺柄之间的角度可以随意调节，如图 6-3(d)所示。为了调节和固定角度的方便，螺栓上的螺母为蝴蝶螺母。活络角尺的尺翼和尺柄用硬杂木制作，也可用铝板或钢板制作。活络角尺主要用来画斜线，如斜榫肩、斜百叶眼线等。使用时，先松开蝴蝶螺母，用量角器或样板将尺柄同尺翼之间的角度调好，拧紧蝴蝶螺母。将尺柄紧贴工件长边，就可沿尺翼画出固定角度的斜线来。

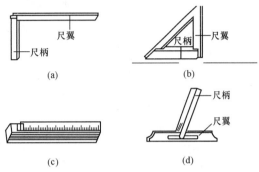

图 6-3　常用量具

(a)角尺；(b)三角尺；(c)折尺；(d)活络角尺

(2)画线工具。

1)丁字尺。丁字尺可用硬杂木做尺柄，硬杂木或绝缘板做尺翼。尺柄与尺翼成 90°并以木螺钉或钉子固定，叠交面用胶粘。丁字尺的尺柄厚为 10 mm、宽为 50 mm、长为 200～300 mm。尺翼厚为 48 mm、宽为 50～80 mm、长为 400～1 000 mm。

丁字尺主要用于大批量工件的榫眼画线。画线时，将工件一个个紧挨着排放在画线台上，最上边放一已画好线的样板。将丁字尺的尺柄紧贴在样板的长边，尺翼一边对着样板上的线条压在工件上，左手按紧尺翼，右手握住竹笔或木工铅笔，在工件上画线。画好一条线后，移动丁字尺按上述步骤将其他线画好。画好线的工件取走，放入新工件继续画线。

2)墨斗。墨斗是一种弹线工具，它可以用来放大样、弹锯口线、弹中心线等。其由圆筒、摇把、线轮和定针等组成。圆筒内装有饱含墨汁的丝棉或棉花，筒身上留有对穿线孔，线轮上绕有线绳，线绳的一端拴住定针。

弹线时，一人拉住线的前端，另一人手持墨斗，左手拇指将竹笔压在墨池里的墨线上，墨线两端压在工件上并绷紧，右手食指和拇指垂直地提起墨线，突然放开，即在工件上留出一道墨迹。

3)勒线器。勒线器由勒子挡、勒子杆、活楔和小刀片等部分组成。勒子挡多用硬木制成，其中凿有孔以穿勒子杆，杆的一端安装小刀片，杆侧用活楔与勒子挡揳紧，如图 6-4 所示。

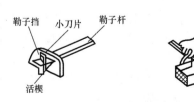

图 6-4　勒线器

(3)钻。钻是打孔的工具。门窗、家具及木结构上安装螺钉、合叶、锁等都要在产品或工件上钻孔。常用的钻孔工具有手钻、螺纹钻、弓摇钻、螺旋钻、手摇钻等，如图 6-5 所示。

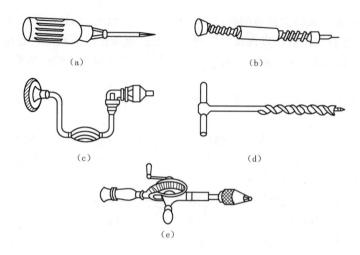

(a)　　　　　　　　　　　　(b)

(c)　　　　　　　　　　　　(d)

(e)

图 6-5　木工常用的钻

(a)手钻；(b)螺纹钻；(c)弓摇钻；(d)螺旋钻；(e)手摇钻

3. 市门窗安装要求

(1)木门窗安装前要检查核对好型号，按图纸对号分发就位。安门框前，要用对角线相等的方法复核其兜方程度。当在通长走道上嵌门框时，应拉通长麻线，以便控制门框面位于同一平面内，保持门框锯角线高度的一致性。

(2)将修刨好的门窗扇，用木楔临时立于门窗框中，排好缝隙后画出铰链位置。铰链位置距上、下边的距离宜是门扇宽度的1/10，这个位置对铰链受力比较有利，又可避开榫头。然后把扇取下来，用扇铲剔出铰链页槽。铰链页槽应外边浅，里边深，其深度应当是把铰链合上后与框、扇平正为准。剔好铰链槽后，将铰链放入，上下铰链各拧一颗螺丝钉把门窗扇挂上，检查缝隙是否符合要求，扇与框是否齐平，扇能否关住。检查合格后，再把螺丝钉全部上齐。

(3)门窗扇安装后要试验其启闭情况，以开启后能自然停止为好，不能有自开或自关现象。如果发现门窗在高、宽上有短缺，在高度上可将补钉板条钉于下冒头下面，在宽度上可在安装合页一边的梃上补钉板条。为使门窗开关方便，平开扇的上下冒头可刨成斜面。

4. 门窗小五金的安装要求

所有小五金必须用木螺钉固定安装，严禁用钉子代替。使用木螺钉时，先用手锤钉入全长的1/3，接着用螺钉旋具拧入。当木门窗为硬木时，先钻孔径为木螺丝直径0.9倍的孔，孔深为木螺丝全长的2/3，然后再拧入木螺丝。小五金配件应安装齐全、位置适宜、固定可靠。

三、木门窗安装质量检查与验收

1. 一般规定

(1)门窗工程验收时应检查下列文件和记录：

1)门窗工程的施工图、设计说明及其他设计文件；

2)材料的产品合格证书、性能检验报告、进场验收记录和复验报告；

3)特种门及其配件的生产许可文件；

4)隐蔽工程验收记录；

5)施工记录。

(2)门窗工程应对下列材料及其性能指标进行复验：

门窗工程质量
验收标准

1)人造木板门的甲醛释放量；

2)建筑外窗的气密性能、水密性能和抗风压性能。

(3)门窗工程应对下列隐蔽工程项目进行验收：

1)预埋件和锚固件；

2)隐蔽部位的防腐和填嵌处理；

3)高层金属窗防雷连接节点。

(4)门窗安装前，应对门窗洞口尺寸及相邻洞口的位置偏差进行检验。同一类型和规格外门窗洞口垂直、水平方向的位置应对齐，位置允许偏差应符合下列规定：

1)垂直方向的相邻洞口位置允许偏差应为 10 mm；全楼高度小于 30 m 的垂直方向洞口位置允许偏差应为 15 mm，全楼高度不小于 30 m 的垂直方向洞口位置允许偏差应为 20 mm；

2)水平方向的相邻洞口位置允许偏差应为 10 mm；全楼长度小于 30 m 的水平方向洞口位置允许偏差应为 15 mm，全楼长度不小于 30 m 的水平方向洞口位置允许偏差应为 20 mm。

(5)建筑外门窗安装必须牢固。在砌体上安装门窗严禁采用射钉固定。

(6)推拉门窗扇必须牢固，必须安装防脱落装置。

(7)建筑外窗口的防水和排水构造应符合设计要求和国家现行标准的有关规定。

(8)检验批的划分。同一品种、类型和规格的木门窗每 100 樘应划分为一个检验批，不足 100 樘也应划分为一个检验批。

(9)检查数量。木门窗每个检验批应至少抽查 5%，并不得少于 3 樘，不足 3 樘时应全数检查；高层建筑的外窗每个检验批应至少抽查 10%，并不得少于 6 樘，不足 6 樘时应全数检查。

(10)木门窗与砖石砌体、混凝土或抹灰层接触处应进行防腐处理，埋入砌体或混凝土中的木砖应进行防腐处理。

2. 主控项目

(1)木门窗的品种、类型、规格、尺寸、开启方向、安装位置、连接方式及性能应符合设计要求及国家现行标准的有关规定。

检验方法：观察；尺量检查；检查产品合格证书、性能检验报告、进场验收记录和复验报告；检查隐蔽工程验收记录。

(2)木门窗应采用烘干的木材，含水率及饰面质量应符合国家现行标准的有关规定。

检验方法：检查材料进场验收记录、复验报告及性能检验报告。

(3)木门窗的防火、防腐、防虫处理应符合设计要求。

检验方法：观察；检查材料进场验收记录。

(4)木门窗框的安装应牢固。预埋木砖的防腐处理、木门窗框固定点的数量、位置和固定方法应符合设计要求。

检验方法：观察；手扳检查；检查隐蔽工程验收记录和施工记录。

(5)木门窗扇应安装牢固、开关灵活、关闭严密、无倒翘。

检验方法：观察；开启和关闭检查；手扳检查。

(6)木门窗配件的型号、规格和数量应符合设计要求，安装应牢固，位置应正确，功能应满足使用要求。

检验方法：观察；开启和关闭检查；手扳检查。

3. 一般项目

(1)木门窗表面应洁净，不得有刨痕和锤印。

检验方法：观察。

（2）木门窗的割角和拼缝应严密平整。门窗框、扇裁口应顺直，刨面应平整。

检验方法：观察。

（3）木门窗上的槽和孔应边缘整齐，无毛刺。

检验方法：观察。

（4）木门窗与墙体间的缝隙应填嵌饱满。严寒和寒冷地区外门窗（或门窗框）与砌体间的空隙应填充保温材料。

检验方法：轻敲门窗框检查；检查隐蔽工程验收记录和施工记录。

（5）木门窗批水、盖口条、压缝条和密封条安装应顺直，与门窗结合应牢固、严密。

检验方法：观察；手扳检查。

（6）平开木门窗安装的留缝限值、允许偏差和检验方法应符合表6-5的规定。

表6-5 平开木门窗安装的留缝限值、允许偏差和检验方法

项次	项目		留缝限值/mm	允许偏差/mm	检验方法
1	门窗框的正、侧面垂直度		—	2	用1m垂直检测尺检查
2	框与扇接缝高低差		—	1	用塞尺检查
	扇与扇接缝高低差		—	1	
3	门窗扇对口缝		1～4	—	用塞尺检查
4	工业厂房、围墙双扇大门对口缝		2～7	—	
5	门窗扇与上框间留缝		1～3	—	
6	门窗扇与合页侧框间留缝		1～3	—	
7	室外门扇与锁侧框间留缝		1～3	—	
8	门扇与下框间留缝		3～5	—	用塞尺检查
9	窗扇与下框间留缝		1～3	—	
10	双层门窗内外框间距		—	4	用钢直尺检查
11	无下框时门扇与地面间留缝	室外门	4～7	—	用钢直尺或塞尺检查
		室内门	4～8	—	
		卫生间门		—	
		厂房大门	10～20	—	
		围墙大门		—	
12	框与扇搭接宽度	门	—	2	用钢直尺检查
		窗	—	1	用钢直尺检查

第三节 金属门窗安装施工与质量验收

一、铝合金门窗安装施工

（一）铝合金门窗基本构造

铝合金门窗是目前最常见的金属门窗，铝合金门窗由于具有密封、保温、隔声、防尘和装饰效果好等优点，广泛应用于工业与民用等现代建筑。

铝合金门窗是将经过表面处理和涂色的铝合金型材，通过下料、打孔、铣槽、攻丝等工艺制作成门、窗框料和门窗扇构件，再与玻璃、密封件、开闭五金配件等组合装配而形成的门窗。铝合金门窗的基本构造如图 6-6 所示。

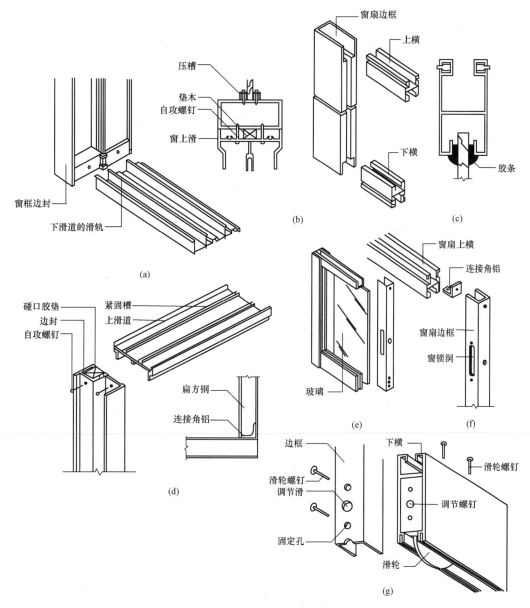

图 6-6 铝合金门窗基本构造

(a)窗框边封与下滑连接；(b)窗扇边框与上、下横连接；(c)玻璃固定与密封；
(d)窗框上滑连接；(e)窗扇及玻璃组装；(f)窗扇上横固定；(g)滑轮安装

(二)铝合金门窗材料质量要求

(1)铝合金门窗框、扇的规格及型号应符合设计的要求，其表面应洁净，不得有油污、划痕。

(2)铝合金门窗安装所用密封材料的类型及特性见表6-6。

表6-6　铝合金门窗安装所用密封材料的类型及特性

序号	类　型	特　性　与　用　途
1	聚氨酯密封膏	高档密封膏中的一种，适用于±25%接缝形变位移部位的密封，价格较便宜
2	聚硫密封膏	高档密封膏中的一种，适用于±25%接缝形变位移部位的密封，价格较硅酮便宜15%～20%，使用寿命可达10年以上
3	硅酮密封膏	高档密封膏中的一种，性能全面，变形能力达50%，高强度、耐高温(−54 ℃～260 ℃)
4	水膨胀密封膏	遇水后膨胀能将缝隙填满
5	密封垫	用于门窗框与外墙板接缝密封
6	膨胀防火密封件	主要用于防火门
7	底衬泡沫条	和密封胶配套使用，在缝隙中能随密封胶形变而形变
8	防污纸质胶带纸	贴于门窗框表面，防嵌缝时污染

(3)铝合金门窗所用五金配件应配套齐全，其质量要求见表6-7。

表6-7　铝合金门窗主要五金件的质量要求

序号	名　称	材　质	牌号或标准代号
1	滑轮壳体、锁扣、自攻螺钉、滑撑	不锈钢	GB/T 3280、QB/T 3888
2	地弹簧	铝合金、铜合金	QB/T 2697、GB 1176
3	执手、插销、撑挡、拉手、窗锁、门锁、滑轮、闭门器	铝合金	QB/T 3886、QB/T 3885、QB/T 3887、QB/T 3889、QB/T 5338、QB/T 3892、QB/T 2698
4	滑轮、铰链垫圈	尼龙	1010(HG2—G69—76)
5	橡胶垫块、密封胶条	三元乙丙橡胶、氯丁橡胶	GB/T 5577
6	窗用弹性密封剂	聚硫密封胶	JC/T 485
7	中空玻璃用弹性密封剂	聚硫密封胶	
8	型材构件连接、玻璃镶嵌结构密封胶	结构硅酮胶	MF881(双组分)MF899(单组分)
9	黏结密封及耐候性防水密封	耐候硅酮胶	MF889
10	门窗框周边缝隙填料	PU 发泡剂	

(三)铝合金门窗安装要求

铝合金门窗安装工艺流程：预埋件安装→划线定位→门窗框就位→门窗框固定→门窗框与墙体缝隙的处理→门窗扇安装→玻璃安装→五金配件安装。

1. 预埋件安装

门窗洞口预埋件，一般在土建结构施工时安装，但门窗框安装前，安装人员应配合土建对门窗洞口尺寸进行复查。洞口预埋铁件的间距必须与门窗框上设置的连接件配套。门窗框上铁脚间距一般为500 mm；设置在框转角处的铁脚位置，距离窗转角边缘100～200 mm。门窗洞口墙体厚度方向的预埋铁件中心线如设计无规定时，距内墙面：38～60系列为100 mm，90～100系列为150 mm。

2. 划线定位

铝合金门窗安装前，应根据设计图样中门窗的安装位置、尺寸和标高，依据门窗中线向两边量出门窗边线。若为多层或高层建筑时，以顶层门窗边线为准，用线坠或经纬仪将门窗边线下引，并在各层门窗口处划线标记，对个别不直的口边应剔凿处理。对于门，除按上述方法确定位置外，还要特别注意室内地面的标高。地弹簧的表面，应该与室内地面饰面标高一致。同一立面的门窗的水平及垂直方向应该做到整齐一致。

3. 门窗框就位

按照弹线位置将门窗框立于洞内，将正面及侧面垂直度、水平度和对角线调整合格后，用对技木楔做临时固定。木楔应垫在边、横框能够受力的部位，以防止铝合金框料由于被挤压而变形。

4. 门窗框固定

铝合金门窗框与墙体的固定方法主要有以下三种：

(1)将门窗框上的拉接件与洞口墙体的预埋钢板或剔出的结构钢筋(非主筋)焊接牢固。

(2)用射钉枪将门窗框上的拉接件与洞口墙体固定。

(3)沿门窗框外侧墙体用电锤打孔，孔径为6 mm，孔深为60 mm，然后将 ⌐ 形的直径为6 mm，长度为40～60 mm的钢筋强力砸入孔中，再将其与门窗框侧面的拉接件(钢板)焊接牢固。

5. 门窗框与墙体缝隙的处理

固定好门窗框后，应检查平整及垂直度，洒水润湿基层，用1∶2水泥砂浆将洞口与框之间的缝隙塞满抹平。框周缝隙宽度宜在20 mm以上，缝隙内分层填入矿棉或玻璃棉毡条等软质材料。框边需留5～8 mm深的槽口，待洞口饰面完成并干燥后，清除槽口内的浮灰渣土，嵌填防水密封胶。

6. 门窗扇安装

铝合金门窗扇的安装，需在土建施工基本完成的条件下进行，以保护其免遭损伤。框装扇必须保证框扇立面在同一平面内，就位准确，启闭灵活。平开窗的窗扇安装前，先固定窗铰，然后再将窗铰与窗扇固定。推拉门窗应在门窗扇拼装时于其下横底槽中装好滑轮，注意使滑轮框上有调节螺钉的一面向外，该面与下横端头边平齐。对于规格较大的铝合金门扇，当其单扇框宽度超过900 mm时，在门扇框下横料中需采取加固措施，通常的做法是穿入一条两端带螺纹的钢条。安装时应注意要在地弹簧连杆与下横安装完毕后再进行，也不得妨碍地弹簧座的对接。

7. 玻璃安装

玻璃安装前，应先清扫槽框内的杂物，排水小孔要清理通畅。如果玻璃单块尺寸较小，可用双手夹住就位。如一般平开窗，多用此办法。大块玻璃安装前，槽底要加胶垫，胶垫距竖向玻璃边缘应大于150 mm。玻璃就位后，前后面槽用胶块垫实，留缝均匀，再扣槽压板，然后用胶轮将硅酮系列密封胶挤入溜实或用橡胶条压入挤严封固。

玻璃安装完毕，应统一进行安装质量检查，确认符合安装精度要求时，将型材表面的胶纸保护层撕掉。如果发现型材表面局部胶迹，应清理干净，玻璃也要随之擦拭明亮、光洁。

8. 五金配件安装

铝合金门窗五金配件与门窗连接可使用镀锌螺钉。五金配件的安装应结实牢固，使用灵活。

二、钢门窗安装施工

1. 钢门窗材料质量要求

(1)各种门窗用材料应符合现行国家标准、行业标准的有关规定，其具体要求参见《钢门窗》

（GB/T 20909—2017）的相关规定。

（2）钢门窗的型材和板材。

1）钢门窗所用的型材应符合下列规定：

①彩色涂层钢板门窗型材应符合《彩色涂层钢板及钢带》（GB/T 12754—2019）和《建筑用钢门窗型材》（JG/T 115—2018）的规定；

②使用碳素结构钢冷轧钢带制作的钢门窗型材，材质应符合《碳素结构钢冷轧钢带》（GB 716—1991）的规定，型材壁厚不应小于 1.2 mm；

③使用镀锌钢带制作的钢门窗型材材质应符合《连续热镀锌钢板及钢带》（GB/T 2518—2008）的规定，型材壁厚不应小于 1.2 mm；

④不锈钢门窗型材应符合《建筑用钢门窗型材》（JG/T 115—2018）的规定。

2）使用板材制作的门，门框板材厚度不应小于 1.5 mm，门扇面板厚度不应小于 0.6 mm，具有防盗、防火等要求的，应符合相关标准的规定。

（3）钢门窗对所用玻璃的要求。钢门窗应根据功能要求选用玻璃。玻璃的厚度、面积等应经过计算确定，计算方法按《建筑玻璃应用技术规程》（JGJ 113—2015）中的规定。

（4）钢门窗对所用密封材料的要求。钢门窗所用密封材料应按功能要求选用，并应符合《建筑门窗、幕墙用密封胶条》（GB/T 24498—2009）及相关标准的规定。

（5）钢门窗所用的启闭五金件、连接插接件、紧固件、加强板等配件，应按功能要求选用。配件的材料性能应与门窗的要求相适应。

2. 钢门窗安装要求

钢门窗安装工艺流程：划线定位→钢门窗就位→钢门窗固定→五金配件安装。

（1）划线定位。钢门窗的划线定位可按以下方法和要求进行：

1）图纸中门窗的安装位置、尺寸和标高，以门窗中线为准向两边量出门窗边线。如果工程为多层或高层时，以顶层门窗安装位置线为准，用线坠或经纬仪将顶层分出的门窗边线标划到各楼层相应位置。

2）从各楼层室内＋50 cm 水平线量出门窗的水平安装线。

3）依据门窗的边线和水平安装线，做好各楼层门窗的安装标记。

（2）钢门窗就位。钢门窗的就位可按以下方法和要求进行：

1）按图纸中要求的型号、规格及开启方向等，将所需要的钢门窗搬运到安装地点，并垫靠稳当。

2）将钢门窗立于图纸要求的安装位置，用木楔临时固定，将其铁脚插入预留孔中，然后根据门窗边线、水平线及距离外墙皮的尺寸进行支垫，并用托线板靠紧吊垂直。

3）钢门窗就位时，应保证钢门窗上框距过梁要有 20 mm 缝隙，框的左右缝隙宽度应一致，距离外墙皮尺寸符合图纸要求。

（3）钢门窗固定。钢门窗的固定可按以下方法和要求进行：

1）钢门窗就位后，校正其水平和正、侧面垂直，然后将上框铁脚与过梁预埋件焊牢。将框两侧铁脚插入预留孔内，用水把预留孔内湿润，用 1∶2 较硬的水泥砂浆或 C20 细石混凝土将其填实后抹平。终凝前不得碰动框扇。

2）3 d 后取出四周木楔，用 1∶2 水泥砂浆把框与墙之间的缝隙填实，与框的平面抹平。

3）若为钢大门时，应将合页焊到墙中的预埋件上。要求每侧预埋件必须在同一垂直线上，两侧对应的预埋件必须在同一水平位置上。

（4）五金配件的安装。五金配件的安装可按以下方法和要求进行。

1)检查窗扇开启是否灵活，关闭是否严密，如有问题必须调整后再安装。

2)在开关零件的螺孔处配置合适的螺栓，将螺栓拧紧。当螺栓拧不进去时，检查孔内是否有多余物。若有多余物，将其剔除后再拧紧螺栓。当螺栓与螺孔位置不吻合时，可略挪动位置，重新攻丝后再安装。

3)钢门锁的安装，应按说明书及施工图要求进行，安装完毕后锁的开关应非常灵活。

三、涂色镀锌钢板门窗施工

1. 涂色镀锌钢板门窗对材料的要求

(1)型材原材料应为建筑门窗外用涂色镀锌钢板，涂膜材料为外用聚酯，基材类型为镀锌平整钢带，其技术性能要求应符合《彩色涂层钢板及钢带》(GB/T 12754—2019)的相关规定。

(2)涂色镀锌钢板门窗所用的五金配件，应当与门窗的型号相匹配，并应采用五金喷塑铰链。

(3)涂色镀锌钢板门窗密封采用橡胶密封胶条，断面尺寸和形状均应符合设计要求。门窗的橡胶密封胶条安装后，接头要严密，表面要平整，玻璃密封条不存在咬边缘的现象。

(4)涂色镀锌钢板门窗表面漆膜应坚固、均匀、光滑，经盐雾试验 480 h 无起泡和锈蚀现象。相邻构件漆膜不应有明显色差。

(5)涂色镀锌钢板门窗的外形尺寸允许偏差应符合表 6-8 中的规定。

表 6-8　涂色镀锌钢板门窗的外形尺寸允许偏差

项目	门窗等级	允许偏差/mm		项目	门窗等级	允许偏差/mm	
		≤1 500 mm	>1 500 mm			≤2 000 mm	>2 000 mm
宽度 B 和高度 H	I	+2.0，−1.0	+3.0，−1.0	对角线长度 L	I	≤4	≤5
	II	+2.5，−1.0	+3.5，−1.0		II	≤5	≤6
搭接量	≥8			≥6，<8			
等级	I		II	I		II	
允许偏差/mm	±2.0		±3.0	±1.5		±2.5	

(6)涂色镀锌钢板门窗的连接与外观应满足下列要求：

1)门窗框、扇四角处交角的缝隙不应大于 0.5 mm，平开门窗缝隙处应用密封膏密封严密，不应出现透光现象。

2)门窗框、扇四角处交角同一平面高低差不应大于 0.3 mm。

3)门窗框、扇四角组装应牢固，不应有松动、锤击痕迹、破裂及加工变形等缺陷。

4)门窗的各种零附件位置应准确，安装应牢固；门窗启闭灵活，不应有阻滞、回弹等缺陷，并应满足使用功能要求。平开窗的分格尺寸允许偏差为±2 mm。

5)门窗装饰表面涂层不应有明显脱漆、裂纹，每樘门窗装饰表面局部擦伤、划伤等级应符合表 6-9 中的规定，并对所有缺陷进行修补。

表 6-9　每樘门窗装饰表面局部擦伤、划伤等级

项目	等级		项目	等级	
	I	II		I	II
擦伤划伤深度	不大于面漆厚度	不大于底漆厚度	每处擦伤面积/mm²	≤100	≤150
擦伤总面积/mm²	≤500	≤1 000	划伤总长度/mm	≤100	≤150

(7)涂色镀锌钢板门窗的抗风压性能、空气渗透性能及雨水渗透性能应符合表 6-10 和表 6-11 的规定。

表 6-10　涂色镀锌钢板窗的抗风压性能、空气渗透性能及雨水渗透性能

开启方式	等级	抗风压性能/Pa	空气渗透性能/[m³/(m² · h)]	雨水渗透性能/Pa
平开	I	≥3 000	≤0.5	≥350
	II	≥2 000	≤1.5	≥250
推拉	I	≥2 000	≤1.5	≥250
	II	≥1 500	≤2.5	≥150

表 6-11　涂色镀锌钢板门的抗风压性能、空气渗透性能及雨水渗透性能

开启方式	等级	抗风压性能/Pa	空气渗透性能/[m³/(m² · h)]	雨水渗透性能/Pa
平开	I	≥3 500	≤0.5	≥500
	II	≥3 000	≤1.5	≥350
	III	≥2 500	≤2.5	≥250

(8)所用焊条的型号和规格,应根据施焊铁件的材质和厚度确定,并应有产品出厂合格证。

(9)建筑密封膏或密封胶以及嵌缝材料,其品种、性能应符合设计和现行国家或行业标准的规定。

(10)水泥采用 32.5 级以上的普通硅酸盐水泥或矿渣硅酸盐水泥,进场时应有材料合格证明文件,并应进行现场取样检测。砂子应选用干净的中砂,含泥量不得大于 3%,并用 5 mm 的方孔筛子过筛备用。

(11)安装用的膨胀螺栓或射钉、塑料垫片、自攻螺钉等,应当符合设计和有关标准的规定。

2. 涂色镀锌钢板门窗施工要求

涂色镀锌钢板门窗安装流程:涂色镀锌钢板门窗进场验收→门窗洞口尺寸、位置、预埋件核查与验收→弹出门窗安装线→门窗就位、找平、找直、找方正→连接并固定门窗→塞缝密封→清理、验收。

(1)门窗洞口尺寸、位置、预埋件核查。

1)涂色镀锌钢板门窗分为带副框门窗和不带副框门窗。一般当室外为饰面板面层装饰时,需要安装副框。室外墙面为普通抹灰和涂料罩面时,采用直接与墙体固定的方法,可以不安装副框。

2)对于带副框的门窗应在洞口抹灰前将副框安装就位,并与预埋件连接固定。

3)对于不带副框的门窗,一般是先进行洞口抹灰,抹灰完成并具有一定的强度后,再用冲击钻打孔,用膨胀螺栓将门窗框与洞口墙体固定。

4)带副框门窗与不带副框门窗对洞口条件的要求是不同的:带副框门窗应根据到现场门窗的副框实际尺寸及连接位置,核查洞口尺寸和预埋件的位置及数量;而对于不带副框门窗,洞口抹灰后预留的净空尺寸必须准确。所以,要求必须待门窗进场后测量其实际尺寸,并按此实际尺寸对洞口弹安装线后,方可进行洞口的先行抹灰。

(2)弹出门窗的安装线。

1)先在顶层找出门窗的边线,用质量为 2 kg 的线锤将门窗的边线引到楼房各层,并在每层门窗口处划线、标注,对个别不直的洞口边要进行处理。

2)高层建筑应根据层数的具体情况，可利用经纬仪引垂直线。

3)门窗洞口的标高尺寸，应以楼层＋500 mm 水平线为准往上反，找出窗下皮的安装标高及门洞顶标高位置。

（3）门窗安装就位。

1)对照施工图纸上各门窗洞口位置及门窗编号，将准备安装的门窗运至安装位置洞口处，注意核对门窗的规格、类型、开启方向。

2)对于带副框的门窗，安装分两步进行：在洞口及外墙做装饰面打底面，将副框安装好；待外墙面及洞口的饰面完工并清理干净后，再安装门窗的外框和扇。

（4）带副框门窗的安装。

1)按门窗图纸尺寸在工厂组装好副框，按安装顺序运至施工现场，用 M5×12 的自攻螺栓将连接件铆固在副框上。

2)将副框安装于洞口并与安装位置线齐平，用木楔进行临时固定，然后校正副框的正、侧面垂直度及对角线长度无误后，将其用木楔固定牢固。

3)经过再次校核准确无误后，将副框的连接件，逐个采用电焊方法焊牢在门窗洞口的预埋铁件上。

4)副框的固定作业完成后，填塞密封副框的四周缝隙，并及时将副框四周清理干净。

5)在副框与门窗外框接触的顶面、侧面贴上密封胶条，将门窗装入副框内，适当进行调整后，用 M5×12 的自攻螺栓将门窗外框与副框连接牢固，并扣上孔盖；在安装推拉窗时，还应调整好滑块。

6)副框与外框、外框与门窗之间的缝隙，应用密封胶充填密实。最后揭去型材表面的保护膜层，并将表面清理干净。

（5）不带副框门窗的安装。

1)根据到场门窗的实际尺寸，进行规方、找平、找方正洞口。要求洞口抹灰后的尺寸尽可能准确，其偏差控制在＋8.0 mm 范围内。

2)按照设计图的位置，在洞口侧壁弹出门窗安装位置线。

3)按照门窗外框上膨胀螺栓的位置，在洞口相应位置的墙体上钻安装膨胀螺栓的孔。

4)将门窗安装在洞口的安装线上，调整门窗的垂直度、标高及对角线长度合格后用木楔临时固定。

5)经检查门窗的位置、垂直度、标高等无误后，用膨胀螺栓将门窗与洞口固定，然后盖上螺钉盖。

门窗与洞口之间的缝隙，按设计要求的材料进行充填密封，表面用建筑密封胶密封。最后揭去型材表面的保护膜层，并将表面清理干净。

四、金属门窗安装质量检查与验收

1. 一般规定

（1）～（7）条参见"木门窗安装质量检查与验收"相关内容。

（8）检验批的划分：同一品种、类型和规格的金属门窗每 100 樘应划分为一个检验批，不足 100 樘也应划分为一个检验批。

（9）检查数量。金属门窗每个检验批应至少抽查 5%，并不得少于 3 樘，不足 3 樘时应全数检查；高层建筑的外窗每个检验批应至少抽查 10%，并不得少于 6 樘，不足 6 樘时应全数检查。

（10）金属门窗安装应采用预留洞口的方法施工。

(11)当金属窗为组合窗时，其拼樘料的尺寸、规格、壁厚应符合设计要求。

2. 主控项目

(1)金属门窗的品种、类型、规格、尺寸、性能、开启方向、安装位置、连接方式及门窗的型材壁厚应符合设计要求及国家现行标准的有关规定。金属门窗的防雷、防腐处理及填嵌、密封处理应符合设计要求。

检验方法：观察；尺量检查；检查产品合格证书、性能检验报告、进场验收记录和复验报告；检查隐蔽工程验收记录。

(2)金属门窗框和附框的安装应牢固。预埋件及锚固件的数量、位置、埋设方式、与框的连接方式应符合设计要求。

检验方法：手扳检查；检查隐蔽工程验收记录。

(3)金属门窗扇应安装牢固、开关灵活、关闭严密、无倒翘。推拉门窗扇应安装防止扇脱落的装置。

检验方法：观察；开启和关闭检查；手扳检查。

(4)金属门窗配件的型号、规格、数量应符合设计要求，安装应牢固，位置应正确，功能应满足使用要求。

检验方法：观察；开启和关闭检查；手扳检查。

3. 一般项目

(1)金属门窗表面应洁净、平整、光滑、色泽一致，应无锈蚀、擦伤、划痕和碰伤。漆膜或保护层应连续。型材的表面处理应符合设计要求及国家现行标准的有关规定。

检验方法：观察。

(2)金属门窗推拉门窗扇开关力不应大于 50 N。

检验方法：用测力计检查。

(3)金属门窗框与墙体之间的缝隙应填嵌饱满，并应采用密封胶密封。密封胶表面应光滑、顺直、无裂纹。

检验方法：观察；轻敲门窗框检查；检查隐蔽工程验收记录。

(4)金属门窗扇的密封胶条或密封毛条装配应平整、完好，不得脱槽，交角处应平顺。

检验方法：观察；开启和关闭检查。

(5)排水孔应畅通，位置和数量应符合设计要求。

检验方法：观察。

(6)铝合金门窗安装的允许偏差和检验方法应符合表 6-12 的规定。

表 6-12　铝合金门窗安装的允许偏差和检验方法

项次	项目		允许偏差/mm	检验方法
1	门窗槽口宽度、高度	≤2 000 mm	2	用钢卷尺检查
		>2 000 mm	3	
2	门窗槽口对角线长度差	≤2 500 mm	4	用钢卷尺检查
		>2 500 mm	5	
3	门窗框的正、侧面垂直度		2	用 1 m 垂直检测尺检查
4	门窗横框的水平度		2	用 1 m 水平尺和塞尺检查
5	门窗横框标高		5	用钢卷尺检查

项次	项目		允许偏差/mm	检验方法
6	门窗竖向偏离中心		5	用钢卷尺检查
7	双层门窗内外框间距		4	用钢卷尺检查
8	推拉门窗扇与框搭接宽度	门	2	用钢直尺检查
		窗	1	

（7）钢门窗安装的留缝限值、允许偏差和检验方法应符合表6-13的规定。

表6-13　钢门窗安装的留缝限值、允许偏差和检验方法

项次	项目		留缝限值/mm	允许偏差/mm	检验方法
1	门窗槽口宽度、高度	≤1 500 mm	—	2	用钢卷尺检查
		>1 500 mm	—	3	
2	门窗槽口对角线长度差	≤2 000 mm	—	3	用钢卷尺检查
		>2 000 mm	—	4	
3	门窗框的正、侧面垂直度		—	3	用1 m垂直检测尺检查
4	门窗横框的水平度		—	3	用1 m水平尺和塞尺检查
5	门窗横框标高		—	5	用钢卷尺检查
6	门窗竖向偏离中心		—	4	用钢卷尺检查
7	双层门窗内外框间距		—	5	用钢卷尺检查
8	门窗框、扇配合间隙		≤2	—	用塞尺检查
9	平开门窗框扇搭接	门	≥6	—	用钢直尺检查
		窗	≥4	—	用钢直尺检查
	推拉门窗框扇搭接宽度		≥6	—	用钢直尺检查
10	无下框时门扇与地面间留缝		4~8	—	用塞尺检查

（8）涂色镀锌钢板门窗安装的允许偏差和检验方法应符合表6-14的规定。

表6-14　涂色镀锌钢板门窗安装的允许偏差和检验方法

项次	项目		允许偏差/mm	检验方法
1	门窗槽口宽度、高度	≤1 500 mm	2	用钢卷尺检查
		>1 500 mm	3	
2	门窗槽口对角线长度差	≤2 000 mm	4	用钢卷尺检查
		>2 000 mm	5	
3	门窗框的正、侧面垂直度		3	用1 m垂直检测尺检查
4	门窗横框的水平度		3	用1 m水平尺和塞尺检查
5	门窗横框标高		5	用钢卷尺检查
6	门窗竖向偏离中心		5	用钢卷尺检查
7	双层门窗内外框间距		4	用钢卷尺检查
8	推拉门窗扇与框搭接宽度		2	用钢直尺检查

第四节 塑料门窗安装施工与质量验收

一、塑料门窗的基本构造

塑料门窗的基本构造同铝合金门窗十分相似，也是用各种不同规格、尺寸、断面结构各异、色彩纹理不同的塑料型材，经过断料、搭接、组装成门窗框、扇，再安装而成。塑料窗的基本构造如图 6-7 所示。

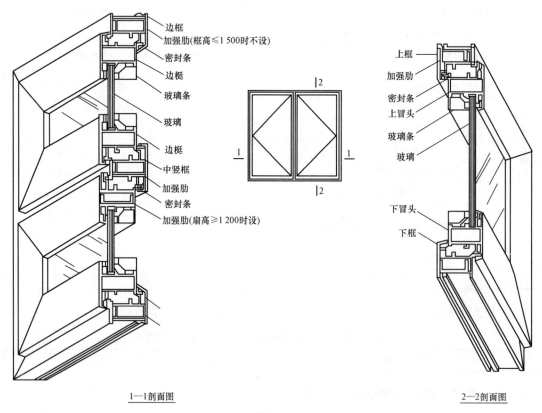

1—1剖面图　　　　　　　　　　　　　　　　　　　　　　2—2剖面图

图 6-7　塑料窗的基本构造

二、塑料门窗材料质量要求

(1)塑料门窗用的异型材、密封条等原材料应符合现行相关标准的有关规定。

(2)塑料门窗采用的坚固件、五金件、增强型钢、金属衬板等的质量应符合下列要求：

1)紧固件、五金件、增强型钢及金属衬板等应进行表面防腐处理。

2)紧固件的镀层金属及其厚度应符合国家标准《紧固件　电镀层》(GB/T 5267.1—2002)的有关规定；紧固件的尺寸、螺纹、公差、十字槽及机械性能等技术条件应符合国家标准《十字槽盘头自攻螺钉》(GB/T 845—2017)、《十字槽沉头自攻螺钉》(GB/T 846—2017)的有关规定。

3)五金件型号、规格和性能应符合国家现行标准的有关规定；滑撑铰链不得使用铝合金材料。

4)全防腐型门窗应采用相应的防腐型五金件及紧固件。

(3)密封材料。塑料门窗与洞口密封所用的嵌缝膏（建筑密封胶），应具有弹性和黏结性。

三、塑料门窗安装施工要求

塑料门窗安装施工工艺流程：施工准备→弹线→固定连接件→门窗框就位→门窗框固定→接缝处理→安装门窗扇→安装玻璃→五金配件安装→清理。

1. 施工准备

(1)检查窗洞口。塑料窗在窗洞口的位置，要求窗框与基体之间需留有 10～20 mm 的间隙。塑料窗组装后的窗框应符合规定尺寸，一方面要符合窗扇的安装，另一方面要符合窗洞尺寸的要求，如窗洞有差距时应进行窗洞修整，待其合格后才可安装窗框。

(2)检查塑料门窗。安装前对运到现场的塑料门窗应检查其品种、规格、开启方式等是否符合设计要求；检查门窗型材有无断裂、开焊和连接不牢固等现象。发现不符合设计要求或被损坏的门窗，应及时进行修复或更换。

2. 弹线

安装塑料门窗时，首先要抄水平，要确保设计在同一标高上的门、窗安装在同一个标高上，确保设计在同一垂直中心线上的门、窗安装在同一垂直线上。

3. 固定连接件

塑料门窗框入洞口之前，先将镀锌的固定钢片按照铰链连接的位置嵌入门窗框的外槽内，也可用自攻螺钉拧固在门窗框上。连接件固定的位置应符合设计间距的要求，若设计上无要求时，可按 500 mm 的间距确定。

4. 门窗框就位

将塑料门窗框上固定铁片旋转 90°与门窗框垂直，注意上、下边的位置及内外朝向，排水孔位置应在门窗框外侧下方，纱窗则应在室内一侧。将门窗框嵌入洞口，吊线取直、找平找正，用木楔调整门窗框垂直度后临时揳紧固定。木楔间距以 600 mm 为宜。

5. 门窗框固定

塑料门窗框的固定方法有三种，即直接固定法、连接件固定法、假框法。

(1)直接固定法，即木砖固定法。窗洞施工时预先埋入防腐木砖，将塑料窗框送入洞口定位后，用木螺钉穿过窗框异型材与木砖连接，从而把窗框与基体固定。对于小型塑料窗，也可采用在基体上钻孔，塞入尼龙胀管，即用螺钉将窗框与基体连接，如图 6-8(a)所示。

(2)连接件固定法。在塑料窗异型材的窗框靠墙一侧的凹槽内或凸出部位，事先安装"之"字形铁件做连接件。塑料窗放入窗洞调整对中后用木楔临时稳固定位，然后将连接铁件的伸出端用射钉或胀铆螺栓固定于洞壁基体，如图 6-8(b)所示。

(3)假框法。先在窗洞口内安装一个与塑料窗框相配的"冂"形镀锌铁皮金属框，然后将塑料窗框固定其上，最后以盖缝条对接缝及边缘部分进行遮盖和装饰。或者是当旧木窗改为塑料窗时，把旧窗框保留，待抹灰饰面完成后即将塑料窗框固定其上，最后加盖封口板条，如图 6-8(c)所示。此做法的优点是可以较好地避免其他施工对塑料窗框的损伤，并能提高塑料窗的安装效率。

6. 接缝处理

由于塑料门窗的膨胀系数较大，所以，门窗框与洞口墙体间必须留出一定宽度的缝隙，以便调节塑料门窗的伸缩变形，一般取 10～20 mm 的缝隙宽度即可。同时，应填充弹性材料进行

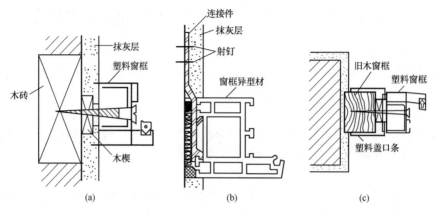

图 6-8　塑料窗框与墙体的连接固定

(a)直接固定法；(b)连接件固定法；(c)假框法

嵌缝。洞口与框之间缝隙两侧表面可根据需要采用不同的材料进行处理，常采用水泥砂浆、麻刀白灰浆填实抹平。如果缝隙小，可直接全部采用密封胶密封。

7. 安装门窗扇

安装平开塑料门窗时，应先剔好框上的铰链槽，再将门、窗扇装入框中，调整扇与框的配合位置，并用铰链将其固定，然后复查开关是否灵活自如。由于推拉塑料门、窗扇与框不连接，因此，对可拆卸的推拉扇，则应先安装好玻璃后再安装门、窗扇。对出厂时框、扇就连在一起的平开塑料门、窗，则可将其直接安装，然后再检查开闭是否灵活自如，如发现问题，应进行必要的调整。

8. 安装玻璃

为塑料门窗扇安装玻璃时，玻璃不得与玻璃槽直接接触，应在玻璃四边垫上不同厚度的玻璃垫块。边框上的玻璃垫块应用聚氯乙烯胶加以固定。将玻璃装入门、窗扇框内，然后用玻璃压条将其固定。

安装双层玻璃时，应在玻璃夹层四周嵌入中隔条，中隔条应保证密封，不变形，不脱落。玻璃槽及玻璃表面应清洁、干燥。安装玻璃压条时可先安装短向压条，后安装长向压条。玻璃压条夹角与密封胶条的夹角应密合。

9. 五金配件安装

塑料门窗安装五金配件时，应先在杆件上钻孔，然后用自攻螺钉拧入。不得在杆件上采取锤击直接钉入。安装门、窗合页时，固定合页的螺栓，应至少穿过塑性型材的两层中空腔壁，或与衬筋连接。在安装塑料门窗时，剔凿的合页槽不可过深，不允许将框边剔透。平开塑料门、窗安装五金时，应给开启扇留一定的吊高。

10. 清理

塑料门窗表面及框槽内黏有水泥砂浆、石灰砂浆等时，应在其凝固前清理干净。塑料门安装好后，可将门扇暂时取下，编号保管，待交工前再安上。塑料门框下部应采取措施加以保护。粉刷门、窗洞口时，应将塑料门、窗表面遮盖严密。在塑料门、窗上一旦沾有污物时，要立即用软布擦拭干净，切忌用硬物刮除。

四、塑料门窗安装质量检查与验收

1. 一般规定

(1)～(7)条参见"木门窗安装质量检查与验收"相关内容。

(8)检验批的划分：同一品种、类型和规格的塑料门窗每100樘应划分为一个检验批，不足100樘也应划分为一个检验批。

(9)检查数量。塑料门窗每个检验批应至少抽查5%，并不得少于3樘，不足3樘时应全数检查；高层建筑的外窗每个检验批应至少抽查10%，并不得少于6樘，不足6樘时应全数检查。

(10)塑料门窗安装应采用预留洞口的方法施工。

(11)当塑料窗为组合窗时，其拼樘料的尺寸、规格、壁厚应符合设计要求。

2. 主控项目

(1)塑料门窗的品种、类型、规格、尺寸、性能、开启方向、安装位置、连接方式和填嵌密封处理应符合设计要求及国家现行标准的有关规定，内衬增强型钢的壁厚及设置应符合现行国家标准《建筑用塑料门》(GB/T 28886—2012)和《建筑用塑料窗》(GB/T 28887—2012)的规定。

检验方法：观察；尺量检查；检查产品合格证书、性能检验报告、进场验收记录和复验报告；检查隐蔽工程验收记录。

(2)塑料门窗框、附框和扇的安装应牢固。固定片或膨胀螺栓的数量与位置应正确，连接方式应符合设计要求。固定点应距窗角、中横框、中竖框150～200 mm，固定点间距不应大于600 mm。

检验方法：观察；手扳检查；尺量检查；检查隐蔽工程验收记录。

(3)塑料组合门窗使用的拼樘料截面尺寸及内衬增强型钢的形状和壁厚应符合设计要求。承受风荷载的拼樘料应采用与其内腔紧密吻合的增强型钢作为内衬，其两端应与洞口固定牢固。窗框应与拼樘料连接紧密，固定点间距不应大于600 mm。

检验方法：观察；手扳检查；尺量检查；吸铁石检查；检查进场验收记录。

(4)窗框与洞口之间的伸缩缝内应采用聚氨酯发泡胶填充，发泡胶填充应均匀、密实。发泡胶成型后不宜切割。表面应采用密封胶密封。密封胶应黏结牢固，表面应光滑、顺直、无裂纹。

检验方法：观察；检查隐蔽工程验收记录。

(5)滑撑铰链的安装应牢固，紧固螺钉应使用不锈钢材质。螺钉与框扇连接处应进行防水密封处理。

检验方法：观察；手扳检查；检查隐蔽工程验收记录。

(6)推拉门窗扇应安装防止扇脱落的装置。

检验方法：观察。

(7)门窗扇关闭应严密，开关应灵活。

检验方法：观察；尺量检查；开启和关闭检查。

(8)塑料门窗配件的型号、规格和数量应符合设计要求，安装应牢固，位置应正确，使用应灵活，功能应满足各自使用要求。平开窗扇高度大于900 mm时，窗扇锁闭点不应少于2个。

检验方法：观察；手扳检查；尺量检查。

3. 一般项目

(1)安装后的门窗关闭时，密封面上的密封条应处于压缩状态，密封层数应符合设计要求。密封条应连续完整，装配后应均匀、牢固，应无脱槽、收缩和虚压等现象；密封条接口应严密，且应位于窗的上方。

检验方法：观察。

(2)塑料门窗扇的开关力应符合下列规定：

1)平开门窗扇平铰链的开关力不应大于80 N；滑撑铰链的开关力不应大于80 N，并不应小于30 N；

2)推拉门窗扇的开关力不应大于 100 N。

检验方法：观察；用测力计检查。

(3)门窗表面应洁净、平整、光滑，颜色应均匀一致。可视面应无划痕、碰伤等缺陷，门窗不得有焊角开裂和型材断裂等现象。

检验方法：观察。

(4)旋转窗间隙应均匀。

检验方法：观察。

(5)排水孔应畅通，位置和数量应符合设计要求。

检验方法：观察。

(6)塑料门窗安装的允许偏差和检验方法应符合表 6-15 的规定。

表 6-15　塑料门窗安装的允许偏差和检验方法

项次	项目		允许偏差/mm	检验方法
1	门、窗框外形(高、宽)尺寸长度差	≤1 500 mm	2	用钢卷尺检查
		>1 500 mm	3	
2	门、窗框两对角线长度差	≤2 000 mm	3	用钢卷尺检查
		>2 000 mm	5	
3	门、窗框(含拼樘料)正、侧面垂直度		3	用 1 m 垂直检测尺检查
4	门、窗框(含拼樘料)水平度		3	用 1 m 水平尺和塞尺检查
5	门、窗下横框的标高		5	用钢卷尺检查，与基准线比较
6	门、窗竖向偏离中心		5	用钢卷尺检查
7	双层门、窗内外框间距		4	用钢卷尺检查
8	平开门窗及上悬、下悬、中悬窗	门、窗扇与框搭接宽度	2	用深度尺或钢直尺检查
		同樘门、窗相邻扇的水平高度差	2	用靠尺和钢直尺检查
		门、窗框扇四周的配合间隙	1	用楔形塞尺检查
9	推拉门窗	门、窗扇与框搭接宽度	2	用深度尺或钢直尺检查
		门、窗扇与框或相邻扇立边平行度	2	用钢直尺检查
10	组合门窗	平整度	3	用 2 m 靠尺和钢直尺检查
		缝直线度	3	用 2 m 靠尺和钢直尺检查

第五节　特种门安装施工与质量验收

特种门是建筑中为满足某些特殊要求而设置的门，它们具有一般普通门所不具备的特殊功能。常见的有防火门、防盗门、自动门、全玻门、旋转门等。

一、防火门安装施工

防火门是为适应高层建筑防火要求而发展起来的一种新型门，主要用于大型公共建筑和高层建筑。防火门按材质不同可分为钢质防火门、木质防火门和复合玻璃防火门三类。

1. 防火门的基本构造

(1)钢质防火门的基本构造如图 6-9 所示。

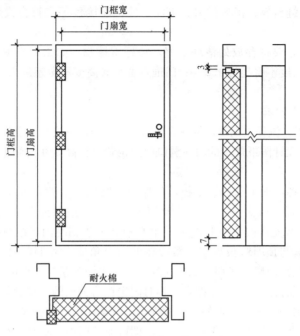

图 6-9　钢质防火门基本构造

(2)木质防火门的基本构造如图 6-10 所示。

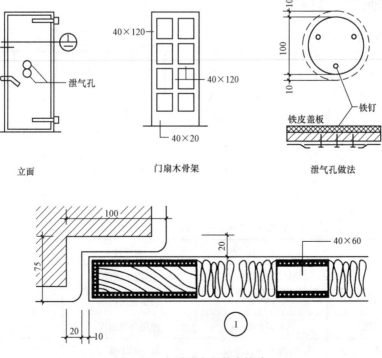

图 6-10　木质防火门基本构造

2. 防火门材料质量要求

(1)防火门的规格、型号应符合设计要求，且经过消防部门鉴定和批准，五金配件配套齐全，并具有生产许可证、产品合格证和性能检测报告。

(2)防腐材料、填缝材料、密封材料、水泥、砂、连接板等应符合设计要求和有关标准的规定。

(3)防火门码放前，要将存放处清理平整，垫好支撑物。如果门有编号，要根据编号码放好；码放时面板叠放高度不得超过 1.2 m；门框重叠平放高度不得超过 1.5 m；要有防晒、防风及防雨措施。

3. 防火门安装施工要求

防火门安装施工工艺流程：划线定位→立门框→安装门扇→安装五金配件及其他附件→清理。

(1)划线定位。按设计图纸规定的门在洞口内的位置、标高，在门洞上弹出门框的位置线和标高线。

(2)立门框。先拆掉门框下部的固定板，凡框内高度比门扇的高度大于 30 mm 者，洞口两侧地面需留设凹槽。门框一般埋入±0.00 标高以下 20 mm，应保证框口上下尺寸相同，允许误差小于 1.5 mm，对角线允许误差小于 2 mm。将门框用木楔临时固定在洞口内，经校正合格后，固定木楔，将门框铁脚与预埋铁板焊牢。然后在框两上角墙上开洞，向框内灌注 M10 水泥素浆，待其凝固后方可装配门扇，冬期施工应注意防寒，水泥素浆浇筑后的养护期为 21 d。

(3)安装门扇。安装门扇时，可先把合页临时固定在防火门的门扇合页槽内，然后将门扇塞入门框内，将合页的另一页嵌入门框的合页槽内，经调整无误后，拧紧固定合页的全部螺栓。

(4)安装五金配件及其他附件。粉刷完毕后，即可安装门窗、五金配件及有关防火装置。门扇关闭后，门缝应均匀平整，开启自由轻便，不得有过紧、过松和反弹现象。

(5)清理。防火门安装完毕，交工前应撕去门框、门扇表面的保护膜或保护胶纸，擦去污物。

二、自动门安装施工

1. 自动门的基本构造

自动门结构精巧、布局紧凑、运行噪声小、开闭平稳、有遇障碍时自动停机功能，安全可靠，主要用于人流量大、出入频繁的公共建筑，自动门按扇形分为两扇形、四扇形、六扇形三类，其基本构造如图 6-11 所示。

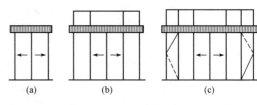

图 6-11　自动门扇形示意

(a)两扇形；(b)四扇形；(c)六扇形

2. 自动门材料质量要求

(1)微波自动门。微波自动门是近年来发展的一种新型金属自动门，其传感系统采用微波感应方式。现在一般使用微波中分式感应门，型号为 ZM—E_2，其主要技术指标见表 6-16。

表 6-16　ZM—E_2 型自动门主要技术指标

项　目	指　标	项　目	指　标
电　源	AC 220 V/50 Hz	感应灵敏度	现场调节至用户需要
功　耗	150 W	报警延时时间	10～15 s
门速调节范围	0～350 mm/s	使用环境温度	−20 ℃～+40 ℃
微波感应范围	门前 1.5～4.0 m	断电时手推力	<10 N

（2）感应式自动门。感应式自动门以铝合金型材制作而成，其感应系统采用电磁感应的方式，具有外观新颖、结构精巧、运行噪声小、功耗低、启动灵活、可靠、节能等特点。感应式自动门的品种与规格见表6-17。

表6-17　感应式自动门的品种与规格

品　名	规　格/mm	品　名	规　格/mm
LZM型自动门	宽度：760～1 200 高度：单扇 1 520～2 400 双扇 3 040～4 800	100系列铝合金自动门	2 400×950
		感应自动门	—

3. 自动门安装施工要求

自动门安装施工工艺流程：测量放线→地面导向轨道安装→横梁安装→将机箱固定在横梁→门扇安装→安装调整测试→机箱饰面板安装→检查清理。

（1）测量放线。准确测量室内、外地坪标高。按设计图纸尺寸复核土建预埋件等的位置。

（2）地面导向轨道安装。铝合金自动门和全玻璃自动门地面上装有导向性下轨道。异型钢管自动门无下轨道。有下轨道的自动门土建做地坪时，需在地面上预埋50～75 mm的方木条一根。自动门安装时，撬出方木条便可埋设下轨道，下轨道长度为开启门宽的两倍。自动门下轨道埋设如图6-12所示。

（3）横梁安装。自动门上部机箱层主梁安装是安装中的重要环节。由于机箱内装有机械及电控装置，因此，对支承梁的土建支承结构有一定的强度及稳定性要求。常用的有两种支承节点，如图6-13所示，一般砖结构宜采用图6-13(a)所示的形式，混凝土结构宜采用图6-13(b)所示的形式。

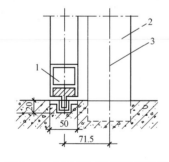

图6-12　自动门下轨道埋设示意

1—自动门扇下帽；2—门柱；3—门柱中心线

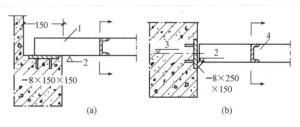

图6-13　机箱横梁支承节点

1—机箱层横梁(18号槽钢)；2—门扇高度；
3—门扇高度＋90 mm；4—18号槽钢

（4）安装调整测试。自动门安装完毕后，对探测传感系统和机电装置应进行反复多次调试，直至感应灵敏度、探测距离、开闭速度等指标完全达到要求为止。

（5）机箱饰面板安装。横梁上机箱和机械传动装置等安装调试好后用饰面板将结构和设备包装起来。

（6）检查清理。自动门经调试各项技术性能满足要求后，应对安装施工现场进行全面清理，以便交工验收。

三、金属转门安装施工

1. 金属转门的基本构造

金属转门采用合成橡胶密封固定门扇及转壁上的玻璃，具有良好的密闭、抗震和耐老化性能，广泛应用于高档宾馆、饭店等公共建筑中。其基本构造如图 6-14 所示。

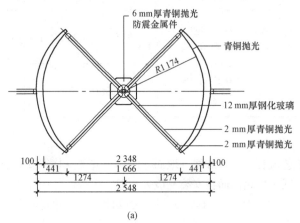

(a)

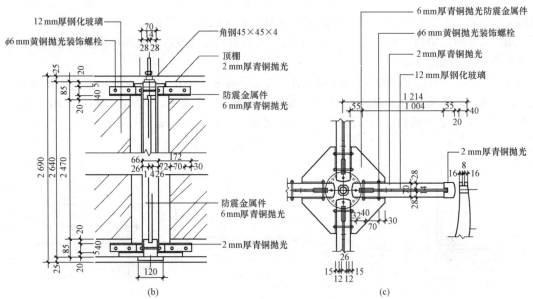

(b)　　(c)

图 6-14　金属转门基本构造

(a)平面图；(b)剖面图；(c)平剖详图

2. 金属转门材料质量要求

金属转门分为钢质和铝合金两种型材结构。钢质结构是采用优质碳素结构钢无缝异型管冷拉成各种类型的转门、转壁框架，然后饰面油漆而成；铝合金结构是将铝、镁、硅合金挤压成型，经阳极氧化成古铜、银白等颜色而成。

金属转门的常规规格见表 6-18。

表 6-18　金属转门的常规规格　　　　　　　　　　　　　mm

立 面 形 状	基 本 尺 寸		
	$B \times A_1$	B_1	A_2
	1 800×2 200	1 200	130
	1 800×2 400	1 200	130
	2 000×2 200	1 300	130
	2 000×2 400	1 300	120

3. 金属转门安装施工要求

金属转门安装流程：检查各类零部件→装转轴、固定底座→安装圆门顶与转壁→安装门扇→调整转壁位置→固定门壁→安装玻璃→喷涂涂料。

(1)检查各类零部件。开箱后，检查各类零部件是否正常，门樘外形尺寸是否符合门洞口尺寸，以及转壁位置、预埋件位置和数量是否正常。

(2)装转轴、固定底座。底座下要垫实，不允许出现下沉，临时点焊上轴承座，使转轴垂直于地平面。

(3)安装圆门顶、转壁与门扇。转壁不允许预先固定，便于调整与活扇的间隙；装门扇时，要求保持90°夹角，旋转转门，保证上下间隙。

(4)调整转壁位置。调整转壁位置，以保证门扇与转壁之间有合适的间隙。

(5)固定门壁。先焊上轴承座，用混凝土固定底座，埋插销下壳固定转壁。

(6)安装玻璃。门扇上的玻璃必须安装牢固，不得有松动现象。

(7)喷涂涂料。钢质转门安装完毕后，应喷涂涂料。

四、全玻门安装施工

1. 全玻门的基本构造

全玻门的基本构造如图 6-15 所示。

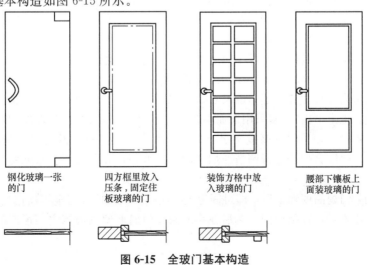

钢化玻璃一张　　四方框里放入　　装饰方格中放　　腰部下镶板上
的门　　　　　压条，固定住　　入玻璃的门　　　面装玻璃的门
　　　　　　　板玻璃的门

图 6-15　全玻门基本构造

2. 全玻门材料质量要求

（1）玻璃。全玻门所用玻璃主要是指 12 mm 以上厚度的玻璃，根据设计要求选好玻璃，并安放在安装位置附近。

（2）金属门框及附件。不锈钢或其他有色金属型材的门框、限位槽及板，都应加工好，准备安装。

（3）辅助材料。如木方、玻璃胶、地弹簧、木螺钉、自攻螺钉等，根据设计要求准备。

3. 全玻门安装施工要求

全玻门安装工艺流程：裁割玻璃→安装玻璃板→注胶封口→玻璃板之间的对接→安装玻璃活动门扇。

（1）裁割玻璃。厚玻璃的安装尺寸应从安装位置的底部、中部和顶部进行测量，选择最小尺寸为玻璃板宽度的切割尺寸。如果在上、中、下测得的尺寸一致，其玻璃宽度的裁割应比实测尺寸小 3～5 mm。玻璃板的高度方向的裁割尺寸，应小于实测尺寸的 3～5 mm。玻璃板裁割后，应将其四周作倒角处理，倒角宽度为 2 mm，如若在现场自行倒角，应手握细砂轮块作缓慢细磨操作，防止崩边崩角。

（2）安装玻璃板。用玻璃吸盘将玻璃板吸紧，然后进行玻璃就位。应先把玻璃板上边插入门框底部的限位槽内，然后将其下边安装于木底托上的不锈钢包面对口缝内。在底托上固定玻璃板的方法为：在底托木方上钉木板条，距离玻璃板面 4 mm 左右；然后在木板条上涂刷胶粘剂，将饰面不锈钢钢板片粘贴在木方上。

（3）注胶封口。玻璃门固定部分的玻璃板就位以后，即在顶部限位槽处和底部的底托固定处以及玻璃板与框柱的对缝处等各缝隙处处注胶密封。具体操作方法如下：

1）将玻璃胶开封后装入打胶枪内，即用胶枪的后压杆端头板顶住玻璃胶罐的底部。

2）用一只手托住胶枪身，另一只手握着注胶压柄不断松压循环地操作压柄，将玻璃胶注于需要封口的缝隙端。由需要注胶的缝隙端头开始，顺缝隙匀速移动，使玻璃胶在缝隙处形成一条均匀的直线。

3）用塑料片刮去多余的玻璃胶，用棉布擦净胶迹。

（4）玻璃板之间的对接。门上固定部分的玻璃板需要对接时，其对接缝应有 2～3 mm 的宽度，玻璃板边部要进行倒角处理。当玻璃块留缝定位并安装稳固后，即将玻璃胶注入其对接的缝隙。

（5）安装玻璃活动门扇。全玻璃活动门扇的结构没有门扇框，门扇的启闭由地弹簧实现，地弹簧与门扇的上下金属横挡进行铰接。玻璃门扇的安装方法及步骤如下：

1）门扇安装。先将地面上的地弹簧和门扇顶面横梁上的定位销安装固定完毕，两者必须在同一装配轴线上，安装时应吊垂线检查，做到准确无误，地弹簧转轴与定位销为同一中心线。

2）画线并连接相应物件。在玻璃门扇的上下金属横挡内画线，按线固定转动销的销孔板和地弹簧的转动轴连接板。具体操作可参照地弹簧产品安装说明。

3）裁割玻璃。玻璃门扇的高度尺寸，在裁割玻璃板时应注意包括插入上下横挡的安装部分。一般情况下，玻璃高度尺寸应小于测量尺寸 5mm 左右，以便于安装时进行定位调节。

4）安装横挡。把上下横挡（多采用镜面不锈钢成型材料）分别装在厚玻璃门扇上下两端，并进行门扇高度的测量。如果门扇高度不足，即其上下边距离门横框及地面的缝隙超过规定值，可在上下横挡内加垫胶合板条进行调节。如果门扇高度超过安装尺寸，只能由专业玻璃工将门扇多余部分裁去。

5）固定横挡。门扇高度确定后，即可固定上下横挡，在玻璃板与金属横挡内的两侧空隙处，由两边同时插入小木条，轻敲稳固，然后在小木条、门扇玻璃及横挡之间形成的缝隙中注入玻璃胶。

6)进行门扇定位安装。先将门框横梁上的定位销本身的调节螺钉调出横梁平面1~2 mm，再将玻璃门扇竖起来，将门扇下横挡内的转动销连接件的孔位对准地弹簧的转动销轴，并转动门扇将孔位套入销轴上。然后把门扇转动90°使之与门框横梁成直角，把门扇上横挡中的转动连接件的孔对准门框横梁上的定位销，将定位销插入孔内15 mm左右(调动定位销上的调节螺钉)。

五、卷帘门安装施工

1. 卷帘门的组成与分类

卷帘门主要由窗板、卷筒体、导轨、电动机传动部分等组成。卷帘门的类型、性能特点及主要技术参数见表6-19。

表6-19　卷帘门的类型、特点及主要技术参数

序号	类型	性能特点	主要技术参数
1	YJM型、DJM型、SJM型卷帘门	卷帘门有普通型、防火型和抗风型。选用合金铝、电化合金铝、镀锌铁板、不锈钢板、钢管及钢筋等制成帘面，传动方式有电动、遥控电动、手动、电动与手动结合四种。其具有造型美观、结构先进、操作简便、坚固耐用、防风、防尘、防火、防盗、占地面积小、安装方便等优点	(1)手动门适用于宽5 m、高3 m以下的门窗，电动门适用于宽2~5 m、高3~8 m的门窗； (2)卷帘门窗升降速度为5~10 m/min； (3)电机功率根据门窗大小配用，范围为250~1 100 W； (4)卷帘片重5~15 kg/m²； (5)横格管帘重9 kg/m²； (6)遥控分为红外线光控、无线电遥控，遥控距离为8~20 m
2	防火卷帘门	防火卷帘门由板条、导轨、卷轴、手动和电动启闭系统等组成。板条选用钢制C型重叠组合结构。其具有结构紧凑、体积小、不占使用面积、造型新颖、刚性强、密封性好等优点	(1)建筑洞口不大于4.5 m×4.8 m(洞口宽×洞口高)的各种规格均可选用； (2)隔烟性能：其空气渗透量为0.24 m³/(min·m²)； (3)隔火选材符合国际耐火标准要求； (4)耐风压可达120 kg/m²级，噪声不大于70 dB； (5)电源：电压380 V、频率50 Hz，控制电源电压220 V
3	SJA型卷帘门	卷帘门由卷面、卷筒、弹簧盒、导轨等部分组成，可电动和手动。其具有结构紧凑、操作简便、坚固耐用、安装方便等优点	
4	铝合金卷帘门	卷帘门传动装置由卷帘弹簧盒、滚珠盒等部件组成。铝合金卷帘门外形美观，结构严密合理，启、闭灵活方便	适合于宽和高均不超过3.3 m、门帘总面积小于12 m²的门洞使用
5	铝合金卷闸	卷闸由帘面、卷筒、弹簧盒、导轨等组成	高度：≤4 000 mm 宽度：不限
6	铝合金卷闸门	有JM-A型、JM-B型、JM-C型等	

2. 卷帘门安装施工要点

各类卷帘门的安装方法大致相同，这里主要以防火卷帘门的安装为例加以说明。

(1)预留洞口。防火卷帘门的洞口尺寸，可根据 3 M 模数制选定。一般洞口宽度不宜大于 5 m，洞口高度也不宜大于 5 m。

(2)安装预埋件。防火卷帘门洞口预埋件的安装如图 6-16 所示。

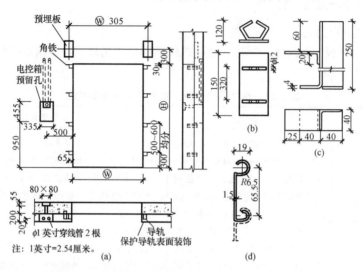

图 6-16 防火卷帘门洞口预埋件安装图

(a)门口预埋件位置；(b)支架预埋铁板；(c)导轨预埋角铁；(d)帘板连接

(3)安装与调试。防火卷帘门安装与调试的程序如下：

1)按设计要求检查卷帘门的规格、尺寸；测量洞口尺寸是否与卷帘门安装需要的尺寸相符；检查导轨、支架的预埋件数量、位置是否正确。

2)在洞口两侧弹出卷帘门导轨的垂线及卷筒的中心线。

3)将垫板电焊在预埋铁板上，用螺栓固定卷筒的左右支架，安装卷筒。卷筒安装后应转动灵活。

4)安装减速器、传动系统和电气控制系统，并空载试车。

5)将事先装配好的帘板安装在卷筒上。

6)安装导轨。按图纸规定位置，将两侧及上方导轨焊牢于墙体预埋件上，并焊成一体，各导轨应在同一垂直平面上。

7)试车。先手动试运行，再用电动机启闭数次，调整至无卡住、阻滞及异常噪声等现象为止。全部调试完毕，安装防护罩。

六、特种门安装质量检查与验收

1. 一般规定

(1)~(7)条参见"木门窗安装质量检查与验收"相关内容。

(8)检验批的划分：同一品种、类型和规格的特种门每 50 樘应划分为一个检验批，不足 50 樘也应划分为一个检验批。

(9)检查数量。特种门每个检验批应至少抽查 50%，并不得少于 10 樘，不足 10 樘时应全数检查。

(10)特种门安装除应符合设计要求外，还应符合国家现行标准的有关规定。

2. 主控项目

(1)特种门的质量和性能应符合设计要求。

检验方法：检查生产许可证、产品合格证书和性能检验报告。

(2)特种门的品种、类型、规格、尺寸、开启方向、安装位置和防腐处理应符合设计要求及国家现行标准的有关规定。

检验方法：观察；尺量检查；检查进场验收记录和隐蔽工程验收记录。

(3)带有机械装置、自动装置或智能化装置的特种门，其机械装置、自动装置或智能化装置的功能应符合设计要求。

检验方法：启动机械装置、自动装置或智能化装置，观察。

(4)特种门的安装应牢固。预埋件及锚固件的数量、位置、埋设方式、与框的连接方式应符合设计要求。

检验方法：观察；手扳检查；检查隐蔽工程验收记录。

(5)特种门的配件应齐全，位置应正确，安装应牢固，功能应满足使用要求和特种门的性能要求。

检验方法：观察；手扳检查；检查产品合格证书、性能检验报告和进场验收记录。

3. 一般项目

(1)特种门的表面装饰应符合设计要求。

检验方法：观察。

(2)特种门的表面应洁净，应无划痕和碰伤。

检验方法：观察。

(3)推拉自动门的感应时间限值和检验方法应符合表 6-20 的规定。

表 6-20　推拉自动门的感应时间限值和检验方法

项次	项目	感应时间限值/s	检验方法
1	开门响应时间	≤0.5	用秒表检查
2	堵门保护延时	16～20	用秒表检查
3	门扇全开启后保持时间	13～17	用秒表检查

(4)人行自动门活动扇在启闭过程中对所要求保护的部位应留有安全间隙。安全间隙应小于 8 mm 或大于 25 mm。

检验方法：用钢直尺检查。

(5)自动门安装的允许偏差和检验方法应符合表 6-21 的规定。

表 6-21　自动门安装的允许偏差和检验方法

项次	项目	允许偏差/mm				检验方法
		推拉自动门	平开自动门	折叠自动门	旋转自动门	
1	上框、平梁水平度	1	1	1	—	用 1 m 水平尺和塞尺检查
2	上框、平梁直线度	2	2	2	—	用钢直尺和塞尺检查
3	立框垂直度	1	1	1	1	用 1 m 垂直检测尺检查
4	导轨和平梁平行度	2	—	2	2	用钢直尺检查
5	门框固定扇内侧对角线尺寸	2	2	2	2	用钢卷尺检查

项次	项目	允许偏差/mm				检验方法
		推拉自动门	平开自动门	折叠自动门	旋转自动门	
6	活动扇与框、横梁、固定扇间隙差	1	1	1	1	用钢直尺检查
7	板材对接接缝平整度	0.3	0.3	0.3	0.3	用 2 m 靠尺和塞尺检查

(6)自动门切断电源，应能手动开启，开启力和检验方法应符合表 6-22 的规定。

表 6-22　自动门手动开启力和检验方法

项次	门的启闭方式	自动开启力/N	检验方法
1	推拉自动门	≤100	
2	平开自动门	≤100(门扇边梃着力点)	用测力计检查
3	折叠自动门	≤100(垂直于门扇折叠处铰链推拉)	
4	旋转自动门	150～300(门扇边梃着力点)	

注：1. 推拉自动门和平开自动门为双扇时，手动开力仅为单扇的测值；

2. 平开自动门在没有风力情况测定；

3. 重叠推拉着力点在门扇前、侧结合部的门扇边缘。

第六节　门窗玻璃安装施工与质量验收

一、门窗玻璃材料要求

(1)建筑装饰工程中使用的玻璃主要有平板玻璃、压花玻璃、钢化玻璃、夹层玻璃、夹丝玻璃等。玻璃安装时，监理员主要检查选用的玻璃是否符合设计要求，抽查玻璃出厂合格证、综合性能检测指标、厚度、颜色等。

(2)油灰是一种油性腻子。安装玻璃用的油灰，可以采购使用，也可以自制，其要求如下：

1)选材：大白要干燥，不得潮湿，油料应使用不含有杂质的熟桐油、鱼油、清油。

2)质量要求：搓捻成细条不断，具有附着力，使玻璃与窗槽连接严密而不脱落。

3)配方：每 100 kg 大白用油量及每 100 m² 玻璃面积油灰用量见表 6-23。

表 6-23　每 100 kg 大白用油量及每 100 m² 玻璃面积油灰用量　　　　　kg

工作项目	每 100 kg 大白用油量			每 100 m² 玻璃面积油灰用量
	清油	熟桐油	鱼油	
木门窗	13.5	3.5 3.5	13.5	80～106

工作项目	每 100 kg 大白用油量			每 100 m² 玻璃面积 油灰用量
	清油	熟桐油	鱼油	
顶棚	12	5 5	12	335
坐底灰	15	5 5	15	

(3)其他材料。

1)橡皮条：有商品供应，可按设计要求的品种、规格进行选用；

2)木压条：由工地加工而成，按设计要求自行制作；小圆钉：有商品供应，可以选购。

3)胶粘剂：胶粘剂用来黏结中空玻璃，常用的有环氧树脂加 701 固化剂和稀释剂配成的环氧胶粘剂，其配合比见表 6-24。

表 6-24　胶粘剂配合比

材料名称	配合比	
	1	2
环氧树脂 701 固化剂 乙二胺 二丁酯 乙辛基醚或二甲苯 瓷粉	100 份 20～25 份 适量	100 份 8～10 份 20 份 适量 50

二、门窗玻璃安装

1. 木门窗玻璃安装

(1)检验、分配玻璃。按建筑物设计所需要的玻璃品种、规格、质量要求及数量进行检验，确认合格后，根据具体尺寸进行裁割，然后按当天所需要的数量进行分配。分配到各安装地点的玻璃，不准堆放在靠近门窗开闭摆动的范围之内和其他不安全的地方，以免损坏玻璃。

(2)清理玻璃槽口。玻璃安装之前，要认真将门窗玻璃槽口(门窗玻璃裁口)清理干净，以保证油灰与槽口能够黏结牢固。

(3)涂底油灰。在门窗框裁口与玻璃底面之间，沿门窗框裁口的全长均匀连续地涂抹一层底油灰，涂抹厚度为 1～3 mm。然后用双手将玻璃就位槽口，推铺平整，轻压玻璃，使部分底油灰挤出槽口，待油灰初凝后，有了一定的强度时，顺槽口的方向，将挤出的底油灰刮平，并清除多余的灰渣。

(4)固定玻璃。木门窗的玻璃一般用 1/2～1/3 的小圆钉固定。钉固时，要沿玻璃四周下钉，注意不要让钉身靠近玻璃。所用钉子的数量每边不准少于一个，若玻璃的边长超过 400 mm 时，每边的钉子不准少于两个，且钉距不宜超过 200 mm。钉完毕后，用手轻敲玻璃，听一下底灰涂抹得是否饱满，若声响不正，应取下玻璃，重新涂抹底灰，进行固定。

(5)抹表面油灰(刮腻子)。表面油灰要软硬适宜，不含有其他杂质和硬颗粒物。涂抹一层后，用油灰刀紧靠槽边，从一角开始向另一个方向刮出斜坡形，然后再向反方向压刮到光滑。

2. 铝合金门窗玻璃安装

（1）玻璃裁划：应根据窗、门扇（固定扇则为框）尺寸计算出的玻璃下料尺寸裁划玻璃。一般要求玻璃侧面及上、下部应与铝材面留出一定的尺寸间隙，以确保玻璃胀缩变形的需要。

（2）玻璃的最大允许面积应符合现行行业标准《建筑玻璃应用技术规程》（JGJ 113—2015）的规定。

（3）玻璃入位：当单块玻璃尺寸较小时，可直接用双手夹住入位；如果单块玻璃尺寸较大时，就需用玻璃吸盘便于玻璃入位安装。

（4）玻璃压条可采用45°或90°接口，安装压条时不得划花接口位，安装后应平整、牢固，贴合紧密，其转角部位拼接处间隙应不大于0.5 mm，不得在一边使用两根或两根以上的玻璃压条。

（5）安装镀膜玻璃时，镀膜面应朝向室内侧；安装中空镀膜玻璃时，镀膜玻璃应安装在室外侧，镀膜面应朝向室内侧，中空玻璃内应保持清洁、干燥、密封。

（6）玻璃密封与固定：玻璃入位后，应及时用胶条固定。密封固定的方法有以下三种：

1）用橡胶条压入玻璃凹槽间隙内，两侧挤紧，表面不用注胶；

2）用橡胶条嵌入凹槽间隙内挤紧玻璃，然后在胶条上表面注上硅酮密封胶；

3）用10 mm长的橡胶块将玻璃两侧挤住定位，然后在凹槽中注入硅酮密封胶。

（7）玻璃应放在凹槽的中间，内、外两侧的间隙应为2～5 mm。间隙过小，会造成密封困难；间隙过大，会造成胶条起不到挤紧、固定玻璃的作用。玻璃的下部应用3～5 mm厚的氯丁橡胶垫块将玻璃垫起，而不能直接坐落在铝材表面上，否则，玻璃会因热应力胀开。

（8）玻璃密封条安装后应平直，无皱曲，起鼓现象，接口严密、平整并经硫化处理；玻璃采用密封胶安装时，胶缝应平滑、整齐，无空隙和断口，注胶宽度不小于5 mm，最小厚度不小于3 mm。

（9）平开窗扇、上悬窗扇、窗固定扇室外侧框与玻璃之间密封胶条处，宜涂抹少量玻璃胶。

3. 塑料门窗玻璃安装

（1）去除附着在玻璃、塑料表面的尘土、油污等污染物及水膜，并将玻璃槽口内的灰浆渣、异物清除干净，畅通排水孔。

（2）玻璃就位，将裁割好的玻璃在塑料框、扇就位，玻璃要摆在凹槽的中间，内外两侧的间隙不少于2 mm，也不得大于5 mm。

（3）用橡胶压条固定。先将橡胶压条嵌入玻璃两侧密封，然后将玻璃挤紧，橡胶压条规格要与凹槽的实际尺寸相符，所嵌的压条要和玻璃、玻璃槽口紧贴，安装不能偏位，不能强行填入压条，防止玻璃因较大的安装压力而严重翘曲。

（4）检查橡胶压条设置的位置是否合适，防止出现排水道受阻，泄水孔堵塞现象。

三、门窗玻璃安装成品保护

门窗玻璃安装成品保护措施具体如下：

（1）已安装好的门窗玻璃，必须设专人负责看管维护，按时开关门窗，尤其在大风天气。

（2）门窗玻璃安装完成后，应随手挂好风钩或插上插销，以防刮风损坏玻璃。

（3）对面积较大、造价昂贵的玻璃，宜在该项工程交工验收前安装，若提前安装，应采取保护措施，以防损伤玻璃。

（4）安装玻璃时，操作人员要加强对窗台及门窗口抹灰等项目成品的保护。

（5）当焊接、切割、喷砂等作业可能损伤玻璃时，应采取措施予以保护，严禁焊接时火花溅到玻璃上。

(6)玻璃安装完成后，应对玻璃与框、扇同时进行清洁工作。严禁用酸性洗涤剂或含研磨粉的去污粉清洗热反射玻璃的镀膜面层。

四、门窗玻璃安装质量检查与验收

1. 一般规定

(1)检验批的划分：同一品种、类型和规格的门窗玻璃每100樘应划分为一个检验批，不足100樘也应划分为一个检验批。

(2)检查数量。门窗玻璃每个检验批应至少抽查5%，并不得少于3樘，不足3樘时应全数检查；高层建筑的外窗每个检验批应至少抽查10%，并不得少于6樘，不足6樘时应全数检查。

(3)门窗安全玻璃的使用应符合现行行业标准《建筑玻璃应用技术规程》(JGJ 113—2015)的规定。

2. 主控项目

(1)玻璃的层数、品种、规格、尺寸、色彩、图案和涂膜朝向应符合设计要求。

检验方法：观察；检查产品合格证书、性能检验报告和进场验收记录。

(2)门窗玻璃裁割尺寸应正确。安装后的玻璃应牢固，不得有裂纹、损伤和松动。

检验方法：观察；轻敲检查。

(3)玻璃的安装方法应符合设计要求。固定玻璃的钉子或钢丝卡的数量、规格应保证玻璃安装牢固。

检验方法：观察；检查施工记录。

(4)镶钉木压条接触玻璃处应与裁口边缘平齐。木压条应互相紧密连接，并应与裁口边缘紧贴，割角应整齐。

检验方法：观察。

(5)密封条与玻璃、玻璃槽口的接触应紧密、平整。密封胶与玻璃、玻璃槽口的边缘应黏结牢固、接缝平齐。

检验方法：观察。

(6)带密封条的玻璃压条，其密封条应与玻璃贴紧，压条与型材之间应无明显缝隙。

检验方法：观察；尺量检查。

3. 一般项目

(1)玻璃表面应洁净，不得有腻子、密封胶和涂料等污渍。中空玻璃内外表面均应洁净，玻璃中空层内不得有灰尘和水蒸气。门窗玻璃不应直接接触型材。

检验方法：观察。

(2)腻子及密封胶应填抹饱满、黏结牢固；腻子及密封胶边缘与裁口应平齐。固定玻璃的卡子不应在腻子表面显露。

检验方法：观察。

(3)密封条不得卷边、脱槽，密封条接缝应粘接。

检验方法：观察。

本章小结

门是人们进出建筑物的通道口，窗是室内采光通风的主要洞口，门窗的种类、形式很多，常见的有木门窗、金属门窗、塑料门窗和特种门。门(窗)主要由门(窗)框、门(窗)扇及五金配件组成。门窗工程施工应按施工工艺流程和操作技术要求进行，并符合《建筑装饰装修工程施工质量验收标准》(GB 50210—2018)的质量规定。

思考与练习

一、填空题

1. 门框可分为_____、_____、_____三个组成部分。

2. 直尺有_____和_____两种。

3. 水平尺的中部及端部各装有_____。

4. _____是一种弹线工具，它可以用来放大样、弹锯口线、弹中心线等。

5. 木门窗表面应洁净，不得有_____、_____。

6. 铝合金门窗安装前，应根据设计图样中_____，依据门窗中线向两边量出门窗边线。

二、选择题

1. 木门窗应采用烘干的木材，其含水率不应大于当地气候的平衡含水率，一般在气候干燥地区不宜大于多少？在南方气候潮湿地区不宜大于多少？正确的选项为(　　)。
   A. 10%，15%　　　B. 12%，20%　　　C. 10%，20%　　　D. 12%，15%

2. 木质直尺的长度一般为(　　)mm。
   A. 300~1 000　　B. 500~1 000　　C. 300~1 200　　D. 500~1 200

3. 门窗框和厚度大于(　　)mm的门窗扇应用双榫连接。
   A. 20　　　　　B. 30　　　　　　C. 40　　　　　　D. 50

4. 对于规格较大的铝合金门扇，当其单扇框宽度超过(　　)mm时，在门扇框下横料中需采取加固措施，通常的做法是穿入一条两端带螺纹的钢条。
   A. 600　　　　　B. 700　　　　　　C. 800　　　　　　D. 900

5. 铝合金门窗推拉门窗扇开关力应不大于(　　)N。
   A. 100　　　　　B. 200　　　　　　C. 300　　　　　　D. 400

6. 塑料窗在窗洞口的位置，要求窗框与基体之间需留有(　　)mm的间隙。
   A. 10~20　　　B. 20~30　　　　C. 30~40　　　　D. 40~50

7. 全玻门所用玻璃主要是指(　　)mm以上厚度的玻璃，根据设计要求选好玻璃，并安放在安装位置附近。
   A. 6　　　　　　B. 8　　　　　　C. 10　　　　　　D. 12

三、问答题

1. 如何使用墨斗弹线？

2. 如何进行木门窗小五金的安装？

3. 铝合金门窗框与墙体的固定方法有哪些？

4. 钢门窗安装时，如何进行划线？

5. 如何进行钢门窗的固定？

6. 如何对铝合金门窗玻璃进行密封与固定？

7. 门窗玻璃安装后，如何进行成品保护？

第七章 细部工程施工技术

熟悉橱柜、窗帘盒、窗台板、门窗套、护栏、扶手及花饰等细部构造的构造要求及材料质量要求，掌握橱柜、窗帘盒、窗台板、门窗套、护栏、扶手及花饰等细部构造施工要求及质量检查验收要求。

通过本章内容的学习，能够完成橱柜、窗帘盒、窗台板、门窗套、护栏、扶手及花饰等细部构造的施工，并能够根据规范规定进行施工质量检查验收。

第一节 橱柜制作与安装工程

一、橱柜基本构造

橱柜基本构造如图 7-1 所示。

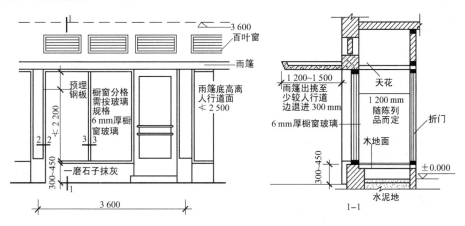

图 7-1 橱柜基本构造

二、橱柜材料质量要求

(1)橱柜制作与安装所用材料的材质和规格、木材的燃烧性能等级和含水率、花岗石的放射性及人造木板的甲醛含量应符合设计要求及国家现行标准的有关规定。

(2)木方料。木方料是用于制作骨架的基本材料，应选用木质较好、无腐朽、不潮湿、无扭曲变形的合格材料，含水率不大于12%。

(3)胶合板。胶合板应选择不潮湿、无脱胶开裂的板材；饰面胶合板应选择木纹流畅、色泽纹理一致、无疤痕、无脱胶、无空鼓的板材。

(4)配件。根据家具的连接方式及其造型与色彩选择五金配件，如拉手、铰链、镶边条等，以适应各种彩色的家具使用。

(5)粘贴花饰用的胶粘剂应按花饰的品种选用，现场配制胶粘剂，其配合比应由试验确定。

三、橱柜制作与安装施工要求

橱柜制作与安装施工工艺流程：选料、配料→刨料、划线→榫槽→组(拼)装→收边、饰面。

(1)选料与配料。按设计图纸选择合格材料，根据图纸要求的规格、结构、式样、材种列出所需木方料及人造木板材料。配坯料时，应先配长料、宽料，后配短料；先配大料，后配小料；先配主料，后配次料。木方料长向按净尺寸放30～50 mm截取。截面尺寸按净料尺寸放3～5 mm以便刨削加工。

(2)刨料与划线。刨料应顺木纹方向，先刨大面，再刨小面，相邻的面形成90°直角。划线前要备好量尺(卷尺和不锈钢尺等)、木工铅笔、角尺等，应清楚理解工艺结构、规格尺寸和数量等技术要求。

(3)榫槽。榫的种类主要分为木方连接榫和木板连接榫两大类，但其具体形式较多，分别适用于木方和木质板材的不同构件连接。无专用机械设备时，选择合适榫眼的杠凿，采用"大凿通"的方法手工凿眼。榫头与榫眼配合时，榫眼长度比榫头短1 mm左右，使之不过紧又不过松。

(4)组(拼)装。组(拼)装前，应将所有的结构件用细刨刨光，然后按顺序逐渐进行装配。衔接部位需涂胶时，应刷涂均匀并及时擦净挤出的胶液。锤击拼装时，应将锤击部位垫上木板，不可猛击；如有拼合不严处，应查找原因并采取修整或补救措施，不可硬敲硬装就位。

(5)收边、饰面。对外露端口用包边木条进行装饰收口，饰面板在大部位的材种应相同，纹理相似并通顺，色调应相同无色差。

四、橱柜制作与安装质量检查与验收

1. 一般规定

(1)细部工程验收时应检查下列文件和记录：

1)施工图、设计说明及其他设计文件；

2)材料的产品合格证书、性能检验报告、进场验收记录和复验报告；

3)隐蔽工程验收记录；

4)施工记录。

(2)细部工程应对花岗石的放射性和人造木板的甲醛释放量进行复验。

(3)细部工程应对下列部位进行隐蔽工程验收：

1)预埋件(或后置埋件)；

细部工程质量
验收标准

2)护栏与预埋件的连接节点。

(4)细部工程各分项工程的检验批应按下列规定划分：

1)同类制品每50间(处)应划分为一个检验批，不足50间(处)也应划分为一个检验批；

2)每部楼梯应划分为一个检验批。

(5)橱柜每个检验批应至少抽查3间(处)，不足3间(处)时应全数检查。

2. 主控项目

(1)橱柜制作与安装所用材料的材质、规格、性能、有害物质限量及木材的燃烧性能等级和含水率应符合设计要求及国家现行标准的有关规定。

检验方法：观察；检查产品合格证书、进场验收记录、性能检验报告和复验报告。

(2)橱柜安装预埋件或后置埋件的数量、规格、位置应符合设计要求。

检验方法：检查隐蔽工程验收记录和施工记录。

(3)橱柜的造型、尺寸、安装位置、制作和固定方法应符合设计要求。橱柜安装应牢固。

检验方法：观察；尺量检查；手扳检查。

(4)橱柜配件的品种、规格应符合设计要求。配件应齐全，安装应牢固。

检验方法：观察；手扳检查；检查进场验收记录。

(5)橱柜的抽屉和柜门应开关灵活、回位正确。

检验方法：观察；开启和关闭检查。

3. 一般项目

(1)橱柜表面应平整、洁净、色泽一致，不得有裂缝、翘曲及损坏。

检验方法：观察；

(2)橱柜裁口应顺直，拼缝应严密。

检验方法：观察

(3)橱柜安装的允许偏差和检验方法应符合表7-1的规定。

表7-1 橱柜安装的允许偏差和检验方法

项次	项目	允许偏差/mm	检验方法
1	外形尺寸	3	用钢尺检查
2	立面垂直度	2	用1 m垂直检测尺检查
3	门与框架的平行度	2	用钢尺检查

第二节 窗帘盒和窗台板制作与安装工程

一、窗帘盒制作与安装施工

1. 窗帘盒的基本构造

窗帘盒设置在窗的上口，主要用来吊挂窗帘，并对窗帘导轨等构件起遮挡作用，所以它也有美化居室的作用。窗帘盒可分为明装窗帘盒和暗装窗帘盒。窗帘盒的基本构造如图7-2所示。

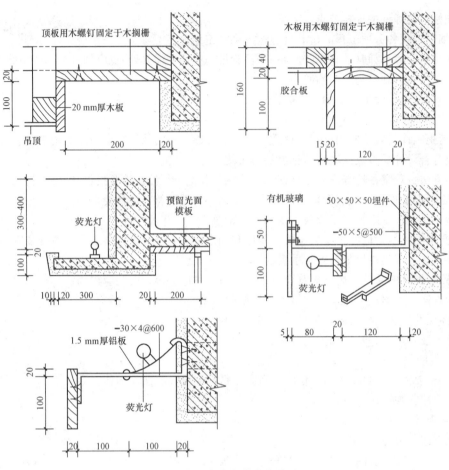

图 7-2　窗帘盒基本构造

2. 窗帘盒材料质量要求

(1)窗帘盒所使用的材料和规格、木材的阻燃性能等级和含水率(含水率不大于12%)及人造夹板的甲醛含量应符合设计要求和国家现行标准的有关规定。

(2)板均不许有脱胶鼓泡。公称厚度为6 mm以上的板,其翘曲度:一、二等品不得超过1%,三等板不得超过2%。

(3)防腐剂、油漆、钉子等各种小五金须符合设计要求的型号和规格。

3. 窗帘盒制作与安装施工要求

窗帘盒制作与安装施工工艺流程:下料→刨光→制作卯榫→装配→修正砂光。

(1)下料。按图纸要求截下的坯料要长于要求规格30~50 mm,厚度大于3 mm,宽度大于5 mm。

(2)刨光。刨光时要顺木纹操作,先刨削出相邻两个基准面,并做好符号标记,再按规定尺寸加工完另外两个基准面,要求光洁、无戗槎。

(3)制作卯榫。卯榫的最佳结构方式是采用45°全暗燕尾卯榫,也可采用45°斜角钉胶结合,但钉帽一定要砸扁后打入木内。上盖面可加工后直接涂胶钉入下框体。

(4)装配。装配时需用直角尺测准暗转角度后把结构敲紧打严,注意格角处不要露缝。

(5)修正砂光。窗帘盒的结构固化后可修正砂光。用0号砂纸磨掉毛刺、棱角、立槎,注意不可逆木纹方向砂光,要顺木纹方向砂光。

二、木窗台板制作与安装施工

1. 木窗台板基本构造

窗台板的作用主要是保护和装饰窗台。木窗台板的截面形状、构造尺寸应按施工图施工，其基本构造如图 7-3 所示。

2. 木窗台板材料质量要求

（1）窗台板所使用的材料和规格、木材的燃烧性能等级和含水率及人造夹板的甲醛含量应符合设计要求和国家现行标准的有关规定。

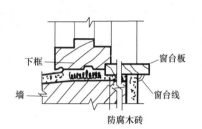

（2）木方料应选用木质较好、无腐朽、无扭曲变形的合格材料，含水率不大于 12%。

图 7-3　木窗台板基本构造

（3）防腐剂、油漆、钉子等各种小五金必须符合设计要求。

3. 木窗台板安装施工要求

木窗台板安装施工工艺流程：定位→拼接→固定→防腐。

（1）定位。在窗台墙上，预先砌入防腐木砖，木砖间距为 500 mm 左右，每樘窗不少于两块。在窗框的下框裁口或打槽，槽宽为 10 mm、深为 12 mm。将窗台板刨光起线后，放在窗台墙顶上居中，里边嵌入下框槽内。窗台板上表面向室内略有倾斜（即泛水），坡度约为 1%。

（2）拼接。如果窗台板的宽度过大，窗台板需要拼接时，背面应钉衬条以防止翘曲。

（3）固定。用明钉将窗台板与木砖钉牢，钉帽砸扁，顺木纹冲入板的表面。在窗台板的下面与墙交角处，要钉窗台线（三角压条）。窗台线应预先刨光，按窗台长度两端刨成弧形线角，用明钉与窗台板斜向钉牢，钉帽砸扁，冲入板内。

三、窗帘盒和窗台板安装质量检查与验收

1. 一般规定

（1）～（4）条参见"橱柜制作与安装质量检查与验收"相关内容。

（5）窗帘盒、窗台板每个检验批应至少抽查 3 间（处），不足 3 间（处）时应全数检查。

2. 主控项目

（1）窗帘盒和窗台板制作与安装所使用材料的材质、规格、性能、有害物质限量及木材的燃烧性能等级和含水率应符合设计要求及国家现行标准的有关规定。

检验方法：观察；检查产品合格证书、进场验收记录、性能检验报告和复验报告。

（2）窗帘盒和窗台板的造型、规格、尺寸、安装位置和固定方法应符合设计要求。窗帘盒和窗台板的安装应牢固。

检验方法：观察；尺量检查；手扳检查。

（3）窗帘盒配件的品种、规格应符合设计要求，安装应牢固。

检验方法：手扳检查；检查进场验收记录。

3. 一般项目

（1）窗帘盒、窗台板表面应平整、洁净、线条顺直、接缝严密、色泽一致，不得有裂缝、翘曲及损坏。

检验方法：观察。

（2）窗帘盒和窗台板与墙面、窗框的衔接应严密，密封胶缝应顺直、光滑。

检验方法：观察。

(3)窗帘盒和窗台板安装的允许偏差和检验方法应符合表 7-2 的规定。

表 7-2　窗帘盒和窗台板安装的允许偏差和检验方法

项次	项目	允许偏差/mm	检验方法
1	水平度	2	用 1 m 水平尺和塞尺检查
2	上口、下口直线度	3	拉 5 m 线，不足 5 m 拉通线，用钢直尺检查
3	两端距窗洞口长度差	2	用钢直尺检查
4	两端出墙厚度差	3	用钢直尺检查

第三节　门窗套制作与安装工程

一、门窗套基本构造

木质门套主要由筒子板、贴脸板和门墩子板等组成；木质窗套主要由筒子板、贴脸板和窗台板等组成，如图 7-4 所示。

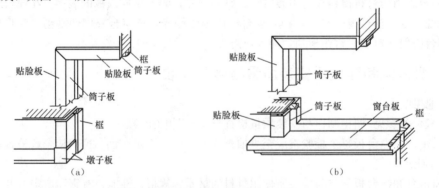

图 7-4　门窗套构造示意
(a)门套构造；(b)窗套构造

二、门窗套材料质量要求

门窗套制作与安装施工材料的质量要求如下：

(1)门窗套制作与安装所使用材料的材质、规格、花纹和颜色、木材的燃烧性能等级和含水率、花岗石的放射性及人造木板的甲醛含量应符合设计要求及国家现行标准的有关规定。

(2)门窗套制作应采用干燥的木材，含水率不应大于 12%。腐朽、虫蛀的木材不能使用。

(3)胶合板应选择不潮湿并无脱胶、无开裂、无空鼓的板材。

(4)饰面胶合板应选择木纹美观、色泽一致、无疤痕、不潮湿、无脱胶、无空鼓的板材。

(5)木龙骨基层木材含水率必须控制在 12% 之内，但含水率不宜太小(否则吸水后也会变形)，一般木材应提前运到现场，放置 10 d 以上，尽量与现场湿度相吻合。

三、门窗套制作与安装要求

(一)筒子板制作与装钉

1. 检查门窗洞口及埋件

检查门窗洞口尺寸是否符合要求，是否垂直方正，预埋木砖或连接铁件是否齐全，位置是否准确。如果发现问题，必须修理或校正。

2. 制作与安装木龙骨

施工时一定要确保木龙骨的尺寸、数量和位置准确无误。

(1)根据门窗洞口实际尺寸，先用木方制成龙骨架，一般骨架分三片：洞口上部一片，两侧各一片。一般每片为两根立杆，当木筒子板宽度大于 500 mm 需要拼缝时，中间适当增加立杆。

(2)横撑间距根据木筒子板厚度决定：当面板厚度为 10 mm 时，横撑间距不大于 400 mm；当面板厚度为 5 mm 时，横撑间距不大于 300 mm。横撑位置必须与预埋件位置相对应。安装龙骨架一般先上端后两侧，洞口上部骨架应与预埋螺栓或铅丝拧紧。

(3)龙骨架表面刨光，其他三面刷防腐剂(氟化钠)。为了防潮，龙骨架与墙之间应干铺油毡一层。龙骨架必须平整牢固，为安装面板打好基础。

(二)木贴脸板制作与装钉

1. 木贴脸板制作

(1)检查配料的规格、质量和数量，符合要求后，先用粗刨刮一遍，再用细刨刨光；先刨大面，后刨小面；刨面须平直、光滑；背面打凹槽。

(2)用线刨顺木纹起线，线条要深浅一致，清晰、美观。

(3)如果做圆贴脸时，必须先套出样板，然后根据样板画线刮料。

2. 木贴脸板装钉

(1)在门窗框安装完毕及墙面做好后即可装钉木贴脸板。

(2)贴脸板距门窗口边 15～20 mm。当贴脸板的宽度大于 80 mm 时，其接头应做暗榫；其四周与抹灰墙面须接触严密，搭盖墙的宽度一般为 20 mm，不应少于 10 mm。

(3)装钉贴脸板时，一般是先钉横向的，后钉竖向的。先量出横向贴脸板所需的长度，两端锯成 45°(即割角)，紧贴在框的上槛上，其两端伸出的长度应一致。将钉帽砸扁，顺木纹冲入板表面 1～3 mm，钉子的长度宜为板厚的 2 倍，钉距不大于 500 mm。接着量出竖向贴脸板长度，钉在边框上。

(4)贴脸板下部宜设贴脸墩，贴脸墩要稍厚于踢脚板。不设贴脸墩时，贴脸板的厚度不能小于踢脚板的厚度，以免踢脚板冒出而影响美观。

(5)横竖贴脸板的线条要对正，割角应准确平整、对缝严密、安装牢固。

四、门窗套制作与安装质量检查与验收

1. 一般规定

(1)～(4)条参见"橱柜制作与安装质量检查与验收"相关内容。

(5)门窗套每个检验批应至少抽查 3 间(处)，不足 3 间(处)时应全数检查。

2. 主控项目

(1)门窗套制作与安装所使用材料的材质、规格、花纹、颜色、性能、有害物质限量及木材的燃烧性能等级和含水率应符合设计要求及国家现行标准的有关规定。

检验方法：观察；检查产品合格证书、进场验收记录、性能检验报告和复验报告。

(2)门窗套的造型、尺寸和固定方法应符合设计要求，安装应牢固。

检验方法：观察；尺量检查；手扳检查。

3. 一般项目

(1)门窗套表面应平整、洁净、线条顺直、接缝严密、色泽一致，不得有裂缝、翘曲及损坏。

检验方法：观察。

(2)门窗套安装的允许偏差和检验方法应符合表7-3的规定。

表7-3 门窗套安装的允许偏差和检验方法

项次	项目	允许偏差/mm	检验方法
1	正、侧面垂直度	3	用1 m垂直检测尺检查
2	门窗套上口水平度	1	用1 m水平检测尺和塞尺检查
3	门窗套上口直线度	3	拉5 m线，不足5 m拉通线，用钢直尺检查

第四节 护栏和扶手制作与安装工程

一、护栏和扶手的构造

1. 护栏的基本构造

护栏可分为空心栏和实心栏两种。其基本构造如图7-5所示。

2. 扶手的基本构造

扶手的基本构造如图7-6所示。

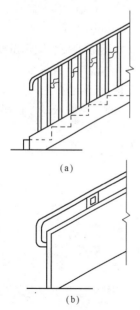

图7-5 护栏的基本构造
(a)空心栏杆；(b)实心栏杆

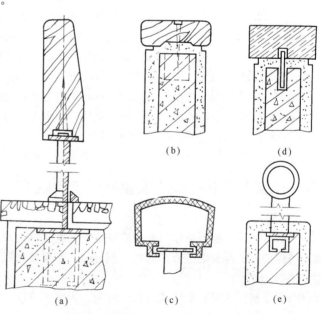

图7-6 扶手的基本构造
(a)金属栏杆木扶手；(b)木板扶手；(c)塑料扶手
(d)磨光花岗石扶手；(e)不锈钢(或铜)扶手

二、护栏和扶手材料质量要求

(1)护栏和扶手所使用材料的材质、规格、数量及木材和塑料的燃烧性能等级应符合设计要求。

(2)玻璃栏板。玻璃栏板在构造中既是装饰构件又是受力构件，需具有防护功能及承受推、靠、挤等外力作用，所以应采用安全玻璃。目前多使用钢化玻璃，单层钢化玻璃一般选用12 mm厚的品种。由于钢化玻璃不能在施工现场进行裁割，因此，应根据设计尺寸到厂家订制，须注意玻璃的排块合理，尺寸精准。

(3)金属材料。护栏与扶手所用金属材料常见为不锈钢管、黄铜管等，外圆规格为 $\phi 50 \sim \phi 100$。可根据设计外购订制，管径和管壁尺寸应符合设计要求。一般大立柱和扶手的管壁厚度应大于1.2 mm。扶手的弯头配件尺寸和壁厚应符合设计要求。金属材料一般采用镜面抛光制品或镜面电镀制品。

(4)木质材料。木质扶手一般采用硬杂木加工制成成品，树种、规格、尺寸、形状均按设计要求制作。木材质量均应纹理顺直，颜色一致，不能有腐朽、节疤、裂缝、扭曲等缺陷，且含水率不得大于12%。弯头料宜采用扶手料，以45°角断面相接。

(5)胶粘剂。一般多用聚酯酸乙烯(乳胶)等胶粘剂。

三、护栏和扶手制作安装施工要求

1. 木制护栏和扶手制作与安装施工要求

(1)放线。施工放线应准确无误，在装饰施工工程中，不仅要按装饰施工图放线，还须将土建施工的误差消除，并将实际放线的精确尺寸作为构件加工的尺寸。

(2)弯头配置。按栏板或栏杆顶面的斜度，配好起步弯头，一般木扶手可用扶手料割配弯头，采用割角对缝黏接，在断块割配区段内最少要考虑三个螺钉与支撑固定件连接固定。大于70 mm断面的扶手接头配置时，除黏接外还应作暗榫或用铁件结合。

(3)连接固定。木扶手安装宜由下往上进行，先装起步弯头及连接第一段扶手的折弯弯头，再配上下折弯之间的直线扶手段，进行分段黏接。分段预装检查无误后，进行扶手与栏杆的连接固定，木螺钉应拧入拧紧，立柱与地面的安装应牢固可靠，立柱应安装垂直。

(4)整修。扶手折弯处如有不平顺，应用细木锉锉平，找顺磨光，使其折角线清晰，坡度合格，弯度自然，断面一致，最后用砂纸打光。

2. 不锈钢护栏和扶手制作与安装施工要求

(1)放线。施工放线，根据现场放线实测的数据与设计的要求，绘制施工放样详图。对楼梯栏杆扶手的拐点位置和弧形栏杆的立柱定位尺寸尤其要注意。经过现场放线核实后的放样详图，才能作为栏杆和扶手配件的加工图。

(2)检查预埋件。检查预埋件是否齐全、牢固。如果结构上未设置合适的预埋件，应按设计要求补做。如采用膨胀螺栓固定立柱底板时，装饰面层下的水泥砂浆结合层应饱满并有足够强度。

(3)连接安装。现场焊接和安装时，一般先竖立直线段两端立柱，检查就位正确和校正垂直度，然后用拉通线方法逐个安装中间立柱，顺序焊接其他杆件。

(4)打磨抛光。对不锈钢焊缝处的打磨和抛光，必须严格按照有关操作工艺由粗砂轮片到超细砂轮片逐步地打磨，最后用抛光轮抛光。

四、护栏和扶手制作与安装质量检查与验收

1. 一般规定

(1)～(4)条参见"橱柜制作与安装质量检查与验收"相关内容。

(5)护栏、扶手每个检验批应全数检查。

2. 主控项目

(1)护栏和扶手制作与安装所使用材料的材质、规格、数量和木材、塑料的燃烧性能等级应符合设计要求。

检验方法：观察；检查产品合格证书、进场验收记录和性能检验报告。

(2)护栏和扶手的造型、尺寸及安装位置应符合设计要求。

检验方法：观察；尺量检查；检查进场验收记录。

(3)护栏和扶手安装预埋件的数量、规格、位置以及护栏与预埋件的连接节点应符合设计要求。

检验方法：检查隐蔽工程验收记录和施工记录。

(4)护栏高度、栏杆间距、安装位置应符合设计要求。护栏安装应牢固。

检验方法：观察；尺量检查；手扳检查。

(5)护栏玻璃的使用应符合设计要求和现行行业标准《建筑玻璃应用技术规程》(JGJ 113—2015)的规定。

检验方法：观察；尺量检查；检查产品合格证书和进场验收记录。

3. 一般项目

(1)护栏和扶手转角弧度应符合设计要求，接缝应严密，表面应光滑，色泽应一致，不得有裂缝、翘曲及损坏。

检验方法：观察；手摸检查。

(2)护栏和扶手安装的允许偏差和检验方法应符合表7-4的规定。

表7-4　护栏和扶手安装的允许偏差和检验方法

项次	项目	允许偏差/mm	检验方法
1	护栏垂直度	3	用1 m垂直检测尺检查
2	栏杆间距	0, −6	用钢尺检查
3	扶手直线度	4	拉通线，用钢直尺检查
4	扶手高度	+6, 0	用钢尺检查

第五节　花饰制作与安装工程

一、花饰材料质量要求

(1)各类花饰的品种、材质、规格、式样、图案等应符合设计要求。

（2）胶粘剂、螺栓、螺钉、焊接材料、贴砌的粘贴材料等的品种、规格、材质应符合设计要求和国家有关规范规定的标准。

（3）室内用水性胶粘剂中总挥发性有机化合物（TVOC）和苯限量应符合表7-5的规定。

表7-5　总挥发性有机化合物（TVOC）和苯限量

测量项目	限　量	测量项目	限　量
TVOC/$(g \cdot L^{-1})$	≤750	游离甲醛/$(g \cdot kg^{-1})$	≤1

二、花饰安装施工要求

花饰安装施工工艺流程：基层处理→放线定位→选样、试拼→安装。

1. 基层处理

花饰安装前，应将基层、基底清理干净，处理平整。

2. 放线定位

花饰安装前，应按设计要求放出花饰安装位置确定的安装位置线。在基层已确定的安装位置打入木楔。

3. 选样、试拼

花饰在安装前，应对花饰的规格、颜色、观感质量等进行比对和挑选，并在放样平台进行试拼，满足设计要求质量标准及效果后，再进行正式安装。

4. 市花饰安装

（1）在拟安装的墙、梁、柱上预埋铁件或预留凹槽。

（2）小面积木花饰可像制作木窗一样，先制作好，再安装到位。竖向板式花饰则应将竖向饰件逐一定位安装，先用尺量出每一构件位置，检查是否与预埋件相对应，并做出标记。将竖板立正吊直，并与连接件拧紧，边立竖板边安装木花饰。

5. 水泥制品花格安装

（1）埋件留槽。竖向板与上下墙体或梁连接时，在上下连接点要根据竖板间隔尺寸埋入预埋件或留凹槽。若竖向板间插入花饰，板上也应预埋件或留槽。

（2）立板连接。在拟安装部位将板立起，用线坠吊直，并与墙、梁上埋件或凹槽连在一起，连接点可采用焊、拧等方法。

（3）安装花格。竖板中加花格也采用焊、拧和插入凹槽的方法。焊接花格可在竖板立好固定后进行，插入凹槽的安装应与装竖板同时进行。

6. 石膏花饰安装

按石膏花饰的型号、尺寸和安装位置，在每块石膏花饰的边缘抹好石膏腻子，然后平稳地支顶于楼板下。安装时，紧贴龙骨并用竹片或木片临时支住并加以固定，随后用镀锌木螺栓拧住固定，不宜拧得过紧，以防石膏花饰损坏。视石膏腻子的凝结时间而决定拆除支架的时间，一般以12 h拆除为宜。拆除支架后，用石膏腻子将两块相邻花饰的缝填满抹平，待凝固后打磨平整。螺栓拧的孔，应用白水泥浆填嵌密实，螺钉孔用石膏修平。

花饰的安装，应与预埋在结构中的锚固件连接牢固。薄浮雕和高凸浮雕安装宜与镶贴饰面板、饰面砖同时进行。在抹灰面上安装花饰，应待抹灰层硬化后进行。安装时应防止灰浆流坠污染墙面。

花饰安装后，不得有歪斜、装反以及镶接处的花枝、花叶、花瓣错乱、花面不清等现象。

三、花饰制作与安装质量检查与验收

1. 一般规定

(1)～(4)条参见"橱柜制作与安装质量检查与验收"相关内容。

(5)室内花饰每个检验批应至少抽查3间(处),不足3间(处)时应全数检查;室外花饰每个检验批应全数检查。

2. 主控项目

(1)花饰制作与安装所使用材料的材质、规格、性能、有害物质限量及木材的燃烧性能等级和含水率应符合设计要求及国家现行标准的有关规定。

检验方法:观察;检查产品合格证书和进场验收记录、性能检验报告和复验报告。

(2)花饰的造型、尺寸应符合设计要求。

检验方法:观察;尺量检查。

(3)花饰的安装位置和固定方法必须符合设计要求,安装应牢固。

检验方法:观察;尺量检查;手扳检查。

3. 一般项目

(1)花饰表面应洁净,接缝应严密吻合,不得有歪斜、裂缝、翘曲及损坏。

检验方法:观察。

(2)花饰安装的允许偏差和检验方法应符合表7-6的规定。

表7-6 花饰安装的允许偏差和检验方法

项次	项目		允许偏差/mm		检验方法
			室内	室外	
1	条形花饰的水平度或垂直度	每米	1	3	拉线和用1 m垂直检测尺检查
		全长	3	6	
2	单独花饰中心位置偏移		10	15	拉线和用钢直尺检查

本章小结

建筑装饰细部构造包括橱柜、窗帘盒、窗台板、门窗套、护栏、扶手及花饰等内容,细部构造的制作材料应满足设计及相关规范规定,细部构造的施工应按施工工艺流程和操作技术要求进行,并符合《建筑装饰装修工程施工质量验收标准》(GB 50210—2018)的相关规定。

思考与练习

一、填空题

1. 橱柜裁口应_____,拼缝应_____。

2. 窗帘盒可分为_____和_____。

3. 窗台板的作用主要是_____。

4. 木质门套主要由_____、_____和_____等组成。

5. 护栏可分为_____和_____两种。

二、选择题

1. 用于制作橱柜的木方料应选用木质较好、无腐朽、不潮湿、无扭曲变形的合格材料，含水率不大于(　　)。

　　A. 10％　　　　　　B. 12％　　　　　　C. 14％　　　　　　D. 16％

2. 窗台板上表面向室内略有倾斜(即泛水)，坡度约为(　　)。

　　A. 1％　　　　　　B. 2％　　　　　　C. 4％　　　　　　D. 6％

3. 门窗套施工时，贴脸板距门窗口边(　　)mm。

　　A. 10～15　　　　B. 10～20　　　　C. 15～20　　　　D. 15～25

三、问答题

1. 制作橱柜时，应如何进行选料、配料？

2. 制作木窗台板的材料应符合哪些要求？

3. 怎样进行木花饰的安装？

第八章 饰面板(砖)工程施工技术

了解饰面板(砖)工程施工常用机具,熟悉饰面板(砖)的安装条件,掌握饰面板(砖)施工技术要求及施工质量检查验收要求。

通过本章内容的学习,能够进行饰面板、饰面砖的安装,并能够根据规范规定进行饰面板(砖)施工质量的检查验收。

第一节 施工常用机具

根据饰面种类的区别,所有贴面类饰面镶贴施工包括饰面砖和饰面板的镶贴,常使用下列专用工具:

(1)开刀。开刀用于镶贴饰面砖拨缝,如图 8-1 所示。

(2)木垫板。镶贴陶瓷马赛克时专用,如图 8-2 所示。

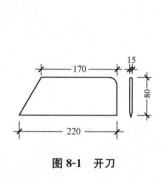

图 8-1 开刀

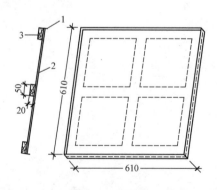

图 8-2 木垫板

1—四边包 0.5 mm 厚铁皮;2—面层铺钉三合板;3—木垫板底盘架

(3)木锤和橡皮锤。安装或镶贴饰面板时,用于敲击振实,如图 8-3 所示。

(4)硬木拍板。镶贴饰面砖时振实用,如图 8-4 所示。

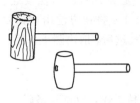
图8-3　木槌和橡皮锤

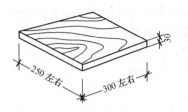
图8-4　硬木拍板

（5）铁铲。涂抹砂浆用，如图8-5所示。

（6）合金錾子、小手锤。用于饰面砖、饰面板手工切割剔凿用。合金錾子一般用工具钢制作，直径为6～12 mm，如图8-6所示。

图8-5　铁铲

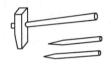
图8-6　合金錾子、小手锤

（7）钢錾。多用工具钢制作，直径为12～25 mm，是錾凿分割饰面板加工工具，如图8-7所示。

（8）扁錾。扁錾的大小、长短与钢錾相似，但其一端锻成一字形的斧状錾口，为剁斧加工分割饰面板的工具，如图8-8所示。

（9）手锤。用钢材锻成，质量为0.5～1 kg，如图8-9所示。

图8-7　钢錾

图8-8　扁錾

图8-9　手锤

（10）磨石。磨石也称金刚石，用以磨光饰面砖和饰面板，分为1～6号等规格，其1～3号为粗磨石，4、5号为细磨石，6号为抛光磨石。

（11）合金钢钻头。安装饰面砖、饰面板钻孔用，常用直径有5 mm、6 mm、8 mm等。

另外，还有墨斗、画签、铁水平水尺、线坠、方尺、折尺、钢卷尺、托线板、克丝钳子和拌制石膏用的胶碗等。

第二节　饰面板安装工程

一、饰面板安装准备工作

1. 石板安装准备

石板一般可采取粘贴的方法安装。其规格尺寸、颜色搭配及排块组合按设计要求确定。一般小规格面板的安装可直接用粘贴方法，而大规格面板则必须用挂贴方法安装。其基体处理、抹找平层砂浆的方法与装饰抹灰方法相同。石板的规格尺寸及排块方法由设计要求确定。石板粘贴前应先将石板清扫干净，然后放入清水中浸泡。板材浸透后，取出阴干备用。

2. 陶瓷板安装准备

（1）材料选择。

1）水泥基胶粘剂、水泥基填缝剂均应分堆码放，并保持干燥，复试合格后方可使用。

2）水泥：砂浆用水泥采用 42.5 级普通硅酸盐水泥，水泥应按品种、强度等级、出厂日期分别堆放，并保持干燥，不同品种的水泥不得混用，并分规格进行复试，合格后方可使用。水泥出厂超过三个月时，应进行复查实验，检验合格方可使用。

3）砂：用砂采用中粗砂，不得含有有害杂物，砂的含泥量不应超过 3%。

（2）基层处理。基层应平整、坚实、洁净，不得有裂缝、明水、空鼓、起砂、麻面及油渍、污物等缺陷。局部空鼓区域，必须先将其铲除后再用聚合物水泥砂浆重新找平，最后用扫帚将灰尘和垃圾清理干净。施工前对基面进行水洗湿润，待基面无明水后方可施工。

3. 木板安装准备

（1）木饰面板在施工进场前应进行仔细的检查，饰面板厚不小于 3 mm，颜色花纹尽量相似，木纹流畅，薄厚一致，木饰线实木收口规格、颜色、花纹尽量相似，不得腐朽、疤节、劈裂、扭曲等缺陷，应符合设计要求。

（2）在基层料上应注意木龙骨含水率不大于 16%，面板不得有扭曲、裂缝、变色、脱胶、潮湿、表面不平等缺陷。表面应平整薄厚一致，应符合材料质量要求。辅料白乳胶、防火涂料、铁钉、码钉、枪钉、蚊钉，应满足使用及材质要求。

（3）木饰面板施工前应在基层板已制作完毕，管道插座已固定，并已通过验收，设计方案或样板已通过验收后开始施工。

4. 金属板安装准备

（1）检查、验收主体结构的垂直度和强度是否符合设计要求。

（2）检查主体结构预埋件设置的位置是否符合设计与施工要求。

（3）施工工具。电动冲击钻、手枪电钻、型材切割机、角尺、水平尺、钢皮尺、画线铁笔、粉线袋等。

（4）检查水暖、电气管道安装是否符合设计要求。

（5）金属板及配件应分类堆放，防止碰坏变形。

5. 塑料板安装准备

（1）龙骨和罩面板必须完好，不得有损坏、变形、弯折、翘曲、边角缺损等现象；并要避免被碰撞和受潮。

（2）电气配件的安装，应嵌装牢固，表面应与罩面板的底面齐平。

（3）门窗框与隔断相接处应符合设计要求。

（4）隔断的下端如用木踢脚板覆盖，隔断的罩面板下端应距离地面 20～30 mm，罩面板下端应与踢脚板上口齐平，接缝要严密。

（5）做好隐蔽工程和施工记录。

二、石材类饰面板安装

1. 直接粘贴饰面

（1）基体与基层要求。建筑结构墙体或其他装饰构造的基体，应有足够的强度、刚度和稳定性，基层表面应平整、粗糙、洁净。对于光滑的混凝土结构表面，要进行凿毛处理或涂刷界面处理剂，以利于基层与底灰的结合及饰面板的黏结。混凝土表面凸出的部分应剔平，然后浇水湿润，墙体浇水的渗水深度以 8～10 mm 为宜。

（2）抹底灰。抹底灰宜采用 1：3 水泥砂浆，找规矩并分层抹平，总厚度为 12～15 mm，表面划毛。底灰施抹前，可先在基层表面涂抹水胶比为 0.40～0.55、厚度为 2 mm 的水泥浆层（或聚合物水泥浆层）做结合层，分数次抹压后在其初凝前将表面进行毛化处理。

（3）放线定位。按设计图纸和实际贴面的部位以及饰面石板的规格尺寸，弹出水平和垂直控制线、分格线和分块线。对于有较复杂的拼花或采用不同规格尺寸的板材进行镶贴的墙面、柱面及装饰造型体表面，应按大样图将石块编号。

（4）粘贴饰面板。将抹好底灰并已充分养护的基层表面洒水湿润，薄抹一层水泥浆或其他与黏结料相配套的打底材料；然后在经浸水并晾干的饰面板背面刮抹黏结浆。黏结浆可采用水泥浆、聚合物水泥浆、新型水泥基黏结材料或其他新型胶粘剂，也可采用 1：2 水泥砂浆或聚合物水泥砂浆，根据工程实际由设计确定。重要的天然石材饰面工程，必须由专业队伍进行施工。

板块就位后用木锤轻敲，使之固定。注意随时使用靠尺板找平、找直，并用支架或采用其他措施对重要部位的黏结饰面做临时支撑，防止黏结浆凝结硬化前出现石板位移或脱落。

（5）擦缝、清理。白色硅酸水泥或设计指定的水泥品种，拌成稠度适宜的水泥浆，在大理石板饰面层满刮一层薄浆，然后用干净的湿抹布沿饰面层的横、纵拼缝反复搓擦，将拼缝镶嵌密实，然后对饰面层统一进行清洁、整理，等待验收。

2. 锚固灌浆饰面

（1）钻孔、剔槽。安装前先将饰面板按照设计要求用台钻打眼，事先应钉木架使钻头直对板材上端面，在每块板的上、下两个面打眼，孔位打在距离板宽的两端 1/4 处，每个面各打两个眼，孔径为 5 mm，深度为 12 mm，孔位距离石板背面以 8 mm 为宜（指钻孔中心）。

（2）穿铜丝或镀锌铅丝。把备好的铜丝或镀锌铅丝剪成长 200 mm 左右，一端用木楔蘸环氧树脂将铜丝或镀锌铅丝揳进孔内并固定牢固，另一端将铜丝或镀锌铅丝顺孔槽弯曲并卧入槽内，使大理石或预制水磨石、磨光花岗石板上下端面没有铜丝或镀锌铅丝突出，以便和相邻石板接缝严密。

（3）绑扎钢筋网。首先剔出墙上的预埋筋，把墙面镶贴大理石或预制水磨石的部位清扫干净。先绑扎一道竖向 φ6 钢筋，并把绑好的竖筋用预埋筋弯压于墙面。横向钢筋为绑扎大理石或预制水磨石、磨光花岗石板材所用，如板材高度为 600 mm 时，第一道横筋在地面以上＋100 mm 处与立筋绑牢，用作绑扎第一层板材的下口固定铜丝或镀锌铅丝。第二道横筋绑在 500 mm 水平线上 70～80 mm，比石板上口低 20～30 mm 处，用于绑扎第一层石板上口固定铜丝或镀锌铅丝，再往上每 600 mm 绑一道横筋即可。

（4）弹线。首先将大理石或预制水磨石、磨光花岗石的墙面、柱面和门窗套用大线坠从上至下找出垂直（高层应用经纬仪找垂直），应考虑大理石或预制水磨石、磨光花岗石板材厚度，灌注砂浆的空隙和钢筋网所占尺寸。一般大理石或预制水磨石、磨光花岗石外皮距离结构面的厚度应以 50～70 mm 为宜，找出垂直后，在地面上顺墙弹出大理石或预制水磨石板等外廓尺寸线（柱面和门窗套等同）。此线即为第一层大理石或预制水磨石等的安装基准线。编好号的大理石或预制水磨石板等在弹好的基准线上画出就位线，每块留 1 mm 缝隙（如设计要求拉开缝，则按设计规定留出缝隙）。

（5）安装大理石或预制水磨石、磨光花岗石。按部位取石板下口铜丝或镀锌铅丝，将石板就位，石板上口外仰，右手伸入石板背面，把石板下口铜丝或镀锌铅丝绑扎在横筋上。绑时不要太紧,应留有余量,只要把铜丝或镀锌铅丝和横筋拴牢即可(灌浆后即会锚固),把石板竖起,便可绑大理石或预制水磨石、磨光花岗石板上口铜丝或镀锌铅丝,并用木楔子垫稳,块材与基层间的缝隙(即灌浆厚度)一般为30～50 mm。用靠尺板检查调整木楔,再拴紧铜丝或镀锌铅丝,依次向另一方进行。柱面可按顺时针方向安装,一般先从正面开始。第一层安装完毕再用靠尺板找垂直,水平尺找平整,方尺找阴阳角方正,在安装石板时如发现石板规格不准确或石板之间的空隙不符,应用铅皮垫牢,使石板之间缝隙均匀一致并保持第一层石板上口的平直。找完垂直、平整、方正后,用碗调制熟石膏,把调成粥状的石膏贴在大理石或预制水磨石、磨光花岗石板交缝之间,使这两层石板结成一个整体,木楔处也可粘贴石膏,再用靠尺板检查有无变形,等石膏硬化后方可灌浆(如设计有嵌缝塑料软管者,应在灌浆前塞放好)。

(6)灌浆。把配合比为1:2.5的水泥砂浆放入半截大桶加水调成粥状(稠度一般为80～120 mm),用铁簸箕舀浆徐徐倒入,注意不要碰大理石或预制水磨石板,边灌边用橡皮锤轻轻敲击石板面使灌入砂浆排气。第一层浇灌高度为150 mm,不能超过石板高度的1/3。第一层灌浆很重要,因要锚固石板的下口铜丝又要固定石板,所以要轻轻操作,防止碰撞和猛灌。如发生石板外移错动,应立即拆除重新安装。

第一次灌入150 mm后停1～2 h,待砂浆初凝,此时应检查是否有移动,再进行第二层灌浆,灌浆高度一般为200～300 mm,待初凝后再继续灌浆。第三层灌浆至低于板上口50 mm处为止。

(7)擦缝。石板全部安装完毕后,清除所用石膏和余浆痕迹,用麻布擦洗干净,并按石板颜色调制色浆嵌缝,边嵌边擦干净,使缝隙密实、均匀、干净、颜色一致。

(8)柱子贴面。安装柱面大理石或预制水磨石、磨光花岗石,其弹线、钻孔、绑钢筋和安装等工序与镶贴墙面方法相同,要注意灌浆前用木方子钉成槽形木卡子,双面卡住大理石板或预制水磨石板,以防灌浆时大理石或预制水磨石、磨光花岗石板外胀。

3. 石材干挂饰面

不采用直接黏结或锚固灌浆作业,而采用金属扣件(连接件)或利用金属龙骨将天然石材装饰板固定于建筑基体的干挂做法,已广泛应用。

(1)扣件固定安装。从主体结构中引出楼面标高和轴线位置,然后在墙面上弹出安装板块的垂直和水平控制线,按弹线的位置做出灰饼,以控制板块安装的平整度。按弹线的位置安装好第一块饰面板,并以它作为基准,从中间或墙阳角位置开始展开安装就位。板块的平整度以事先做在墙面的灰饼为依据,用线坠吊垂直,经校核后进行固定。一排板块安装完毕,再进行上一排扣件的固定和安装。板块的安装是自下而上分排进行的。安装要求四角平整,横纵对缝平直。

板块的固定是借助钢制扣件和连接销,钢扣件又借助膨胀螺栓与墙体连接,其板块安装后的构造,如图8-10所示。

(2)型钢龙骨连接件固定安装。安装底层板材托架,放置第一排板材并调节固定,自下而上依次安装,如图8-11所示。花岗石板材安装完毕后将饰面层清理干净,经检查无质量问题后即可用硅胶进行封缝,若设计上无要求时,也可不做封缝处理,直接等待交验。

4. 青石板饰面安装

黏结砂浆应采用聚合物水泥砂浆,即1:2水泥砂浆,掺入水泥用量为5%～10%的胶粘剂。黏结砂浆厚度不宜过厚,板面较平整的,可控制在4～5 mm;板面平整度较差的,应不少于5 mm。

全部青石板粘贴完后应将其表面清理干净,并按板材颜色调制水泥色浆嵌缝,边嵌边擦净。要求缝隙密实,颜色一致。

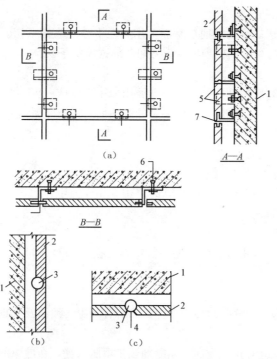

图 8-10　扣件固定饰面板干挂构造

(a)板块安装立面图；(b)板块垂直接缝剖面图；(c)板块水平接缝剖面图

1—混凝土外墙；2—饰面板；3—泡沫聚乙烯嵌条；4—密封硅胶；5—钢扣件；6—膨胀螺栓；7—销钉

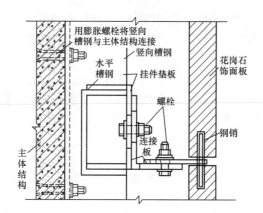

图 8-11　型钢龙骨连接件固定安装板材示意图

三、陶瓷板安装

陶瓷板安装工艺流程：弹格分线→胶粘剂施工并梳理条纹→背面刮胶→饰面板铺贴→压实及平整度调整→勾缝、擦缝→清洗→养护。

1. 弹线分格

待基层六至七成干时，即进行分段分格弹线，同时着手贴面层标准点，以控制面层出墙尺寸及垂直平整度(地面尺寸及水平整度)。

2. 胶粘剂施工并梳理条纹

先用锯齿镘刀的直边，将胶粘剂在基面上用力地平整地涂抹一层。然后用镘刀的锯齿边约为 $45°\sim60°$ 沿水平方向将黏结剂梳理出饱满无间断的锯齿状条纹。

3. 背面刮胶

用锯齿镘刀的直边将胶粘剂在饰面板粘贴面用力压平涂抹一层，然后用锯齿边以夹角约 $45°$ 梳理胶粘剂作出倒角，以免在粘贴时挤出多余的胶粘剂而污染饰面板表面。

4. 饰面板铺贴

(1)粘贴顺序为：自下而上。

(2)底边的饰面板应设置牢固的水平支撑。

(3)根据设计的要求，在饰面板粘贴时应使用 5 mm 的定位器，以保证留缝的尺寸满足要求，并保证留缝宽度一致。

5. 压实及平整度调整

饰面板铺贴到基面后，用橡胶锤或振动器将饰面板与基面之间的胶粘剂压实，并调整饰面板平直度和平整度。

6. 勾缝、擦缝

(1)缝隙处理：将饰面板缝隙清洁干净，去除所有灰尘、油渍及其他污染物，而且缝内不能有积水。

(2)用橡胶抹子沿填缝对角线方向将填缝剂逐步填压入缝，在缝隙的交叉可用橡胶抹子反复挤压，以确保缝内都完全填满填缝剂。再用橡胶抹子刮净饰面板表面多余填缝剂，尽可能不在饰面板面上残留过多的填缝剂，及时清除发现的任何瑕疵，并尽早修补完好。

7. 清洗

填缝后，需进行饰面板表面残留填缝剂的清理。使用蘸湿的海绵或抹布，沿饰面板对角线方向轻轻擦拭，把多余的填缝剂擦掉。等填缝剂稍干后，再用海绵或抹布及少量的清水擦亮饰面板表面。

8. 养护

填缝后，要避免大量淋水，填缝后 24 h 后进行养护，养护时间一般不少于 3 d，养护温度为 5 ℃～32 ℃，并做好相关保护措施。

四、木板安装

木板施工顺序：放线→基层安装→检查基层板→贴面板。

1. 放线

按设计要求进行施工放线，在地面和墙面上弹出定位线，并按龙骨分档尺寸在墙面弹出龙骨分格布置线，同时定出打孔位置，孔距不宜超过 600 mm，呈梅花形分布。

2. 基层安装

按设计要求将 35 mm×25 mm 木方分格开凹槽扣，拼装成框架以 305 mm×305 mm 分格为宜，骨架固定后，在骨架上均匀刷白乳胶，然后固定基层板。同时所有木构件均须做防火涂料涂刷处理，对于漏涂或涂刷不到位的须重新涂刷

3. 贴面板

根据设计要求选择面板，面板在下料前刷清漆两道，按尺寸裁割完后，用刨子将四周的毛茬刨净，且板与板的接头应刨 $45°$，并用湿布在背面擦拭几遍，不应太湿，干燥后再铺贴，板与板间留自然缝 1～2 mm。面板接缝与基层板接缝错开，不得在同一位置，面板接缝尽量均称或

放在不显眼处。

木板安装时应注意以下质量问题：

(1)骨架不牢固：主要是龙骨咬口拼装固定操作不认真造成，应按工艺要求进行细致施工。

(2)板面不平、缝隙不均：原因是龙骨安装错位，板边拼缝不细致造成，应注意分档龙骨拼装工艺和板缝处理工艺。

(3)面板纹理错乱、颜色不均：主要是配料选料不认真，应注意配料选材工艺，严格按设计及现场要求进行选材。

(4)木饰线收口高低不平，劈裂、割角不方、接头不严、不通顺：主要是购料和选料及操作没有严格按工艺要求检查材质质量，应按工艺要求进行购选材料及施工。

五、金属板安装

(一)金属板黏结式安装

(1)胶粘剂黏结固定法。在墙面、柱面或装饰造型体表面设置木龙骨，采用预埋件防腐木砖或在无预埋的基层上钻孔打入木楔，用木螺钉或普通圆钢钉将木龙骨(木方龙骨或厚夹板条龙骨)固定在基层上，然后在龙骨上固定胶合板或硬质纤维等基面板，再于基面板上粘贴金属饰面板，如图8-12所示。这种方法主要适用于室内墙面的小型饰面工程，特别是包覆圆柱的贴面装饰工程。

(2)双面胶带黏结固定法。在建筑基层表面或装饰造型体的基面上采用泡沫质地的双面胶带固定金属饰面板，应按饰面板产品所指定的双面胶带品种或与板材相配套的双面胶带。按金属饰面板的板块尺寸在基层上纵横设置双面胶带，当饰面板的规格尺寸较大时，其胶带布置需适当加密。板材就位时，要求饰面板的四个边均应落在双面胶带上，以确保黏结牢固、平整，如图8-13所示。

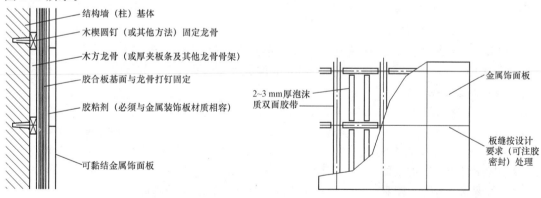

图8-12 金属饰面板的黏结固定   图8-13 金属饰面板的双面胶带黏结

(二)金属饰面板的钉接式安装

1. 彩色涂层钢板饰面安装

(1)施工顺序。彩色涂层钢板安装施工程序为：预埋连接件→立墙筋→安装墙板→板缝处理。

(2)施工要点。

1)安装墙板要按照设计节点详图进行，安装前要检查墙筋位置，计算板材及缝隙宽度，进行排板、画线定位。

2）要特别注意异型板的使用，在窗口和墙转角处使用异型板可以简化施工，增加防水效果。

3）墙板与墙筋用铁钉、螺钉及木卡条连接。安装板的原则是按节点连接做法，沿一个方向顺序安装，方向相反则不易施工。如墙筋或墙板过长，可用切割机切割。

4）板缝处理。尽管在加工彩色涂层钢板时其形状已考虑了防水性能，但若遇到材料弯曲、接缝处高低不平，彩色涂层钢板可能失去防水功能，在边角部位这种情况尤为明显，因此，在一些板缝填防水材料是必要的。

2. 彩色压型钢板复合板墙板饰面安装

彩色压型钢板复合板墙板安装施工要点如下：

(1)复合板安装是用吊挂件把板材挂在墙身骨架檩条上，再把吊挂件与骨架焊牢，小型板材可用钩形螺栓固定。

(2)板与板之间的连接，水平缝为搭接缝，竖缝为企口缝，所有接缝处，除用超细玻璃棉塞严外，还要用自攻螺钉钉牢，钉距为 200 mm。

(3)门窗孔洞、管道穿墙及墙面端头处，墙板均为异型板；女儿墙顶部、门窗周围均设防雨泛水板，泛水板与墙板的接缝处用防水油膏嵌缝；压型板墙转角处均需用槽形转角板进行外包角和内包角，转角板用螺栓固定。

(4)安装墙板可采用脚手架或利用檐口挑梁加设临时单轨，操作人员站在吊篮上进行安装和焊接。板的起吊可在墙的顶部设滑轮，然后用小型卷扬机或人力吊装。

(5)墙板的安装顺序是从厂房边部竖向第一排下部第一块板开始，自下而上安装。安装完第一排再安装第二排。每安装铺设 10 排墙板后，检查一次吊线坠，以便及时消除误差。

(6)为了保证墙面外观质量，需在螺栓位置画线，按线开孔，采用单面施工的钩形螺栓固定。螺栓的位置应横平竖直。

(7)墙板的外、内包角及钢窗周围的泛水板，需在现场加工的异型件应参考图纸，对安装好的墙面进行实测，确定其形状尺寸，使其加工准确，便于安装。

3. 铝合金板饰面安装

(1)放线。铝合金板墙面的骨架由横竖杆件拼成，可以是铝合金成型材，也可以是型钢。为了保证骨架的施工质量和准确性，首先要将骨架的位置弹到基层上。放线时，应根据土建单位提供的中心线为依据。

(2)固定骨架的连接件。骨架的横竖杆件通过连接件与结构固定。连接件与结构之间，可以与结构预埋件焊牢，也可在墙上打膨胀螺栓。无论用哪一种固定法，都要尽量减少骨架杆件尺寸的误差，保证其位置的准确性。

(3)固定骨架。骨架在安装前均应进行防腐处理，固定位置要准确，骨架安装要牢固。

(4)骨架安装检查。骨架安装质量决定铝合金板的安装质量。因此，安装完毕，应对中心线、表面标高等影响板安装的因素作全面检查。有些高层建筑的大面积外墙板，甚至需要用经纬仪对横竖杆件进行贯通，从而进一步保证板的安装精度。要特别注意变形缝、沉降缝、变截面的处理，使之满足使用要求。

(5)安装铝合金板。根据板的截面类型，可将螺钉拧到骨架上，也可将板卡在特制的龙骨上。板与板之间，一般留出一段间隙，距离为 10~20 mm，至于缝的处理，有的用橡皮条锁住，有的注入硅密封胶。

铝合金板安装完毕后，在易于污染或易于碰撞的部位应加强保护。对于污染问题，多用塑料薄膜进行覆盖。而易于划破、碰撞的部位，则应设置一些安全保护栏杆。

(6)收口处理。各种材料饰面，都有一个如何收口的问题。如水平部位的压顶、端部的收口、伸缩缝、沉降缝的处理，两种不同材料的交接处理等。在铝合金墙板中，多用特制的铝合金型板，进行上述这些部位的处理。

六、塑料板粘贴

（1）满涂胶粘剂：此法用于受摩擦力较大的地方，胶粘剂耗量较大。

（2）局部涂胶粘剂：在接头的两旁和房间的周边涂胶粘剂，塑料板中间胶粘剂带的间距不大于 500 mm，一般为 100～200 mm，因此胶粘剂耗量较小。

（3）粘贴时，应在塑料板和基层面上各涂胶粘剂两遍，纵横交错进行，应涂得厚薄均匀，不要漏涂。第二遍须在第一遍胶粘剂干至不粘手时再涂。第二遍涂好后也要等其略干再粘贴塑料板。

粘贴后可用辊子滚压，压出粘贴部位的气泡，提高粘贴质量。粘贴时不得用力拉扯塑料板。

（4）粘贴完成后应进行养护，养护时间按所用胶粘剂固化期而定。

（5）当胶粘剂不能满足耐腐蚀要求时，应在接缝处用焊接条封焊。

（6）胶粘剂和溶剂多为易燃毒品，施工时应戴防毒口罩和手套，操作地点要有良好通风，并做好防火措施。

（7）为缩短硬化时间，有条件时可采用室内加温或放置热砂袋等方法促凝（放置热砂袋还可使塑料板软化并压伏贴在基层上）。

七、饰面板安装质量检查与验收

1. 一般规定

（1）本部分适用于内墙饰面板安装工程和高度不大于 24 m、抗震设防烈度不大于 8 度的外墙饰面板安装工程的石板安装、陶瓷板安装、木板安装、金属板安装、塑料板安装等分项工程的质量验收。

（2）饰面板工程验收时应检查下列文件和记录：

1）饰面板工程的施工图、设计说明及其他设计文件；

2）材料的产品合格证书、性能检验报告、进场验收记录和复验报告；

3）后置埋件的现场拉拔检验报告；

4）满粘法施工的外墙石板和外墙陶瓷板黏结强度检验报告；

5）隐蔽工程验收记录；

6）施工记录。

饰面板质量
验收标准

（3）饰面板工程应对下列材料及其性能指标进行复验：

1）室内用花岗石板的放射性、室内用人造木板的甲醛释放量；

2）水泥基黏结料的黏结强度；

3）外墙陶瓷板的吸水率；

4）严寒和寒冷地区外墙陶瓷板的抗冻性。

（4）饰面板工程应对下列隐蔽工程项目进行验收：

1）预埋件（或后置埋件）；

2）龙骨安装；

3）连接节点；

4）防水、保温、防火节点；

5）外墙金属板防雷连接节点。

（5）各分项工程的检验批应按下列规定划分：

1）相同材料、工艺和施工条件的室内饰面板工程每50间应划分为一个检验批，不足50间也应划分为一个检验批，大面积房间和走廊可按饰面板面积每30 m² 计为1间；

2）相同材料、工艺和施工条件的室外饰面板工程每1 000 m² 应划分为一个检验批，不足1 000 m² 也应划分为一个检验批。

（6）检查数量应符合下列规定：

1）室内每个检验批应至少抽查10%，并不得少于3间，不足3间时应全数检查；

2）室外每个检验批每100 m² 应至少抽查一处，每处不得小于10 m²。

（7）饰面板工程的防震缝、伸缩缝、沉降缝等部位的处理应保证缝的使用功能和饰面的完整性。

2. 主控项目

（1）石板安装工程。

1）石板的品种、规格、颜色和性能应符合设计要求及国家现行标准的有关规定。

检验方法：观察；检查产品合格证书、进场验收记录、性能检验报告和复验报告。

2）石板孔、槽的数量、位置和尺寸应符合设计要求。

检验方法：检查进场验收记录和施工记录。

3）石板安装工程的预埋件（或后置埋件）、连接件的材质、数量、规格、位置、连接方法和防腐处理应符合设计要求。后置埋件的现场拉拔力应符合设计要求。石板安装应牢固。

检验方法：手扳检查；检查进场验收记录、现场拉拔检验报告、隐蔽工程验收记录和施工记录。

4）采用满粘法施工的石板工程，石板与基层之间的黏结料应饱满、无空鼓。石板黏结应牢固。

检验方法：用小锤轻击检查；检查施工记录；检查外墙石板黏结强度检验报告。

（2）陶瓷板安装工程。

1）陶瓷板的品种、规格、颜色和性能应符合设计要求及国家现行标准的有关规定。

检验方法：观察；检查产品合格证书、进场验收记录和性能检验报告。

2）陶瓷板孔、槽的数量、位置和尺寸应符合设计要求。

检验方法：检查进场验收记录和施工记录。

3）陶瓷板安装工程的预埋件（或后置埋件）、连接件的材质、数量、规格、位置、连接方法和防腐处理应符合设计要求。后置埋件的现场拉拔力应符合设计要求。陶瓷板安装应牢固。

检验方法：手扳检查；检查进场验收记录、现场拉拔检验报告、隐蔽工程验收记录和施工记录。

4）采用满粘法施工的陶瓷板工程，陶瓷板与基层之间的黏结料应饱满、无空鼓。陶瓷板黏结应牢固。

检验方法：用小锤轻击检查；检查施工记录；检查外墙陶瓷板黏结强度检验报告。

（3）木板安装工程。

1）木板的品种、规格、颜色和性能应符合设计要求及国家现行标准的有关规定。木龙骨、木饰面板的燃烧性能等级应符合设计要求。

检验方法：观察；检查产品合格证书、进场验收记录、性能检验报告和复验报告。

2）木板安装工程的龙骨、连接件的材质、数量、规格、位置、连接方法和防腐处理应符合设计要求。木板安装应牢固。

检验方法：手扳检查；检查进场验收记录、隐蔽工程验收记录和施工记录。

（4）金属板安装工程。

1）金属板的品种、规格、颜色和性能应符合设计要求及国家现行标准的有关规定。

检验方法：观察；检查产品合格证书、进场验收记录和性能检验报告。

2）金属板安装工程的龙骨、连接件的材质、数量、规格、位置、连接方法和防腐处理应符合设计要求。金属板安装应牢固。

检验方法：手扳检查；检查进场验收记录、隐蔽工程验收记录和施工记录。

3）外墙金属板的防雷装置应与主体结构防雷装置可靠接通。

检验方法：检查隐蔽工程验收记录。

（5）塑料板安装工程。

1）塑料板的品种、规格、颜色和性能应符合设计要求及国家现行标准的有关规定。塑料饰面板的燃烧性能等级应符合设计要求。

检验方法：观察；检查产品合格证书、进场验收记录和性能检验报告。

2）塑料板安装工程的龙骨、连接件的材质、数量、规格、位置、连接方法和防腐处理应符合设计要求。塑料板安装应牢固。

检验方法：手扳检查；检查进场验收记录、隐蔽工程验收记录和施工记录。

3. 一般项目

（1）石板安装工程。

1）石板表面应平整、洁净、色泽一致，应无裂痕和缺损。石板表面应无泛碱等污染。

检验方法：观察。

2）石板填缝应密实、平直，宽度和深度应符合设计要求，填缝材料色泽应一致。

检验方法：观察；尺量检查。

3）采用湿作业法施工的石板安装工程，石板应进行防碱封闭处理。石板与基体之间的灌注材料应饱满、密实。

检验方法：用小锤轻击检查；检查施工记录。

4）石板上的孔洞应套割吻合，边缘应整齐。

检验方法：观察。

5）石板安装的允许偏差和检验方法应符合表8-1的规定。

表8-1　石板安装的允许偏差和检验方法

项次	项目	允许偏差/mm			检验方法
		光面	剁斧石	蘑菇石	
1	立面垂直度	2	3	3	用2 m垂直检测尺检查
2	表面平整度	2	3	—	用2 m靠尺和塞尺检查
3	阴阳角方正	2	4	4	用200 mm直角检测尺检查
4	接缝直线度	2	4	4	拉5 m线，不足5 m拉通线，用钢直尺检查
5	墙裙、勒脚上口直线度	2	3	3	
6	接缝高低差	1	3	—	用钢直尺和塞尺检查
7	接缝宽度	1	2	2	用钢直尺检查

（2）陶瓷板安装工程。

1）陶瓷板表面应平整、洁净、色泽一致，应无裂痕和缺损。

检验方法：观察。

2)陶瓷板填缝应密实、平直，宽度和深度应符合设计要求，填缝材料色泽应一致。

检验方法：观察；尺量检查。

3)陶瓷板安装的允许偏差和检验方法应符合表8-2的规定。

表8-2　陶瓷板安装的允许偏差和检验方法

项次	项目	允许偏差/mm	检验方法
1	立面垂直度	2	用2 m垂直检测尺检查
2	表面平整度	2	用2 m靠尺和塞尺检查
3	阴阳角方正	2	用200 mm直角检测尺检查
4	接缝直线度	2	拉5 m线，不足5 m拉通线，用钢直尺检查
5	墙裙、勒脚上口直线度	2	拉5 m线，不足5 m拉通线，用钢直尺检查
6	接缝高低差	1	用钢直尺和塞尺检查
7	接缝宽度	1	用钢直尺检查

(3)木板安装工程。

1)木板表面应平整、洁净、色泽一致，应无缺损。

检验方法：观察。

2)木板接缝应平直，宽度应符合设计要求。

检验方法：观察；尺量检查。

3)木板上的孔洞应套割吻合，边缘应整齐。

检验方法：观察。

4)木板安装的允许偏差和检验方法应符合表8-3的规定。

表8-3　木板安装的允许偏差和检验方法

项次	项目	允许偏差/mm	检验方法
1	立面垂直度	2	用2 m垂直检测尺检查
2	表面平整度	1	用2 m靠尺和塞尺检查
3	阴阳角方正	2	用200 mm直角检测尺检查
4	接缝直线度	2	拉5 m线，不足5 m拉通线，用钢直尺检查
5	墙裙、勒脚上口直线度	2	拉5 m线，不足5 m拉通线，用钢直尺检查
6	接缝高低差	1	用钢直尺和塞尺检查
7	接缝宽度	1	用钢直尺检查

(4)金属板安装工程。

1)金属板表面应平整、洁净、色泽一致。

检验方法：观察。

2)金属板接缝应平直，宽度应符合设计要求。

检验方法：观察；尺量检查。

3)金属板上的孔洞应套割吻合，边缘应整齐。

检验方法：观察。

4)金属板安装的允许偏差和检验方法应符合表8-4的规定。

表 8-4　金属板安装的允许偏差和检验方法

项次	项目	允许偏差/mm	检验方法
1	立面垂直度	2	用 2 m 垂直检测尺检查
2	表面平整度	3	用 2 m 靠尺和塞尺检查
3	阴阳角方正	3	用 200 mm 直角检测尺检查
4	接缝直线度	2	拉 5 m 线，不足 5 m 拉通线，用钢直尺检查
5	墙裙、勒脚上口直线度	2	拉 5 m 线，不足 5 m 拉通线，用钢直尺检查
6	接缝高低差	1	用钢直尺和塞尺检查
7	接缝宽度	1	用钢直尺检查

(5)塑料板安装工程。

1)塑料板表面应平整、洁净、色泽一致，应无缺损。

检验方法：观察。

2)塑料板接缝应平直，宽度应符合设计要求。

检验方法：观察；尺量检查。

3)塑料板上的孔洞应套割吻合，边缘应整齐。

检验方法：观察。

4)塑料板安装的允许偏差和检验方法应符合表 8-5 的规定。

表 8-5　塑料板安装的允许偏差和检验方法

项次	项目	允许偏差/mm	检验方法
1	立面垂直度	2	用 2 m 垂直检测尺检查
2	表面平整度	3	用 2 m 靠尺和塞尺检查
3	阴阳角方正	3	用 200 mm 直角检测尺检查
4	接缝直线度	2	拉 5 m 线，不足 5 m 拉通线，用钢直尺检查
5	墙裙、勒脚上口直线度	2	拉 5 m 线，不足 5 m 拉通线，用钢直尺检查
6	接缝高低差	1	用钢直尺和塞尺检查
7	接缝宽度	1	用钢直尺检查

第二节　饰面砖粘贴工程

一、饰面砖安装条件

1. 内墙釉面砖镶贴作业

(1)水电管线已安装完毕；厕浴间的肥皂洞、手纸洞已预留剔出，便盆、浴盆、镜箱及脸盆架已放好位置线或已安装就位。

(2)有防水层的房间、平台、阳台等，已做好防水层，并打好垫层。

(3)饰面砖镶贴前，室内应完成墙、顶抹灰工作；室外应完成落水管的安装。

(4)室内外门窗框均已安装完毕。

(5)室内墙面已弹好标准水平线；室外水平线应使整个外墙饰面能够交圈。

2. 外墙面砖镶贴作业

(1)按面砖的尺寸、颜色进行选砖，并分类存放备用。

(2)大面积施工前应先放样并做样板，确定施工工艺及操作要点，并向施工人员交底再做。样板完成后必须经质检部门鉴定合格后可按样板要求大面积施工。

(3)阳台栏杆预留孔洞及排水管等应处理完毕，门窗框要固定好，并用1:3水泥砂浆将缝隙堵塞严实。铝合金门窗框边缝所用嵌塞材料应符合设计要求，且应塞堵密实并粘好保护膜。

(4)墙面基层清理干净，脚手眼、窗台、窗套等事先砌堵好。

(5)外架子(高层多用吊篮或吊架)应提前支搭和安设，多层房屋最好选用双排架子或桥架，其横竖杆及拉杆等应离开墙面和门窗口角150~200 mm。架子的步高要符合施工要求。

二、内墙釉面砖安装

1. 镶贴前找规矩

用水平尺找平，校核方正。算好纵横皮数和镶贴块数，画出皮数杆，定出水平标准，进行排序，特别是阳角必须垂直。

2. 连接处理

(1)在有脸盆镜箱的墙面，应按脸盆下水管部位分中，往两边排砖。肥皂盒、电器开关插座等，可按预定尺寸和砖数排砖，尽量保证外表美观。

(2)根据已弹好的水平线，稳好水平尺板，作为镶贴第一层釉面砖的依据，一般由下往上逐层镶贴。为了保证间隙均匀，每块砖的方正可采用塑料十字架，镶贴后在半干时再取出十字架，进行嵌缝，这样会使缝隙均匀美观。

(3)一般采用掺108胶素水泥砂浆做黏结层，温度在15 ℃以上(不可使用防冻剂)，随调随用。将其满铺在釉面砖背面，中间鼓四角低，逐块进行镶贴，随时用塑料十字架找正，全部工作应在3 h内完成。一面墙不能一次贴到顶，以防塌落。随时用干布或棉纱将缝隙中挤出的浆液擦干净。

(4)镶贴后的每块釉面砖，可用小铲轻轻敲打牢固。工程完工后，应加强养护。同时，可用稀盐酸刷洗表面，随时用水冲洗干净。

(5)粘贴后48 h，用同色素水泥擦缝。

(6)工程全部完成后，应根据不同的污染程度用稀盐酸刷洗，随即再用清水冲洗。

3. 基层凿毛甩浆

对于坚硬光滑的基层，如混凝土墙面，必须对基层先进行凿毛、甩浆处理。

凿毛的深度为5~10 mm、间距为30 mm，毛面要求均匀，并用钢丝刷子刷干净，用水冲洗。然后在凿毛面上甩水泥砂浆，其配合比为水泥:中砂:胶粘剂=1:1.5:0.2。甩浆厚度为5 mm左右，甩浆前先润湿基层面，甩浆后注意养护。

4. 贴结牢固检查

凡敲打釉面砖面发出空声时，证明贴结不牢或缺灰，应取下釉面砖重贴。

三、外墙面砖安装

1. 基层为混凝土墙的外墙面砖安装

(1)吊垂直、套方、找规矩、贴灰饼。若建筑物为高层时，应在四大角和门窗口边用经纬仪打垂直线找直;如果建筑物为多层时,可从顶层开始用特制的大线坠、绷铁丝吊垂直,然后根据面砖的规格尺寸分层设点、做灰饼。横线则以楼层为水平基线交圈控制,竖线向则以四周大角和通天柱、垛子为基线控制,应全部是整砖。每层打底时则以此灰饼作为基准点进行冲筋,使其底层灰做到横平竖直。同时要注意找好凸出檐口、腰线、窗台、雨篷等饰面的流水坡度。

(2)抹底层砂浆。先刷一遍水泥素浆,紧跟分遍抹底层砂浆(常温时采用配合比为1:0.5:4水泥白灰膏混合砂浆,也可用1:3水泥砂浆)。第一遍厚度宜为5 mm,抹后用扫帚扫毛;待第一遍六至七成干时,即可抹第二遍,厚度为8~12 mm,随即用木杠刮平,木抹搓毛,终凝后浇水养护。

(3)弹线分格。待基层灰六至七成干时即可按图纸要求进行分格弹线,同时进行面层贴标准点的工作,以控制面层出墙尺寸,使墙面垂直、平整。

(4)排砖。根据大样图及墙面尺寸进行横竖排砖,以保证面砖缝隙均匀,符合设计图纸要求,注意大面和通天柱子、垛子排整砖以及在同一墙面上的横竖排列,均不得有一行以上的非整砖。非整砖行应排在次要部位,如窗间墙或阴角处等,但要注意一致和对称。如遇突出的卡件,应用整砖套割吻合,不得用非整砖拼凑镶贴。

(5)浸砖。外墙面砖镶贴前,首先要将面砖清扫干净,放入净水中浸泡2 h以上取出,待表面晾干或擦干净后方可使用。

(6)镶贴面砖。在每一分段或分块内的面砖,均为自下向上镶贴。从最下一层砖下皮的位置线先稳好靠尺,以此托住第一皮面砖。在面砖外皮上口拉水平通线,作为镶贴的标准。

在面砖背面宜采用1:2水泥砂浆或1:0.2:2=水泥:白灰膏:砂的混合砂浆镶贴。砂浆厚度为6~10 mm,贴上后用灰铲柄轻轻敲打,使之附线,再用钢片开刀调整竖缝,并用小杠通过标准点调整平面垂直度。

另一种做法是用1:1水泥砂浆加含水量为20%的胶粘剂,在砖背面抹3~4 mm厚粘贴即可。但此种做法要求基层灰必须抹得平整,而且砂子必须用窗纱筛后使用。

(7)面砖勾缝与擦缝。宽缝一般在8 mm以上,用1:1水泥砂浆勾缝,先勾水平缝再勾竖缝,勾好后要求凹进面砖外表面2~3 mm。若横竖缝为干挤缝,或小于3 mm者,应用白水泥配颜料进行擦缝处理。面砖缝勾完后用布或棉丝蘸稀盐酸擦洗干净。

2. 基层为砖墙的外墙面砖安装

(1)墙面处理。抹灰前墙面必须清扫干净,浇水湿润。

(2)基层操作。在大墙面和四角、门窗口边弹线找规矩,必须由顶层到底一次进行,弹出垂直线,并决定面砖出墙尺寸分层设点,做灰饼。横线则以楼层为水平基线交圈控制,竖向线则以四周大角和通天垛、柱子为基线控制。每层打底时则以此灰饼作为基准点进行冲筋,使其底层灰做到横平竖直。同时要注意找好凸出檐口、腰线、窗台、雨篷等饰面的流水坡度。

(3)抹底层砂浆。先将墙面浇水湿润,然后用1:3水泥砂浆刮一遍,厚约6 mm,紧跟用同强度等级灰与所冲的筋找平,随即用木杠刮平、木抹搓毛。终凝后浇水养护。

(4)其他施工工艺与要点同基层为混凝土墙面施工工艺。

四、饰面砖粘贴工程质量检查与验收

1. 一般规定

(1)本部分适用于内墙饰面砖粘贴和高度不大于100 m、抗震设防烈度不大于8度、采用满粘法施工的外墙饰面砖粘贴等分项工程的质量验收。

(2)饰面砖工程验收时应检查下列文件和记录:

1)饰面砖工程的施工图、设计说明及其他设计文件；

2)材料的产品合格证书、性能检验报告、进场验收记录和复验报告；

3)外墙饰面砖施工前粘贴样板和外墙饰面砖粘贴工程饰面砖黏结强度检验报告；

4)隐蔽工程验收记录；

5)施工记录。

(3)饰面砖工程应对下列材料及其性能指标进行复验：

1)室内用花岗石和瓷质饰面砖的放射性；

2)水泥基黏结材料与所用外墙饰面砖的拉伸黏结强度；

3)外墙陶瓷饰面砖的吸水率；

4)严寒及寒冷地区外墙陶瓷饰面砖的抗冻性。

(4)饰面砖工程应对下列隐蔽工程项目进行验收：

1)基层和基体；

2)防水层。

(5)各分项工程的检验批应按下列规定划分：

1)相同材料、工艺和施工条件的室内饰面砖工程每 50 间应划分为一个检验批，不足 50 间也应划分为一个检验批，大面积房间和走廊可按饰面砖面积每 30 m^2 计为 1 间；

2)相同材料、工艺和施工条件的室外饰面砖工程每 1 000 m^2 应划分为一个检验批，不足 1 000 m^2 也应划分为一个检验批。

(6)检查数量应符合下列规定：

1)室内每个检验批应至少抽查 10%，并不得少于 3 间，不足 3 间时应全数检查；

2)室外每个检验批每 100 m^2 应至少抽查一处，每处不得小于 10 m^2。

(7)外墙饰面砖工程施工前，应在待施工基层上做样板，并对样板的饰面砖黏结强度进行检验，检验方法和结果判定应符合现行行业标准《建筑工程饰面砖黏结强度检验标准》(JGJ/T 110—2017)的规定。

(8)饰面砖工程的防震缝、伸缩缝、沉降缝等部位的处理应保证缝的使用功能和饰面的完整性。

2. 主控项目

(1)内墙饰面砖粘贴工程。

1)内墙饰面砖的品种、规格、图案、颜色和性能应符合设计要求及国家现行标准的有关规定。

检验方法：观察；检查产品合格证书、进场验收记录、性能检验报告和复验报告。

2)内墙饰面砖粘贴工程的找平、防水、黏结和填缝材料及施工方法应符合设计要求及国家现行标准的有关规定。

检验方法：检查产品合格证书、复验报告和隐蔽工程验收记录。

3)内墙饰面砖粘贴应牢固。

检验方法：手拍检查，检查施工记录。

4)满粘法施工的内墙饰面砖应无裂缝，大面和阳角应无空鼓。

检验方法：观察；用小锤轻击检查。

(2)外墙饰面砖粘贴工程。

1)外墙饰面砖的品种、规格、图案、颜色和性能应符合设计要求及国家现行标准的有关规定。

检验方法：观察；检查产品合格证书、进场验收记录、性能检验报告和复验报告。

2)外墙饰面砖粘贴工程的找平、防水、黏结、填缝材料及施工方法应符合设计要求和现行行业标准《外墙饰面砖工程施工及验收规程》(JGJ 126—2015)的规定。

检验方法：检查产品合格证书、复验报告和隐蔽工程验收记录。

3)外墙饰面砖粘贴工程的伸缩缝设置应符合设计要求。

检验方法：观察；尺量检查。

4)外墙饰面砖粘贴应牢固。

检验方法：检查外墙饰面砖黏结强度检验报告和施工记录。

5)外墙饰面砖工程应无空鼓、裂缝。

检验方法：观察；用小锤轻击检查。

3. 一般项目

(1)内墙饰面砖粘贴工程。

1)内墙饰面砖表面应平整、洁净、色泽一致，应无裂痕和缺损。

检验方法：观察。

2)内墙面凸出物周围的饰面砖应整砖套割吻合，边缘应整齐。墙裙、贴脸突出墙面的厚度应一致。

检验方法：观察；尺量检查。

3)内墙饰面砖接缝应平直、光滑，填嵌应连续、密实；宽度和深度应符合设计要求。

检验方法：观察；尺量检查。

4)内墙饰面砖粘贴的允许偏差和检验方法应符合表8-6的规定。

表8-6 内墙饰面砖粘贴的允许偏差和检验方法

项次	项目	允许偏差/mm	检验方法
1	立面垂直度	2	用2 m垂直检测尺检查
2	表面平整度	3	用2 m靠尺和塞尺检查
3	阴阳角方正	3	用200 mm直角检测尺检查
4	接缝直线度	2	拉5 m线，不足5 m拉通线，用钢直尺检查
5	接缝高低差	1	用钢直尺和塞尺检查
6	接缝宽度	1	用钢直尺检查

(2)外墙饰面砖粘贴工程。

1)外墙饰面砖表面应平整、洁净、色泽一致，应无裂痕和缺损。

检验方法：观察。

2)饰面砖外墙阴阳角构造应符合设计要求。

检验方法：观察。

3)墙面凸出物周围的外墙饰面砖应整砖套割吻合，边缘应整齐。墙裙、贴脸突出墙面的厚度应一致。

检验方法：观察；尺量检查。

4)外墙饰面砖接缝应平直、光滑，填嵌应连续、密实；宽度和深度应符合设计要求。

检验方法：观察；尺量检查。

5)有排水要求的部位应做滴水线(槽)。滴水线(槽)应顺直，流水坡向应正确，坡度应符合设计要求。

检验方法：观察；用水平尺检查。

6)外墙饰面砖粘贴的允许偏差和检验方法应符合表8-7的规定。

表8-7　外墙饰面砖粘贴的允许偏差和检验方法

项次	项目	允许偏差/mm	检验方法
1	立面垂直度	3	用2 m垂直检测尺检查
2	表面平整度	4	用2 m靠尺和塞尺检查
3	阴阳角方正	3	用200 mm直角检测尺检查
4	接缝直线度	3	拉5 m线,不足5 m拉通线,用钢直尺检查
5	接缝高低差	1	用钢直尺和塞尺检查
6	接缝宽度	1	用钢直尺检查

本章小结

饰面板的安装主要包括石材类面板、陶瓷板、木板、金属板和塑料板的安装，饰面砖的安装主要包括内墙釉面砖、外墙面砖的安装。各类饰面板(砖)的安装施工应按施工工艺流程和操作技术要求进行，并符合《建筑装饰装修工程施工质量验收标准》(GB 50210—2018)的相关规定。

思考与练习

一、填空题

1. 手锤用钢材锻成，质量为_____。

2. 合金钢钻头常用直径有_____、_____、_____等。

二、选择题

1. 镶贴饰面砖拨缝用(　　)。

　A. 开刀　　　　　　B. 木垫板　　　　　　C. 铁铲　　　　　　D. 橡皮锤

2. 木垫板是镶贴(　　)的专用工具。

　A. 内墙釉面砖　　　B. 外墙面砖　　　　　C. 玻璃马赛克　　　D. 陶瓷马赛克

三、问答题

1. 铝合金板饰面安装应符合哪些要求？

2. 如何进行彩色涂层钢板饰面安装？

3. 内墙釉面砖镶贴的作业条件是什么？

第九章 涂饰工程施工技术

知识目标

了解涂饰工程施工常用机具类型及其使用方法，熟悉涂饰工程施工方法，掌握涂饰施工操作技术要点及施工质量检查验收要求。

能力目标

通过本章内容的学习，能够进行水性涂料、溶剂型涂料及美术涂饰施工，并依据《建筑装饰装修工程质量验收标准》(GB 50210—2018)的规定进行水性涂料、溶剂型涂料及美术涂饰施工质量的检查验收。

第一节 涂饰工程施工操作方法与常用机具

涂饰工程施工操作方法有刷涂、滚涂、喷涂、刮涂、弹涂、抹涂等。

一、刷涂

刷涂是人工用刷子蘸上涂料直接涂刷于被饰涂面。要求：不流、不挂、不皱、不漏、不露刷痕。刷涂一般不少于两道，应在前一道涂料表面干后再涂刷下一道。两道施涂间隔时间由涂料品种和涂刷厚度确定，一般为 2～4 h。

刷涂常用工具如图 9-1 所示。

涂料施工

图 9-1 刷涂常用工具
(a)排笔刷；(b)底纹笔；(c)料桶

二、滚涂

滚涂是利用涂料辊子蘸上少量涂料，在基层表面上下垂直来回滚动施涂。阴角及上下口一般需先用排笔、鬃刷刷涂。

常用的滚涂工具是各种辊筒。辊筒由手柄、支架、筒心和筒套四部分组成。通常用羊毛或多孔性吸附材料制成的辊筒有长毛辊筒、可伸缩手柄的辊筒等。为了追求特殊的装饰效果，一般用有花纹的橡胶制压花辊筒。

毛辊是滚筒中常见的一种，常与油漆刷、羊毛排笔等配套使用，以满足涂刷施工的需要。在进行滚涂操作时，应根据涂料的品种和花饰要求确定工具的种类。

三、喷涂

1. 电动喷液枪

电动喷液枪是一种无须压缩空气的喷浆装置，如图 9-2 所示。自身带有液体输送的电磁泵，通电后三相交流电可使电磁铁 6 反复吸引和释放推杆 9，推杆被吸引时泵芯 4 向前运动，推杆被释放时泵芯在弹簧作用下回拉。由于喷浆孔和进浆孔均装有单向球阀，泵芯回位时泵腔内形成负压，浆液可进入泵腔内。泵芯前移时可压缩浆液，当压力超过 0.35~0.4 MPa 时，推开喷出球阀而喷出。浆液喷出后因压力突然下降而膨胀雾化，呈雾状涂敷在建筑物上。

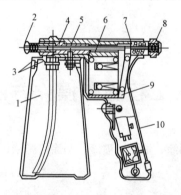

图 9-2　电动喷液枪

1—盛浆瓶；2—喷嘴；3—球阀；4—泵芯；5—弹簧；6—电磁铁；

7—调节杆；8—调节螺母；9—推杆；10—电气开关盒兼手柄

电动喷液枪喷嘴的孔径有多种规格，可根据不同用途更换使用，如用 1 mm 孔径的喷嘴，可喷涂石灰浆、色浆液和涂料。如用 0.3 mm 孔径的喷嘴，可喷射药水。

2. 高压无气喷涂机

高压无气喷涂机是利用高压泵提供的高压涂料，经过喷枪的特殊喷嘴，把涂料均匀雾化，实现高压无气喷涂工艺的新型设备。按其动力源可分为气动、电动、内燃三种；按涂料泵构造可分为活塞式、柱塞式、隔膜式三种。

高压无气喷涂机主要由高压涂料泵、柱塞油泵、喷枪、电动机等组成，如图 9-3 所示。

使用高压无气喷涂机前，要使调压阀、卸压阀处于开启状态；喷涂中发生喷枪堵塞现象时，应先将枪关闭，将喷嘴手柄旋转 180°，再开枪用压力涂料排除堵塞物；喷涂间歇时，要随手关闭喷枪安全装置，防止无意打开伤人；作业中停歇时间较长时，要停机卸压，将喷枪的喷嘴部位放入溶剂里。每天作业结束后，必须彻底清洗喷枪。

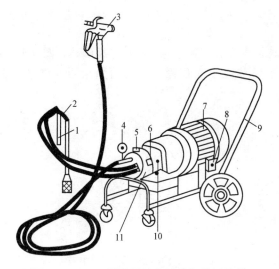

图 9-3　PWD8 型高压无气喷涂机外形结构

1—排料管；2—吸料管；3—喷枪；4—压力表；5—单向阀；6—解压阀；

7—电动机；8—开关；9—小车；10—柱塞油泵；11—涂料泵

3. 喷涂操作

喷涂是一种利用压缩空气将涂料制成雾状（或粒状）喷出，涂于被饰涂面的机械施工方法。其操作过程为：

(1)将涂料调至施工所需黏度，将其装入贮料罐或压力供料筒中。

(2)打开空压机，调节空气压力，使其达到施工压力，一般为 0.4～0.8 MPa。

(3)喷涂时，手握喷枪要稳，涂料出口应与被涂面保持垂直，喷枪移动时应与喷涂面保持平行。喷距以 500 mm 左右为宜，喷枪运行速度应保持一致。

(4)喷枪移动的范围不宜过大，一般直接喷涂 700～800 mm 后折回，再喷涂下一行，也可选择横向或竖向往返喷涂。

(5)涂层一般两遍成活，横向喷涂一遍，竖向再喷涂一遍。两遍之间间隔时间由涂料品种及喷涂厚度而定，要求涂膜应厚薄均匀、颜色一致、平整光滑，不出现露底、皱纹、流挂、钉孔、气泡和失光现象。

四、刮涂

刮涂是利用刮板，将涂料厚浆均匀地批刮于涂面上，形成厚度为 1～2 mm 的厚涂层。这种施工方法多用于地面等较厚层涂料的施涂。

刮涂施工的方法有以下几种：

(1)刮涂时应用力按刀，使刮刀与饰面成 50°～60°角刮涂。刮涂时只能来回刮 1～2 次，不能往返多次刮涂。

(2)遇有圆、菱形物面时可用橡皮刮刀进行刮涂。刮涂地面施工时，为了增加涂料的装饰效果，可用划刀或记号笔刻出席纹、仿木纹等各种图案。

(3)腻子一次刮涂厚度一般不应超过 0.5 mm，孔眼较大的物面应将腻子填嵌实，并高出物面，待干透后再进行打磨。待批刮腻子或者厚浆涂料全部干燥后，再涂刷面层涂料。

五、弹涂

弹涂做法的主要机具是弹涂器。其分为手动和电动两种，图9-4所示为弹涂器工作原理示意图。手动弹涂器适用于局部或小面积操作；电动弹涂器速度快、工效高，适用于大面积施工。

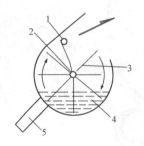

图9-4　弹涂器工作原理示意
1—挡棍；2—中轴；3—弹棒；4—色浆；5—手柄

弹涂时，先在基层刷涂1~2道底涂层，待其干燥后通过机械的方法将色浆均匀地溅在墙面上，形成1~3 mm的圆状色点。弹涂时，弹涂器的喷出口应垂直正对被饰面，距离为300~500 mm，按一定速度自上而下、由左至右弹涂。选用压花型弹涂时，应适时将彩点压平。

六、抹涂

抹涂时，先在基层刷涂或滚涂1~2道底涂料，待其干燥后，使用不锈钢抹灰工具将饰面涂料抹到底层涂料上。一般抹1~2遍，间隔1 h后再用不锈钢抹子压平。涂抹厚度：内墙为1.5~2 mm，外墙为2~3 mm。

第二节　水性涂料涂饰工程

一、水性涂料涂饰工程施工要求

水性涂料包括乳液型涂料、无机涂料、水溶性涂料等。水性涂料施工工艺流程为：基层清除→嵌批→润粉→着色→打磨→配料→油漆施涂。

(1)基层清除。基层清除工作是确保油漆涂刷质量的关键基础性工作，其方法主要有手工清除、机械清除、化学清除和高温清除。其目的是清除被涂饰基层面上的灰尘、油渍、旧涂膜、锈迹等各种污染和疏松物质，或者改善基层原有的化学性质，以利于油漆涂层的附着效果和涂装质量。

(2)嵌批。嵌批即指涂饰工程的基层表面涂抹刮平腻子。操作过程中不能随意减少腻子涂抹刮平的遍数，同时必须待腻子完全干燥并打磨平整后才可进入下道工序，否则会严重影响饰面涂层的附着力和涂膜质量。

(3)润粉。润粉是指在木质材料面的涂饰工艺中，采用填孔料以填平管孔并封闭基层和适当着色，同时可起到避免后续涂膜塌陷及节省涂料的作用。

（4）着色。在木质基面上涂刷着色剂，使之更符合装饰工程的色调要求，着色分水色、酒色和油色三种不同的做法。

（5）打磨。打磨是使用研磨材料对被涂饰物表面及涂饰过程的涂层表面进行研磨平整的工序，确保油漆涂层平整光滑，附着力以及被涂饰物的棱角、线脚、外观质量等符合要求。

（6）配料。配料是确保饰面施工质量和装饰效果极其重要的环节，是指在施工现场根据设计、样板或操作所需，将油漆涂料饰面施工的原材料合理地按配合比调制出工序材料，如色漆调配、基层填孔料及着色剂的调配等。

（7）油漆施涂。

1）溶剂型油漆的施涂。主要采用刷涂、喷涂（包括空气喷涂和高压无气喷涂）、滚涂或擦涂的方法，应确保涂层的厚度和质量。

2）聚氨酯水性漆的施涂。其施工要点如下：

①木质材料表面涂饰清漆时，可按下述工序进行：

a. 刷涂清漆 1 遍，补钉眼，用 180 号以上砂纸磨平；

b. 喷涂清漆 1 遍；

c. 采用复合底漆（取代普通腻子的作用）刮涂 2 遍，用 400 号以上砂纸磨平；

d. 喷涂清漆 2～3 遍，用 1 000 号以上砂纸磨平；

e. 喷涂防水清漆 1 遍。

②木质材料表面施涂色漆时，可按下述工序进行：

a. 先刷涂清漆 1 遍，补钉眼，用 180 号以上砂纸磨平；

b. 再喷涂清漆 1 遍；

c. 采用复合底漆（取代普通腻子的作用）刮涂 2 遍，用 400 号以上砂纸磨平；

d. 喷涂有色漆 2～3 遍，用 400 号以上砂纸磨平；

e. 喷涂清漆 2～3 遍，用 1 000 号以上砂纸磨平；

f. 最后喷涂防水清漆 1 遍。

③被涂饰物的面为水平面或平放状态时，漆层涂饰可以略厚；立面涂饰时要注意均匀薄刷，以防止产生流坠。

④在进行最后一遍涂刷时，允许加入适量的清洁水将漆料调稀，以便涂刷均匀和较好地覆盖。

⑤根据施工环境中空气的干湿度，适当控制每遍漆层的厚薄及间隔时间，北方地区空气干燥时，涂饰可以略厚，间隔时间稍短；南方地区湿度较大时，涂饰可以略薄，间隔时间可以适当加长。

二、水性涂料施工质量检查与验收

1. 一般规定

（1）涂饰工程验收时应检查下列文件和记录：

1）涂饰工程的施工图、设计说明及其他设计文件；

2）材料的产品合格证书、性能检验报告、有害物质限量检验报告和进场验收记录；

3）施工记录。

（2）各分项工程的检验批应按下列规定划分：

1）室外涂饰工程每一栋楼的同类涂料涂饰的墙面每 1 000 m² 应划分为一个检验批，不足

涂饰工程质量
验收标准

1 000 m² 也应划分为一个检验批；

2)室内涂饰工程同类涂料涂饰墙面每 50 间应划分为一个检验批，不足 50 间也应划分为一个检验批，大面积房间和走廊可按涂饰面积每 30 m² 计为 1 间。

(3)检查数量应符合下列规定：

1)室外涂饰工程每 100 m² 应至少检查一处，每处不得小于 10 m²。

2)室内涂饰工程每个检验批应至少抽查 10%，并不得少于 3 间；不足 3 间时应全数检查。

(4)涂饰工程的基层处理应符合下列规定：

1)新建筑物的混凝土或抹灰基层在用腻子找平或直接涂饰涂料前应涂刷抗碱封闭底漆。

2)既有建筑墙面在用腻子找平或直接涂饰涂料前应清除疏松的旧装修层，并涂刷界面剂。

3)混凝土或抹灰基层在用溶剂型腻子找平或直接涂刷溶剂型涂料时，含水率不得大于 8%；在用乳液型腻子找平或直接涂刷乳液型涂料时，含水率不得大于 10%，木材基层的含水率不得大于 12%。

4)找平层应平整、坚实、牢固，无粉化、起皮和裂缝；内墙找平层的黏结强度应符合现行行业标准《建筑室内用腻子》(JG/T 298—2010)的规定。

5)厨房、卫生间墙面的找平层应使用耐水腻子。

(5)水性涂料涂饰工程施工的环境温度应为 5 ℃～35 ℃。

(6)涂饰工程施工时应对与涂层衔接的其他装修材料、邻近的设备等采取有效的保护措施，以避免由涂料造成的玷污。

(7)涂饰工程应在涂层养护期满后进行质量验收。

2. 主控项目

(1)水性涂料涂饰工程所用涂料的品种、型号和性能应符合设计要求及国家现行标准的有关规定。

检验方法：检查产品合格证书、性能检验报告、有害物质限量检验报告和进场验收记录。

(2)水性涂料涂饰工程的颜色、光泽、图案应符合设计要求。

检验方法：观察。

(3)水性涂料涂饰工程应涂饰均匀、黏结牢固，不得漏涂、透底、开裂、起皮和掉粉。

检验方法：观察；手摸检查。

(4)水性涂料涂饰工程的基层处理应符合"1.(4)"的规定。

检验方法：观察；手摸检查；检查施工记录。

3. 一般项目

(1)薄涂料的涂饰质量和检验方法应符合表 9-1 的规定。

表 9-1　薄涂料的涂饰质量和检验方法

项次	项目	普通涂饰	高级涂饰	检验方法
1	颜色	均匀一致	均匀一致	观察
2	光泽、光滑	光泽基本均匀，光滑无挡手感	光泽均匀一致，光滑	
3	泛碱、咬色	允许少量轻微	不允许	
4	流坠、疙瘩	允许少量轻微	不允许	
5	砂眼、刷纹	允许少量轻微砂眼、刷纹通顺	无砂眼，无刷纹	

(2)厚涂料的涂饰质量和检验方法应符合表 9-2 的规定。

表 9-2　厚涂料的涂饰质量和检验方法

表 9-2　厚涂料的涂饰质量和检验方法

项次	项目	普通涂饰	高级涂饰	检验方法
1	颜色	均匀一致	均匀一致	
2	光泽	光泽基本均匀	光泽均匀一致	观察
3	泛碱、咬色	允许少量轻微	不允许	
4	点状分布	—	疏密均匀	

（3）复层涂料的涂饰质量和检验方法应符合表 9-3 的规定。

表 9-3　复层涂料的涂饰质量和检验方法

项次	项目	质量要求	检验方法
1	颜色	均匀一致	
2	光泽	光泽基本均匀	观察
3	泛碱、咬色	不允许	
4	喷点疏密程度	均匀，不允许连片	

（4）涂层与其他装修材料和设备衔接处应吻合，界面应清晰。

检验方法：观察。

（5）墙面水性涂料涂饰工程的允许偏差和检验方法应符合表 9-4 的规定。

表 9-4　墙面水性涂料涂饰工程的允许偏差和检验方法

项次	项目	允许偏差/mm					检验方法
		薄涂料		厚涂料		复层涂料	
		普通涂饰	高级涂饰	普通涂饰	高级涂饰		
1	立面垂直度	3	2	4	3	5	用 2 m 垂直检测尺检查
2	表面平整度	3	2	4	3	5	用 2 m 靠尺和塞尺检查
3	阴阳角方正	3	2	4	3	4	用 200 mm 直角检测尺检查
4	装饰线、分色线直线度	2	1	2	1	3	拉 5 m 线，不足 5 m 拉通线，用钢直尺检查
5	墙裙、勒脚上口直线度	2	1	2	1	3	拉 5 m 线，不足 5 m 拉通线，用钢直尺检查

第三节　溶剂型涂料涂饰工程

一、溶剂型涂料涂饰施工要求

溶剂型涂料包括丙烯酸酯涂料、聚氨酯丙烯酸涂料、有机硅丙烯酸涂料和交联型氟树脂涂料等。其施工要求如下：

(1)施工时要注意通风和防火。

(2)施工时一般涂刷两遍成活，每遍间隔时间应在24 h以上。

(3)基层平面要平整，应先刮腻子填平孔洞。

(4)成膜温度低，气温在0 ℃以上均可以施工，炎热和阴雨天气不得施工，天气过热时溶剂挥发快，成膜质量差。

(5)溶剂型涂料的成膜致密、不透气、有疏水性，要求基层必须充分干燥，含水率应控制在6%(氯化橡胶涂料除外)以内。

二、溶剂型涂料施工质量检查与验收

1. 一般规定

参见"水性涂料施工质量检查与验收"的相关内容。

2. 主控项目

(1)溶剂型涂料涂饰工程所选用涂料的品种、型号和性能应符合设计要求及国家现行标准的有关规定。

检验方法：检查产品合格证书、性能检验报告、有害物质限量检验报告和进场验收记录。

(2)溶剂型涂料涂饰工程的颜色、光泽、图案应符合设计要求。

检验方法：观察。

(3)溶剂型涂料涂饰工程应涂饰均匀、黏结牢固，不得漏涂、透底、开裂、起皮和反锈。

检验方法：观察；手摸检查。

(4)溶剂型涂料涂饰工程的基层处理应符合"第二节 二、1.(4)"的要求。

检验方法：观察；手摸检查；检查施工记录。

3. 一般项目

(1)色漆的涂饰质量和检验方法应符合表9-5的规定。

表9-5　色漆的涂饰质量和检验方法

项次	项目	普通涂饰	高级涂饰	检验方法
1	颜色	均匀一致	均匀一致	观察
2	光泽、光滑	光泽基本均匀，光滑无挡手感	光泽均匀一致，光滑	观察、手摸检查
3	刷纹	刷纹通顺	无刷纹	观察
4	裹棱、流坠、皱皮	明显处不允许	不允许	观察

(2)清漆的涂饰质量和检验方法应符合表9-6的规定。

表9-6　清漆的涂饰质量和检验方法

项次	项目	普通涂饰	高级涂饰	检验方法
1	颜色	基本一致	均匀一致	观察
2	木纹	棕眼刮平，木纹清楚	棕眼刮平，木纹清楚	观察
3	光泽、光滑	光泽基本均匀，光滑无挡手感	光泽均匀一致，光滑	观察、手摸检查
4	刷纹	无刷纹	无刷纹	观察
5	裹棱、流坠、皱皮	明显处不允许	不允许	观察

(3)涂层与其他装修材料和设备衔接处应吻合，界面应清晰。

检验方法：观察。

(4)墙面溶剂型涂料涂饰工程的允许偏差和检验方法应符合表 9-7 的规定。

表 9-7　墙面溶剂型涂料涂饰工程的允许偏差和检验方法

| 项次 | 项目 | 允许偏差/mm | | | | 检验方法 |
| | | 色漆 | | 清漆 | | |
		普通涂饰	高级涂饰	普通涂饰	高级涂饰	
1	立面垂直度	4	3	3	2	用 2 m 垂直检测尺检查
2	表面平整度	4	3	3	2	用 2 m 靠尺和塞尺检查
3	阴阳角方正	4	3	3	2	用 200 mm 直角检测尺检查
4	装饰线、分色线直线度	2	1	2	1	拉 5 m 线，不足 5 m 拉通线，用钢直尺检查
5	墙裙、勒脚上口直线度	2	1	2	1	拉 5 m 线，不足 5 m 拉通线，用钢直尺检查

第四节　美术涂饰工程

一、美术涂饰施工要求

美术涂饰是指套色涂饰、滚花涂饰和仿花纹涂饰等室内外美术涂饰工程。

1. 套色涂饰

(1)操作时，漏花板必须注意找好垂直，每一套色为一个版面，每个版面四角均有标准孔（俗称规矩），必须对准，不应有位移，更不得将板翻用。

(2)漏花的配色，应以墙面油漆的颜色为基色，每一版的颜色深浅适度，才能使组成的图案具有色调协调、柔和并呈现立体感和真实感。

(3)宜按喷印方法进行，并按分色顺序喷印。套色漏花时，第一遍油漆干透后，再涂第二遍色油漆，以防混色。各套色的花纹要组织严密，不得有漏喷(刷)和漏底子的现象。

(4)配料的稠度适当，稀了易流坠污染墙面，干则易堵塞喷油嘴而影响质量。

(5)漏花板每漏 3～5 次，应用干燥而洁净的布抹去背面和正面的油漆，以防污染墙面。

2. 滚花涂饰

(1)按设计要求的花纹图案，在橡胶或软塑料的滚筒上刻制成模子。

(2)操作时，应在面层油漆表面弹出垂直粉线，然后沿粉线自上而下进行。滚筒的轴必须垂直于粉线，不得歪斜。

(3)花纹图案应均匀一致，颜色调合符合设计要求，不显接槎。

(4)滚花完成后，周边应划色线或做花边方格线。

3. 仿花纹涂饰

(1)仿木纹涂饰。应在第一遍涂料表面进行。涂饰前要测量室内的高度，然后根据室内的净高确定仿木纹墙裙的高度，习惯做法的仿木纹墙高度为室内净高的1/3左右，但不应高于1.30 m，不低于0.80 m。待摹仿纹理完成后，表面应涂饰罩面清漆。

(2)仿石纹涂饰。应在第一遍涂料表面进行。待底层所涂清油干透后，刮两遍腻子，磨2遍砂纸，试调浮粉，再涂饰两遍色调合漆，采用的颜色以浅黄或灰绿色为好。色调合漆干透后，将用温水浸泡的丝绵拧去水分，再甩开，使之松散，以小钉子挂在油漆好的墙面上，用手整理丝绵成斜纹状，如石纹一般，连续喷涂三遍色，喷涂的顺序是浅色、深色而后喷白色。油色抬丝完成后，须停10～20 min才可取下丝绵，待喷涂的石纹干后再进行划线，等线干后再刷一遍清漆。

二、美术涂饰施工质量检查与验收

1. 一般规定

参见"水性涂料施工质量检查与验收"相关内容。

2. 主控项目

(1)美术涂饰工程所用材料的品种、型号和性能应符合设计要求及国家现行标准的有关规定。

检验方法：观察；检查产品合格证书、性能检验报告、有害物质限量检验报告和进场验收记录。

(2)美术涂饰工程应涂饰均匀、黏结牢固，不得漏涂、透底、开裂、起皮、掉粉和反锈。

检验方法：观察；手摸检查。

(3)美术涂饰工程的基层处理应符合"第二节 二、1.(4)"的要求。

检验方法：观察；手摸检查；检查施工记录。

(4)美术涂饰工程的套色、花纹和图案应符合设计要求。

检验方法：观察。

3. 一般项目

(1)美术涂饰表面应洁净，不得有流坠现象。

检验方法：观察。

(2)仿花纹涂饰的饰面应具有被模仿材料的纹理。

检验方法：观察。

(3)套色涂饰的图案不得移位，纹理和轮廓应清晰。

检验方法：观察。

(4)墙面美术涂饰工程的允许偏差和检验方法应符合表9-8的规定。

表9-8 墙面美术涂饰工程的允许偏差和检验方法

项次	项目	允许偏差/mm	检验方法
1	立面垂直度	4	用2 m垂直检测尺检查
2	表面平整度	4	用2 m靠尺和塞尺检查
3	阴阳角方正	4	用200 mm直角检测尺检查
4	装饰线、分色线直线度	2	拉5 m线，不足5 m拉通线，用钢直尺检查
5	墙裙、勒脚上口直线度	2	拉5 m线，不足5 m拉通线，用钢直尺检查

水性涂料包括乳液型涂料、无机涂料、水溶性涂料等，溶剂型涂料包括丙烯酸酯涂料、聚氨酯丙烯酸涂料、有机硅丙烯酸涂料和交联型氟树脂涂料等，美术涂饰指的是套色涂饰、滚花涂饰和仿花纹涂饰等室内外美术涂饰工程。涂饰工程施工操作方法有刷涂、滚涂、喷涂、刮涂、弹涂、抹涂等。涂饰施工应按施工工艺流程和操作技术要求进行，并符合《建筑装饰装修工程施工质量验收标准》(GB 50210—2018)的有关规定。

思考与练习

一、填空题

1. 刷涂一般不少于两道，两道施涂间隔时间由涂料品种和涂刷厚度确定，一般为_____。

2. 滚涂时，阴角及上下口一般需先用_____、_____刷涂。

3. 辊筒由_____、_____、_____和_____四部分组成。

4. 高压无气喷涂机按其动力源可分为_____、_____、_____三种。

5. 高压无气喷涂机主要由_____、_____、_____、_____等组成。

6. 弹涂器分为_____和_____两种。

7. 溶剂型油漆的施涂主要采用_____、_____、_____或_____的方法。

8. 美术涂饰表面应洁净，不得有_____现象。

二、选择题

1. 常用的滚涂工具是各种(　　)。

　　A. 排笔　　　　　　B. 辊筒　　　　　　C. 喷液枪　　　　　　D. 刷子

2. (　　)是一种利用压缩空气将涂料制成雾状(或粒状)喷出，涂于被饰涂面的机械施工方法。

　　A. 刷涂　　　　　　B. 滚涂　　　　　　C. 喷涂　　　　　　D. 刮涂

三、问答题

1. 溶剂型涂料施工应符合哪些要求？

2. 怎样进行套色涂饰？

第十章　楼地面装饰工程施工技术

知识目标

了解建筑装饰地面的类型及地面装饰所用相关机具，熟悉地面装饰施工工作流程及材料要求，掌握建筑地面基层、面层施工要求及施工质量检查验收要求。

能力目标

通过本章内容的学习，能够进行建筑地面基层、面层的铺设施工，并能够根据相关规范规定完成施工质量的检查验收。

第一节　地面与地板整修机具

一、水泥抹光机

1. 水泥抹光机的使用要求

电动抹光机在使用前需检查电动机的绝缘情况（使用中要保证机体不带电），同时在使用前需确定转子的旋转方向，如转向不对应更换接线相位。只有各部完好无损，空转正常，才可使用。

抹第一遍时，要能基本抹平并能将地面挤出水浆才行，然后视地面光整程度再抹第二遍和第三遍。

2. 水泥抹光机的构造与工作原理

水泥抹光机是在水泥砂浆摊铺在地面上经刮平后，进行抹光用的机械。按动力形式分为内燃式与电动式；按结构形式分为单转子式与双转子式；按操作方式分为立式及座式。

水泥抹光机主要由电动机、V 带传动装置、抹刀和机架等构成。机架中部的轴承座上，悬挂安装十字形的抹刀转子，转子上安装有倾斜 $10°\sim15°$ 角的 $3\sim4$ 片抹刀，转子外缘制有 V 带槽，由电动机通过机轴上的小带轮和 V 带驱动。当转子旋转时带动抹刀抹光地面，由操作者握住手柄进行工作和移动位置。

双转子式水泥抹光机是在机架上安装有两个带抹刀的转子，在工作时可以获得较大的抹光面积，工作效率大大提高。

3. 水泥抹光机的性能参数

水泥抹光机的主要性能参数见表 10-1。

表 10-1　水泥抹光机的主要性能参数

性能参数＼形式　性能指标	单转子式	双转子式	性能参数＼形式　性能指标		单转子式	双转子式
抹刀数	3/4	2×3	生产率/(m²·h⁻¹)		100～300	100～200/80～100
抹刀回转直径/cm	40～100	抹刀盘宽：68				
抹刀转数/(r·min⁻¹)	45～140	快：200/120 慢：100	发动机	功率/kW	2.2～3(汽油机)	0.55
				转速/(r·min⁻¹)	3 000	0.37
抹刀可调角度/(°)	0～15	0～15	质量/kg		40/80	30/40

注：表头用 $m^2 \cdot h^{-1}$、$r \cdot min^{-1}$ 表示。

二、水磨石机

1. 水磨石机的使用要求

（1）水磨石机宜在混凝土达到设计强度的70％～80％时进行磨削作业。

（2）作业前，应检查并确认各连接件紧固，当用木槌轻击磨石发出无裂纹的清脆声音时，方可作业。

（3）电缆线应离地架设，不得放在地面上拖动。电缆线应无破损，保持接地良好。

（4）在接通电源、水源后，应手压扶把使磨盘离开地面，再启动电动机。应检查并确认磨盘旋转方向与箭头所示方向一致，待运转正常后，再缓慢放下磨盘，进行作业。

（5）作业中，使用的冷却水不得间断，用水量宜调至工作面不发干。

（6）作业中，当发现磨盘跳动或有异响时，应立即停机检修。停机时，应先提升磨盘后关机。

（7）更换新磨石后，应先在废水磨石地坪上或废水泥制品表面磨1～2 h，待金刚石切削刃磨出后，再投入工作面作业。

（8）作业后，应切断电源，清洗各部位的泥浆，放置在干燥处，用防雨布遮盖。

2. 水磨石机的构造与工作原理

水磨石是用彩色石子骨料与水泥混合铺抹在地面、墙壁、楼梯、窗台等处，用人造金刚石磨石将表面磨平、磨光后形成装饰表面。用白水泥掺加黄色素与彩色石子混合，经仔细磨光后的水磨石表面酷似大理石，可以收到较好的装饰效果。

目前，水磨石装饰面的磨光工作均用水磨石机进行。水磨石机有单盘式、双盘式、侧式、立式和手提式。图10-1所示为单盘式水磨石机的构造。其主要用于磨地坪。磨石转盘上装有夹具，夹装三块三角形磨石，由电动机通过减速器带动旋转。在旋转时，磨石既有公转又有自转。

手持式水磨石机是一种便于携带和操作的小型水磨石机，结构紧凑，工效较高，适用于大型水磨机磨不到和不宜施工的地方，如窗台、楼梯、墙角边等处。其内部构造如图10-2所示。根据不同的工作要求，可将磨石换去，装上钢刷盘或布条盘等，还可以进行金属的除锈、抛光工作。

侧式水磨石机用于加工墙围、踢脚，磨石转盘立置，采用圆柱齿轮传动，磨石为圆筒形。立式水磨石机，磨石转盘立置，并可由链传动机构在立柱上垂直移动，从而可使水磨高度增大，主要用于磨光卫生间高墙围的水磨石墙体。

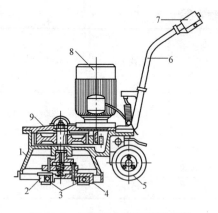

图 10-1　单盘式水磨石机的构造

1—机壳；2—磨石夹具；3—三角形磨石；
4—转盘；5—移动滚轮；6—操作杆；
7—电开关盒；8—电动机；9—减速器

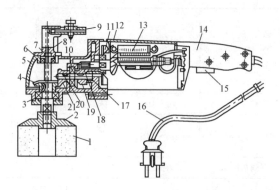

图 10-2　ZIM-100 型水磨石机的内部构造

1—圆形磨石；2—磨石接盘；3，7，10—滚动轴承；
4—从动圆锥齿轮；5—头部机壳；6—空心主轴；8—进水管；
9—水阀；11—叶轮；12—中部机壳；13—电枢；14—手柄；
15—电开关；16—电源线；17—滚针轴承；18—主动圆柱齿轮；
19—从动圆柱齿轮；20—中间轴；21—主动圆锥齿轮

三、地板刨平机

1. 地板刨平机的使用要求

（1）地板刨平机各组成机构和附设装置（如安全护罩等）应完整无缺，各部连接不得有松动现象，工作装置、升降机构及吸尘装置均应操作灵活和工作可靠。工作中要保证机械的充分润滑。

（2）操作中应平缓、稳定，防止尘屑飞扬。连续工作 2~6 h 后，应停机检查电动机温度，若超过铭牌标定的标准，需待冷却降温后再继续工作。电器和电源线均不得有漏电现象。

刨平机的工作装置（刨刀滚筒和磨削滚筒）的轴承和移动装置（滚轮）的轴承每工作 48~50 h 进行一次润滑。

（3）吸尘机轴承每工作 24 h 应进行一次润滑。这两种机械在工作约 400 h 后应进行一次全面保养，拆检电动机、电器、传动装置、工作装置和移动装置，清洗机件和更换润滑油（脂）并测试电动机的绝缘电阻，其绝缘标准与水磨石机相同。

2. 地板刨平机的构造与工作原理

木地板铺设后，首先进行大面积刨平，刨平工作一般采用刨平机。地板刨平机的构造如图 10-3 所示。电动机与刨刀滚筒在同一轴上，电动机启动后滚筒旋转，在滚筒上装有三片刨刀，随着滚筒的高速旋转，将地板表面刨削平整。

刨平机在工作中进行位置移动，移动装置由两个前轮和两个后轮组成；刨刀滚筒的上升或下降是靠后滚轮的上升与下降来控制的。操作杆上有升降手柄，扳动手柄可使后滚轮升降，从而控制刨削地板的厚度。刨平机工作时，可分两次进行，即顺刨和横刨。顺刨厚度一般为 2~3 mm，横刨厚度为 0.5~1 mm，刨平厚度应根据木材的性质来决定。刨平机的生产率为 12~20 m²/h。

3. 地板刨平机的性能参数

地板刨平机的主要性能参数见表 10-2。

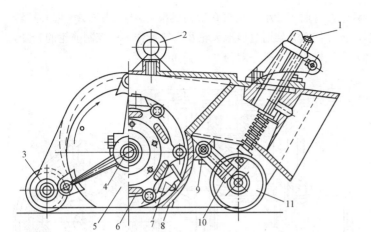
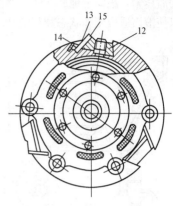

图 10-3 地板刨平机的构造

1—操作杆；2—吊环；3—前滚轮；4—电动机轴；5—侧向盖板；6—电动机；7—刨刀滚筒；8—机架；9—轴销；
10—摇臂；11—后滚轮；12，14—螺钉；13—滑块；15—刨刀

表 10-2 地板刨平机的主要性能参数

性能参数 型号 性能指标	刨平机(0—1型)	性能参数 型号 性能指标	刨平机(0—1型)
生产率/(m²·h⁻¹)	12~15；17~20	刨刀数	4；3
加工宽度/mm	325；326	滚筒转速/(r·min⁻¹)	2 880；2 900
滚筒直径/mm	205；175	滚筒长度/mm	
切削深度/mm	3	电动机 功率/kW	3；1.7
质量/kg	108；107	电动机 转速/(r·min⁻¹)	1 400；2 850

四、地板磨光机

1. 地板磨光机的使用要求

(1)磨光机各组成机构和附设装置(如安全护罩等)应完整无缺，各部连接不得有松动现象，工作装置、升降机构及吸尘装置均应操作灵活和工作可靠。工作中要保证机械的充分润滑。

(2)操作中应平缓和稳定，防止尘屑飞扬。连续工作 2～6 h 后，应停机检查电动机温度，若超过铭牌规定的标准，需待冷却降温后再继续工作。电器和导线均不得有漏电现象。

(3)磨光机的工作装置(刨刀滚筒和磨削滚筒)的轴承和移动装置(滚轮)的轴承每工作 48～50 h 进行一次润滑。吸尘机轴承每工作 24 h 进行一次润滑。这两种机械在工作 400 h 左右后进行一次全面保养，拆检电动机、电器、传动装置、工作装置和移动装置，清洗机件和更换润滑油(脂)，并测试电动机的绝缘电阻，其绝缘标准与水磨石机相同。

2. 地板磨光机的构造

地板刨光后应进行磨光，地板磨光机如图 10-4 所示，主要由电动机、磨削滚筒、吸尘装置和行走装置等构成。

电动机转动后，通过圆柱齿轮带动吸尘机叶轮转动，以便吸收磨屑。磨削滚筒由圆锥齿轮带

动，滚筒周围有一层橡皮垫层，砂纸包在外面，砂纸一端挤在滚筒的缝隙中，另一端由偏心柱转动后压紧，滚筒触地旋转便可磨削地板。托座叉架通过扇形齿轮及齿轮操作手柄控制前轮的升降，以使滚筒适应工作状态和移动状态。磨光机的生产率一般为 $20\sim35\ \mathrm{m^2/h}$。

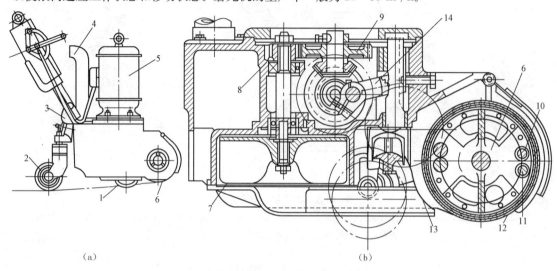

（a）　　　　　　　　　　　　　　　（b）

图 10-4　地板磨光机

（a）外形；（b）基本结构

1—前滚轮；2—后滚轮；3—托座；4—排屑管；5—电动机；6—磨削滚筒；7—吸尘机叶片；
8、9—圆柱齿轮；10—偏心柱；11—砂纸；12—橡皮垫；13—托座叉架；14—扇形齿轮

3. 地板磨光机的性能参数

地板磨光机的主要性能参数见表 10-3。

表 10-3　地板磨光机的主要性能参数

性能指标 性能参数 型号	磨光机（0－8 型）	性能指标 性能参数 型号		磨光机（0－8 型）
生产率/($\mathrm{m^2 \cdot h^{-1}}$)	20～30；30～35	刨刀数		
加工宽度/mm	200	滚筒转速/($\mathrm{r \cdot min^{-1}}$)		720；1 100
滚筒直径/mm	205；175	滚筒长度/mm		305；200
切削深度/mm		电动机	功率/kW	1.7
质量/kg	80		转速/($\mathrm{r \cdot min^{-1}}$)	1 440；1 420

第二节　基层铺设

一、基土

基土是底层地面和室外散水、明沟、踏步、台阶和坡道等附属工程中垫层下的地基土层，

是承受由整个地面传来载荷的地基结构层。

（1）地面应铺设在均匀密实的基土上。土层结构被扰动的基土应进行换填，并予以压实。

（2）填土应尽量采用原开挖出的土，必须控制土料的含水量，有机物含量粒径不大于 50 mm，并应过筛。填土的最优含水量和最大干密度宜按表 10-4 采用。

表 10-4　填土的最优含水量和最大干密度

项次	土的种类	变　动　范　围		项次	土的种类	变　动　范　围	
		最佳含水量 /（%，质量比）	最大干密度 /（g·cm⁻³）			最佳含水量 /（%，质量比）	最大干密度 /（g·cm⁻³）
1	砂土	8～12	1.80～1.88	3	黏质粉土	12～15	1.85～1.95
2	黏土	19～23	1.58～1.70	4	粉土	16～22	1.61～1.80

注：1. 表中土的最大干密度应以现场实际达到的数字为准。
　　2. 一般性的回填可不作此项测定。

（3）人工填土处理。回填土时从场地最低部分开始，由一端向另一端自下而上分层铺填。每层虚铺厚度，用人工木夯夯实时不大于 20 cm；用打夯机械夯实时不大于 25 cm。深浅坑（槽）相连时，应先填深坑（槽），相平后与浅坑全面分层填夯。如果采取分段填筑，交接处应填成阶梯形。墙基及管道回填应在两侧用细土同时均匀回填、夯实，防止墙基及管道中心线位移。较大面积人工回填用打夯机夯实。两机平行时其间距不得小于 3 m，在同一夯打路线上，前后间距不得小于 10 m。

（4）压实厚度对压实效果有明显的影响。在相同压实条件下（土质、湿度与功能不变），实测土层不同深度的密实度，密实度随深度递减，表层 50 mm 最高，如图 10-5 所示。不同压实工具的有效压实深度有所差异，根据压实工具类型、土质及填方压实的基本要求，每层铺筑压实厚度有具体规定数值，见表 10-5。若铺土过厚，则下部土体所受压实作用力小于土体本身的粘结力和摩擦力，土颗粒不能相互移动，无论压实多少遍，填方也不能被压实；若铺土过薄，则下层土体因压实次数过多而受剪切破坏，所以规定了一定的铺土厚度，最优的铺土厚度可使填方压实而机械的功耗费最小。

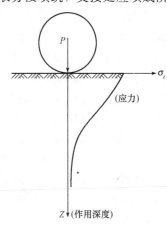

图 10-5　压实作用沿深度的变化

表 10-5　填土施工时的分层厚度和压实遍数

压实机具	每层厚度/mm	每层压实遍数/遍
平碾	250～300	6～8
振动压实机	250～350	3～4
柴油打夯机	200～250	3～4
人工打夯	<200	3～4

注：人工打夯时，土块粒径不应大于 50 mm。

（5）填土应分层摊铺、分层压（夯）实、分层检验其密实度。填土压实质量检验标准应符合表 10-6 的有关规定。

表 10-6　填土压实质量检验标准　　　　　　　　　　　　　　　　　　mm

项	序	检查项目	允许偏差或允许值					检查方法
			桩基、基坑、基槽	场地平整		管沟	地(路)面基础层	
				人工	机械			
主控项目	1	标高	0，−50	±30	±50	0，−50	0，−50	水准测量
	2	分层压实系数	不小于设计值					环刀法、灌水法、灌砂法
一般项目	1	回填土料	设计要求					取样检查或直接鉴别
	2	分层厚度	设计值					水准测量及抽样检查
	3	含水量	最优含水量±2%	最优含水量±4%		最优含水量±2%		烘干法
	4	表面平整度	20	20	30	20	20	用2 m靠尺

二、灰土垫层

(1)灰土垫层应采用熟化石灰与黏土(粉质黏土或粉土)的拌合料铺设，其厚度不应小于100 mm。熟化石灰粉可采用磨细生石灰，亦可用粉煤灰代替。

(2)灰土料的施工含水量应控制在最优含水量的±2%范围内，最优含水量可以通过击实试验确定，也可按当地经验取用。

(3)灰土分段施工时，不得在墙角、柱基及承重窗间墙下接缝，上、下两层的接缝距离不得小于500 mm，接缝处应夯压密实，并做成直槎。当灰土地基高度不同时，应做成阶梯形，每阶宽不小于500 mm；对做辅助防渗层的灰土，应将地下水位以下结构包围，并处理好接缝，同时注意接缝质量，每层虚土从留缝处往前延伸500 mm，夯实时应夯过接缝300 mm以上；接缝时，用铁锹在留缝处垂直切齐，再铺下段夯实。

(4)灰土应当日铺填夯压，入槽(坑)灰土不得隔日夯打。夯实后的灰土30 d内不得受水浸泡，并及时进行基础施工与基坑回填，或在灰土表面做临时性覆盖，避免日晒雨淋。雨期施工时，应采取适当防雨、排水措施，以保证灰土在基槽(坑)内无积水的状态下进行。刚夯打完的灰土，如突然遇雨，应将松软灰土除去，并补填夯实；稍受湿的灰土可在晾干后补夯。

(5)冬期施工，必须在基层不冻的状态下进行，土料应覆盖保温，冻土及夹有冻块的土料不得使用；已熟化的石灰应在次日用完，以充分利用石灰熟化时的热量。当日拌和灰土应当日铺填夯完，表面应用塑料布及草袋覆盖保温，以防灰土垫层早期受冻而降低强度。

(6)施工时应注意妥善保护定位桩、轴线桩，防止碰撞位移，并应经常复测。

(7)灰土地基夯实后，应及时进行基础的施工和地坪面层的施工，否则应临时遮盖，防止日晒、雨淋。

(8)灰土回填每层夯(压)实后，应根据相关规范规定进行质量检验，达到设计要求时，才能进行上一层灰土的铺摊。检验方法主要有环刀取样法和贯入测定法两种。

1)环刀取样法。在压实后的垫层中，用容积不小于200 cm³的环刀压入每层2/3的深度处取样，测定干密度，其值以不小于灰土料在中密状态的干密度值为合格。

2)贯入测定法。先将垫层表面3 cm左右的填料刮去，然后用贯入仪、钢叉或钢筋以贯入度的大小来定性地检查垫层质量。应根据垫层的控制干密度预先进行相关性试验确定要求的贯入度值。

①钢筋贯入法。用直径为 20 mm、长度为 1 250 mm 的平头钢筋，自 700 mm 高处自由落下，插入深度以不大于根据该垫层的控制干密度测定的深度为合格。

②钢叉贯入法。用水撼法使用的钢叉，自 500 mm 高处自由落下，插入深度以不大于根据该垫层的控制干密度测定的深度为合格。

(9)灰土地基质量验收标准应符合表 10-7 的规定。

表 10-7　灰土地基质量验收标准

项	序	检查项目	允许偏差或允许值		检查方法
			单位	数值	
主控项目	1	地基承载力	不小于设计值		静载试验
	2	配合比	设计值		检查拌和时的体积比
	3	压实系数	设计值		环刀法
一般项目	1	石灰粒径	mm	≤5	筛析法
	2	土料有机质含量	%	≤5	灼烧减量法
	3	土颗粒粒径	mm	≤15	筛析法
	4	含水量(与最优含水量比较)	%	±2	烘干法
	5	分层厚度	mm	±50	水准测量

三、砂垫层和砂石垫层

(1)砂宜用颗粒级配良好、质地坚硬的中砂或粗砂。当用细砂、粉砂时应掺加粒径为 20～50 mm 的卵石(或碎石)，但要分布均匀。砂中不得含有杂草、树根等有机物，用作排水固结的地基材料，含泥量宜小于 3%。

(2)铺设垫层前应验槽，将基底表面的浮土、淤泥、杂物清除干净，两侧应设一定坡度，防止振捣时塌方。

(3)垫层底面标高不同时，土面应挖成阶梯或斜坡搭接，并按先深后浅的顺序施工，搭接处应夯压密实。分层铺设时，接头应做成斜坡或阶梯形搭接，每层错开 0.5～1.0 m，并注意充分捣实。

(4)人工级配的砂砾石，应先将砂、卵石拌和均匀，再铺夯压实。

(5)垫层铺设时，如垫层下有较小厚度的淤泥或淤泥质土层，在碾压作用下抛石能挤入该层底面时，可采取挤淤处理。先在软弱土面上堆填块石、片石等，然后将其压入以置换和挤出软弱土，再做垫层。

(6)垫层应分层铺设，分层夯实或压实，基坑内预先安好 5 m×5 m 网格标桩，控制每层砂垫层的铺设厚度。振夯压要做到交叉重叠 1/3，防止漏振、漏压。夯实、碾压遍数和振实时间应通过试验确定。用细砂做垫层材料时，不宜使用振捣法或水撼法，以免产生液化现象。

(7)当采用水撼法或插振法施工时，以振捣棒振幅半径的 1.75 倍为间距(一般为 400～500 mm)插入振捣，依次振实，以不再冒气泡为准，直至完成；同时，应采取措施，做到有控制地注水和排水。垫层接头应重复振捣，插入式振动棒振完所留孔洞应用砂填实；在振动首层的垫层时，不得将振动棒插入原土层或基槽边部，以免泥土混入砂垫层而降低砂垫层的强度。

(8)垫层铺设完毕后，应立即进行下道工序施工，严禁小车及人在砂层上面行走，必要时应在垫层上铺板行走。

(9)回填砂石时，应注意保护好现场轴线桩、标准高程桩，防止碰撞位移，并应经常复测。

(10)砂和砂石地基质量验收标准应符合表 10-8 的规定。

表 10-8 砂和砂石地基质量验收标准

项	序	检查项目	允许偏差或允许值		检查方法
			单位	数值	
主控项目	1	地基承载力	不小于设计值		静载试验
	2	配合比	不小于设计值		检查拌和时的体积比或质量比
	3	压实系数	不小于设计值		灌砂法、灌水法
一般项目	1	砂石料有机质含量	%	≤5	灼烧减量法
	2	砂石料含泥量	%	≤5	水洗法
	3	砂石料粒径	mm	≤50	筛析法
	4	分层厚度(与设计要求比较)	mm	±50	水准测量

四、碎石垫层和碎砖垫层

(1)碎石垫层和碎砖垫层厚度不应小于 100 mm。

(2)垫层应分层压(夯)实，达到表面坚实、平整。

五、三合土垫层和四合土垫层

(1)三合土垫层应采用石灰、砂(可掺入少量黏土)与碎砖的拌合料铺设，其厚度不应小于 100 mm；四合土垫层应采用水泥、石灰、砂(可掺少量黏土)与碎砖的拌合料铺设，其厚度不应小于 80 mm。

(2)三合土垫层和四合土垫层均应分层夯实。

六、炉渣垫层

(1)炉渣垫层应采用炉渣或水泥与炉渣或水泥、石灰与炉渣的拌合料铺设，其厚度不应小于 80 mm。

(2)炉渣或水泥炉渣垫层的炉渣，使用前应浇水闷透；水泥石灰炉渣垫层的炉渣，使用前应用石灰浆或用熟化石灰浇水拌和闷透；闷透时间均不得少于 5 d。

(3)铺设炉渣前在基层刷一道素水泥浆(水胶比为 0.4~0.5)，将拌和均匀的拌合料，由里往外退着铺设，虚铺厚度与压实厚度的比例宜为 1.3:1；当垫层厚度大于 120 mm 时，应分层铺设，每层压实后的厚度不应大于虚铺厚度的 3/4。

(4)在垫层铺设前，其下一层应湿润；铺设时应分层压实，铺设后应养护，待其凝结后方可进行下一道工序施工。

(5)在垫层铺设后应做好养护工作(进行洒水养护)，常温条件下，水泥炉渣垫层至少养护 2 d；水泥石灰炉渣垫层至少养护 7 d。养护期间严禁上人踩踏，待其凝固后方可进行面层施工。

(6)水泥炉渣垫层应随拌随铺随压实，全部操作过程应控制在 2 h 内完成。在施工过程中不宜留设施工缝，当必须留缝时，应留直槎，并保证间隙处密实，接槎时应先刷水泥浆，再铺炉渣拌合料。

七、水泥混凝土垫层和陶粒混凝土垫层

(1)水泥混凝土垫层和陶粒混凝土垫层应铺设在基土上。当气温长期处于 0 ℃以下，设计无要求时，垫层应设置缩缝，缝的位置和嵌缝做法等应与面层伸缩缝一致，并应符合下列规定：

1)建筑地面的沉降缝、伸缩缝和防震缝，应与结构相应缝的位置一致，且应贯通建筑地面的各构造层；

2)沉降缝和防震缝的宽度应符合设计要求，缝内清理干净，以柔性密封材料填嵌后用板封盖，并应与面层齐平。

(2)水泥混凝土垫层的厚度不应小于 60 mm；陶粒混凝土垫层的厚度不应小于 80 mm。

(3)垫层铺设前，当为水泥类基层时，其下一层表面应湿润。

(4)室内地面的水泥混凝土垫层和陶粒混凝土垫层，应设置纵向缩缝和横向缩缝；纵向缩缝、横向缩缝的间距均不得大于 6 m。

(5)垫层的纵向缩缝应做平头缝或加肋板平头缝。当垫层厚度大于 150 mm 时，可做企口缝。横向缩缝应做假缝。平头缝和企口缝的缝间不得放置隔离材料，浇筑时应互相紧贴。企口缝尺寸应符合设计要求，假缝宽度宜为 5～20 mm，深度宜为垫层厚度的 1/3，填缝材料应与地面变形缝的填缝材料相一致。

(6)工业厂房、礼堂、门厅等大面积水泥混凝土和陶粒混凝土垫层应分区段浇筑。分区段应结合变形缝位置、不同类型的建筑地面连接处和设备基础的位置进行划分，并应与设置的纵向、横向缩缝的间距一致。

(7)水泥混凝土、陶粒混凝土施工质量检验尚应符合国家现行标准《混凝土结构工程施工质量验收规范》(GB 50204—2015)和《轻骨料混凝土技术规程》(JGJ 51—2002)的有关规定。

八、找平层

(1)找平层宜采用水泥砂浆或水泥混凝土铺设。当找平层厚度小于 30 mm 时，宜用水泥砂浆做找平层；当找平层厚度不小于 30 mm 时，宜用细石混凝土做找平层。

(2)找平层铺设前，当其下一层有松散填充料时，应予铺平振实。

(3)有防水要求的建筑地面工程，铺前必须对立管、套管和地漏与楼板节点之间进行密封处理，并应进行隐蔽验收；排水坡度应符合设计要求。

(4)在预制钢筋混凝土板上铺设找平层前，板缝填嵌的施工应符合下列要求：

1)预制钢筋混凝土板相邻缝底宽不应小于 20 mm。

2)填嵌时，板缝内应清理干净，保持湿润。

3)填缝应采用细石混凝土，其强度等级不应小于 C20；填缝高度应低于板面 10～20 mm，且振捣密实；填缝后应养护；当填缝混凝土的强度等级达到 C15 后，方可继续施工。

4)当板缝底宽大于 40 mm 时，应按设计要求配置钢筋。

(5)在预制钢筋混凝土板上铺设找平层时，其板端应按设计要求做防裂的构造措施。

九、隔离层

(1)隔离层材料的防水、防油渗性能应符合设计要求。

(2)隔离层的铺设层数(或道数)、上翻高度应符合设计要求。有种植要求的地面隔离层的防根穿刺等应符合现行行业标准《种植屋面工程技术规程》(JGJ 155—2013)的有关规定。

(3)在水泥类找平层上铺设卷材类、涂料类防水、防油渗隔离层时，其表面应坚固、洁净、

干燥。铺设前应涂刷基层处理剂。基层处理剂应采用与卷材性能相容的配套材料或采用与涂料性能相容的同类涂料的底子油。

(4)当采用掺有防渗外加剂的水泥类隔离层时,其配合比、强度等级、外加剂的复合掺量等应符合设计要求。

(5)铺设隔离层时,在管道穿过楼板面四周,防水、防油渗材料应向上铺涂,并超过套管的上口;在靠近柱、墙处,应高出面层200～300 mm或按设计要求的高度铺涂。阴阳角和管道穿过楼板面的根部,应增加铺涂附加防水、防油渗隔离层。

(6)隔离层兼做面层时,其材料不得对人体及环境产生不利影响,并应符合现行国家标准《食品安全国家标准 食品安全性毒理学评价程序》(GB 15193.1—2014)和《生活饮用水卫生标准》(GB 5749—2006)的有关规定。

(7)防水隔离层铺设后,应进行蓄水检验,蓄水深度最浅处不得小于10 mm,蓄水时间不得少于24 h,并做记录。

(8)隔离层施工质量检验应符合现行国家标准《屋面工程质量验收规范》(GB 50207—2012)的有关规定。

十、填充层

(1)填充层材料的密度应符合设计要求。

(2)填充层的下一层表面应平整。当为水泥类时,应洁净、干燥,并不得有空鼓、裂缝和起砂等缺陷。

(3)采用松散材料铺设填充层时,应分层铺平拍实;采用板、块状材料铺设填充层时,应分层错缝铺贴。

(4)有隔声要求的楼面,隔声垫在柱、墙面的上翻高度应超出楼面20 mm,且应收口于踢脚线内。地面上有竖向管道时,隔声垫应包裹管道四周,高度同卷向柱、墙面的高度。隔声垫保护膜之间应错缝搭接,搭接长度应大于100 mm,并用胶带等封闭。

(5)隔声垫上部应设置保护层,其构造做法应符合设计要求。当设计无要求时,混凝土保护层厚度不应小于30 mm,内配间距不大于200 mm×200 mm的φ6钢筋网片。

(6)有隔声要求的建筑地面工程尚应符合现行国家标准《建筑隔声评价标准》(GB/T 50121—2005)、《民用建筑隔声设计规范》(GB 50118—2010)的有关要求。

十一、绝热层

(1)绝热层材料的性能、品种、厚度、构造做法应符合设计要求和国家现行有关标准的规定。

(2)建筑物室内接触基土的首层地面应增设水泥混凝土垫层后方可铺设绝热层,垫层的厚度及强度等级应符合设计要求。首层地面及楼层楼板铺设绝热层前,表面平整度宜控制在3 mm以内。

(3)有防水、防潮要求的地面,宜在防水、防潮隔离层施工完毕并验收合格后再铺设绝热层。

(4)穿越地面进入非采暖保温区域的金属管道应采取隔断热桥的措施。

(5)绝热层与地面面层之间应设有水泥混凝土结合层,构造做法及强度等级应符合设计要求。设计无要求时,水泥混凝土结合层的厚度不应小于30 mm,层内应设置间距不大于200 mm×200 mm的φ6钢筋网片。

(6)有地下室的建筑,地上、地下交界部位楼板的绝热层应采用外保温做法,绝热层表面应设有外保护层。外保护层应安全、耐候,表面应平整、无裂纹。

(7)建筑物勒脚处绝热层的铺设应符合设计要求。设计无要求时,应符合下列规定:

1）当地区冻土深度不大于 500 mm 时，应采用外保温做法；

2）当地区冻土深度大于 500 mm 且不大于 1 000 mm 时，宜采用内保温做法；

3）当地区冻土深度大于 1 000 mm 时，应采用内保温做法；

4）当建筑物的基础有防水要求时，宜采用内保温做法；

5）采用外保温做法的绝热层，宜在建筑物主体结构完成后再施工。

（8）绝热层的材料不应采用松散型材料或抹灰浆料。

（9）绝热层施工质量检验应符合现行国家标准《建筑节能工程施工质量验收规范》（GB 50411—2007）的有关规定。

十二、基层铺设质量检查与验收

1. 一般规定

（1）基层铺设的材料质量、密实度和强度等级（或配合比）等应符合设计要求和施工规范的规定。

（2）基层铺设前，其下一层表面应干净、无积水。

（3）垫层分段施工时，接槎处应做成阶梯形，每层接槎处的水平距离应错开 0.5～1.0 m。接槎处不应设在地面载荷较大的部位。

（4）当垫层、找平层、填充层内埋设暗管时，管道应按设计要求予以稳固。

（5）对有防静电要求的整体地面的基层，应清除残留物，将露土基层的金属物涂绝缘漆两遍并晾干。

（6）基层的标高、坡度、厚度等应符合设计要求。基层表面应平整，其允许偏差和检验方法应符合表 10-9 的规定。

表 10-9　基层表面的允许偏差和检验方法

项次	项目	允许偏差/mm														检验方法
		基土	垫层					找平层				填充层		隔离层	绝热层	
			砂、砂石、碎石、碎砖	灰土、三合土、四合土、炉渣、水泥混凝土、陶粒混凝土	垫层地板		其他种类面层	用胶结料做结合层铺设板块面层	用水泥砂浆做结合层铺设板块层	用胶粘剂做结合层铺设拼花木板、浸渍纸层压木质地板、实木复合地板、竹地板、软木地板面层	金属板面层	松散材料	板、块材料	防水、防潮、防油渗	板块材料、浇筑材料、喷涂材料	
		土			木搁栅	拼花实木地板、拼花实木复合地板、软木类地板面层										
1	表面平整度	15	15	10	3	3	5	3	5	2	3	7	5	3	4	用 2 m 靠尺和楔形塞尺检查
2	标高	0,-50	±20	±10	±5	±5	±8	±5	±8	±4	±4	±4	±4	±4	±4	用水准仪检查
3	用坡	不大于房间相应尺寸的 2/1 000，且不大于 30														用坡度尺检查
4	厚度	在个别地方不大于设计厚度的 1/10，且不大于 20														用钢尺检查

2. 主控项目

(1)基土不应用淤泥、腐殖土、冻土、耕植土、膨胀土和建筑杂物作为填土，填土土块的粒径不应大于 50 mm。

检验方法：观察检查和检查土质记录。

检查数量：按规定的检验批检查。

(2)水泥宜采用硅酸盐水泥、普通硅酸盐水泥；熟化石灰颗粒粒径不应大于 5 mm；砂和砂石不应含有草根等有机杂质；砂应采用中砂；石子最大粒径不应大于垫层厚度的 2/3；碎石的强度应均匀，最大粒径不应大于垫层厚度的 2/3；碎砖不应采用风化、酥松和夹有有机杂质的砖料，颗粒粒径不应大于 60 mm。

炉渣内不应含有有机杂质和未燃尽的煤块，颗粒粒径不应大于 40 mm，且颗粒粒径在 5 mm 及其以下的颗粒，不得超过总体积的 40%；熟化石灰颗粒粒径不应大于 5 mm。

检验方法：观察检查和检查质量合格证明文件。

检查数量：按规定的检验批检查。

(3)Ⅰ类建筑基土的氡浓度应符合现行国家标准《民用建筑工程室内环境污染控制规范(2013年版)》(GB 50325—2010)的规定。

检验方法：检查检测报告。

检查数量：同一工程、同一土源地点检查一组。

(4)基土应均匀密实，压实系数应符合设计要求，设计无要求时，不应小于 0.9。砂垫层和砂石垫层的干密度(或贯入度)、碎石、碎砖垫层的密实度应符合设计要求。

检验方法：观察检查和检查试验记录。

检查数量：按规定的检验批检查。

(5)灰土、三合土、四合土、炉渣垫层体积比应符合设计要求。

检验方法：观察检查和检查配合比试验报告。

检查数量：同一工程、同一体积比检查一次。

(6)找平层采用碎石或卵石的粒径不应大于其厚度的 2/3，含泥量不应大于 2%；砂为中粗砂，其含泥量不应大于 3%。

水泥混凝土垫层和陶粒混凝土垫层采用的粗集料，其最大粒径不应大于垫层厚度的 2/3，含泥量不应大于 3%；砂为中粗砂，其含泥量不应大于 3%。陶粒中粒径小于 5 mm 的颗粒含量应小于 10%；粉煤灰陶粒中大于 15 mm 的颗粒含量不应大于 5%；陶粒中不得混夹杂物或黏土块。陶粒宜选用粉煤灰陶粒、页岩陶粒等。

检验方法：观察检查和检查质量合格证明文件。

检查数量：同一工程、同一强度等级、同一配合比检查一次。

(7)隔离层材料、填充层材料、绝热层材料应符合设计要求和国家现行有关标准的规定。

检验方法：观察检查和检查型式检验报告、出厂检验报告、出厂合格证。

检查数量：同一工程、同一材料、同一生产厂家、同一型号、同一规格、同一批号检查一次。

(8)卷材类、涂料类隔离层材料进入施工现场，应对材料的主要物理性能指标进行复验。

检验方法：检查复验报告。

检查数量：执行现行国家标准《屋面工程质量验收规范》(GB 50207—2012)的有关规定。

(9)水泥砂浆体积比、水泥混凝土强度等级应符合设计要求，且水泥砂浆体积比不应小于 1∶3(或相应强度等级)；水泥混凝土强度等级不应小于 C15。

检验方法：观察检查和检查配合比试验报告、强度等级检测报告。

检查数量：配合比试验报告按同一工程、同一强度等级、同一配合比检查一次；强度等级检测报告按规定检查。

(10)绝热层材料进入施工现场时，应对材料的导热系数、表观密度、抗压强度或压缩强度、阻燃性进行复验。

检验方法：检查复验报告。

检查数量：同一工程、同一材料、同一生产厂家、同一型号、同一规格、同一批号复验一组。

(11)填充层的厚度、配合比应符合设计要求。

检验方法：用钢尺检查和检查配合比试验报告。

检查数量：按规定的检验批检查。

(12)水泥混凝土和陶粒混凝土的强度等级应符合设计要求。陶粒混凝土的密度应为800～1 400 kg/m³。

检验方法：检查配合比试验报告和强度等级检测报告。

检查数量：配合比试验报告按同一工程、同一强度等级、同一配合比检查一次；强度等级检测报告按《建筑地面工程施工质量验收规范》(GB 50209—2010)的规定检查。

(13)有防水要求的建筑地面工程的立管、套管、地漏处不应渗漏，坡向应正确、无积水。

检验方法：观察检查和蓄水、泼水检验及坡度尺检查。

检查数量：按规定的检验批检查。

(14)在有防静电要求的整体面层的找平层施工前，其下敷设的导电地网系统应与接地引下线和地下接电体可靠连接，经电性能检测且符合相关要求后进行隐蔽工程验收。

检验方法：观察检查和检查质量合格证明文件。

检查数量：按规定的检验批检查。

(15)厕浴间和有防水要求的建筑地面必须设置防水隔离层。楼层结构必须采用现浇混凝土或整块预制混凝土板，混凝土强度等级不应小于C20；房间的楼板四周除门洞外应做混凝土翻边，高度不应小于200 mm，宽同墙厚，混凝土强度等级不应小于C20。施工时结构层标高和预留孔洞位置应准确，严禁乱凿洞。

检验方法：观察和钢尺检查。

检查数量：按规定的检验批检查。

(16)水泥类防水隔离层的防水等级和强度等级应符合设计要求。

检验方法：观察检查和检查防水等级检测报告、强度等级检测报告。

检查数量：防水等级检测报告、强度等级检测报告均按规定检查。

(17)防水隔离层严禁渗漏，排水的坡向应正确、排水通畅。

检验方法：观察检查和蓄水、泼水检验，坡度尺检查及检查验收记录。

检查数量：按规定的检验批检查。

(18)对填充材料接缝有密闭要求的应密封良好。

检验方法：观察检查。

检查数量：按规定的检验批检查。

(19)绝热层的板块材料应采用无缝铺贴法铺设，表面应平整。

检查方法：观察检查和用楔形塞尺检查。

检查数量：按规定的检验批检查。

3. 一般项目

(1)熟化石灰颗粒粒径不应大于 5 mm，黏土(或粉质黏土、粉土)内不得含有有机物质，颗粒粒径不应大于 16 mm。

检验方法：观察检查和检查质量合格证明文件。

检查数量：按规定的检验批检查。

(2)砂垫层和砂石垫层表面不应有砂窝、石堆等现象。找平层表面应密实，不应有起砂、蜂窝和裂缝等缺陷。

检验方法：观察检查。

检查数量：按规定的检验批检查。

(3)炉渣垫层与其下一层结合应牢固，不应有空鼓和松散炉渣颗粒。

检验方法：观察检查和用小锤轻击检查。

检查数量：按规定的检验批检查。

(4)找平层与其下一层结合应牢固，不应有空鼓。

检验方法：用小锤轻击检查。

检查数量：按规定的检验批检查。

(5)隔离层厚度应符合设计要求。

检验方法：观察检查和用钢尺、卡尺检查。

检查数量：按规定的检验批检查。

(6)隔离层与其下一层应黏结牢固，不应有空鼓；防水涂层应平整、均匀，无脱皮、起壳、裂缝、鼓泡等缺陷。

检验方法：用小锤轻击检查和观察检查。

检查数量：按规定的检验批检查。

(7)松散材料填充层铺设应密实，板块状材料填充层应压实、无翘曲。

检验方法：观察检查。

检查数量：按规定的检验批检查。

(8)填充层的坡度应符合设计要求，不应有倒泛水和积水现象。

检验方法：观察和采用泼水或用坡度尺检查。

检查数量：按规定的检验批检查。

(9)绝热层的厚度应符合设计要求，不应出现负偏差，表面应平整。

检验方法：直尺或钢尺检查。

检查数量：按规定的检验批检查。

(10)绝热层表面应无开裂。

检验方法：观察检查。

检查数量：按规定的检验批检查。

(11)基土、灰土垫层，砂垫层和砂石垫层，碎石、碎砖垫层，三合土垫层和四合土垫层，炉渣垫层，水泥混凝土垫层和陶粒混凝土垫层，找平层，隔离层，填充层，用作隔声的填充层，绝热层与地面面层之间的水泥混凝土结合层或水泥砂浆找平层表面的允许偏差应符合表 10-9 的规定。

检验方法：按表 10-9 中的检验方法检验。

检查数量：按规定的检验批检查。

第三节　整体面层铺设

一、水泥混凝土面层

1. 基层清理

把沾在基层上的浮浆、落地灰等用錾子或钢丝刷清理掉，再用扫帚将浮土清扫干净；湿润后，刷素水泥浆或界面处理剂，随刷随铺混凝土，避免间隔时间过长，风干形成空鼓。

2. 弹线、找标高

(1)根据水平标准线和设计厚度，在四周墙、柱上弹出面层的上平标高控制线。

(2)按线拉水平线抹找平墩(60 mm×60 mm 见方，与面层完成面同高，用同种混凝土)，间距双向不大于 2 m。有坡度要求的房间应按设计坡度要求拉线，抹出坡度墩。

(3)为保证房间地面平整度，面积较大的房间还要做冲筋，以做好的灰饼为标准抹条形冲筋，高度与灰饼同高，形成控制标高的"田"字格，用刮尺刮平，作为混凝土面层厚度控制的标准。当天抹灰墩，冲筋。当天应抹完灰，不应隔夜。

3. 混凝土铺设

(1)铺设前，应按标准水平线用木板隔成宽度不大于 3 m 的条形区段，以控制面层厚度。

(2)铺设时，先刷水胶比为 0.4～0.5 的水泥浆，并随刷随铺混凝土，用刮尺找平。浇筑水泥混凝土的坍落度不宜大于 30 mm。

(3)水泥混凝土面层宜采用机械振捣，必须振捣密实。采用人工捣实时，辊筒要交叉滚压 3～5 遍，直至表面泛浆为止。然后，抹平和压光。

(4)水泥混凝土面层不得留置施工缝。当施工间歇超过规定的允许时间后，再继续浇筑混凝土时，应对已凝结的混凝土接槎处进行处理，用钢丝刷刷到石子外露，表面用水冲洗，并涂以水胶比为 0.4～0.5 的水泥浆，再浇筑混凝土，并应捣实压平，使新、旧混凝土接缝紧密，不显接槎。

(5)混凝土面层应在水泥初凝前完成抹平工作，水泥终凝前完成压光工作。

(6)浇筑钢筋混凝土楼板或水泥混凝土垫层兼面层时，宜采用随捣随抹的方法。当面层表面出现泌水时，可加干拌的水泥和砂撒匀，其水泥和砂的体积比宜为 1：2～1：2.5(水泥：砂)，并进行表面压实抹光。

(7)水泥混凝土面层浇筑完成后，应在 12 h 内加以覆盖和浇水，养护时间不少于 7 d。浇水次数应能保持混凝土具有足够的湿润状态。

(8)当建筑地面要求具有耐磨损、不起灰、抗冲击、高强度时，宜采用耐磨混凝土面层。

(9)如在原有建筑地面上铺设时，应先铺设厚度不小于 30 mm 的水泥混凝土一层，在混凝土未硬化前随即铺设耐磨混凝土面层，要求如下：

1)耐磨混凝土面层厚度，一般为 10～15 mm，但不应大于 30 mm。

2)面层铺设在水泥混凝土垫层或结合层上，垫层或结合层的厚度不应小于 50 mm。当有较大冲击作用时，宜在垫层或结合层内加配防裂钢筋网，一般采用 $\phi4@150～200$ 双向网格，并应放置在上部，其保护层控制在 20 mm。

3）当有较高清洁、美观要求时，宜采用彩色耐磨混凝土面层。

4）耐磨混凝土面层，应采用随捣随抹的方法。

5）对复合强化的现浇整体面层下基层的表面处理同水泥砂浆面层。

6）对设置变形缝的两侧 100～150 mm 宽范围内的耐磨层应进行局部加厚 3～5 mm 处理。

7）耐磨混凝土面层的主要技术指标：

耐磨硬度（1 000 r/min）≤0.28 g/cm²；

抗压强度≥80 N/mm²；

抗折强度≥8 N/mm²。

4. 混凝土振捣和找平

（1）用铁锹铺混凝土，厚度略高于找平墩，随即用平板式振捣器振捣。厚度超过 200 mm 时，应采用插入式振捣器，其移动距离不大于作用半径的 1.5 倍，做到不漏振，确保混凝土密实。振捣以混凝土表面出现泌水现象为宜，或者用 30 kg 重滚纵横滚压密实，表面出浆即可。

（2）混凝土振捣密实后，以墙柱上的水平控制线和找平墩为标志，检查平整度，高的铲掉，凹处补平。撒一层干拌水泥砂（水泥：砂＝1：1），用水平刮杠刮平。有坡度要求的，应按设计要求的坡度施工。

5. 表面压光

（1）当面层灰面吸水后，用木抹子用力搓打、抹平，将干拌水泥砂拌合料与混凝土的浆混合，使面层达到紧密结合。

（2）第一遍抹压。用铁抹子轻轻抹压一遍，直到出浆为止。

（3）第二遍抹压。当面层砂浆初凝后（上人有脚印但不下陷），用铁抹子把凹坑、砂眼填实抹平，注意不得漏压。

（4）第三遍抹压。当面层砂浆终凝前（上人有轻微脚印），用铁抹子用力抹压。把所有抹纹压平、压光，达到面层表面密实、光洁。

二、水泥砂浆面层

（1）水泥砂浆地面面层的厚度应不小于 20 mm，一般用硅酸盐水泥、普通硅酸盐水泥，中砂或粗砂配制，配合比为 1：2～1：2.5（体积比）。

（2）面层施工前，先按设计要求测定地坪面层标高，将垫层清扫干净并洒水湿润，表面较光滑的基层应凿毛，并用清水冲洗干净。铺抹砂浆前，应在四周墙上弹出一道水平基准线，作为确定水泥砂浆面层标高的依据。面积较大的房间，应根据水平基准线在四周墙角处每隔 1.5～2 m 用 1：2 水泥砂浆抹标志块，以标志块的高度做出纵横方向通长的标筋来控制面层厚度。

（3）面层铺抹前，先刷一道含 4%～5% 的 108 胶水泥浆，随即铺抹水泥砂浆，用刮尺赶平并用木抹子压实，在砂浆初凝后、终凝前，用铁抹子反复压光三遍。砂浆终凝后铺盖草袋、锯末等并浇水养护。当施工大面积的水泥砂浆面层时，应按设计要求留分格缝，防止砂浆面层产生不规则裂缝。

（4）铺砂浆后，随即用刮杠按灰饼高度将砂浆刮平，同时把灰饼剔掉，并用砂浆填平。然后，用木抹子搓揉压实，用刮杠检查平整度。在砂浆终凝前（即人踩上去稍有脚印，用抹子压光无痕时），再用铁抹子把前遍留的抹纹全部压平、压实、压光。当采用地面抹光机压光时，水泥砂浆的干硬度应比手工压光时稍干一些。

（5）水泥砂浆面层的分格，应在水泥面层初凝后进行。在水泥砂浆面层沿弹线用木抹子搓一条一抹子宽的毛面，再用铁抹子压光，然后用分格器压缝。大面积水泥砂浆面层的分格缝位置应与水泥类垫层的缩缝对齐。分格缝要求平直，深浅一致。

（6）水泥砂浆地面的养护应在面层压光 24 h 后，一般以手指按表面无指纹印时即可进行，养护时可视气温高低，在表面洒水或洒水后覆盖薄膜保持湿润，养护时间不少于 7 d。

三、水磨石面层

水磨石面层应采用水泥与石粒拌合料铺设，有防静电要求时，拌合料内应按设计要求掺入导电材料。白色或浅色的水磨石面层应采用白水泥，深色的水磨石面层宜采用硅酸盐水泥、普通硅酸盐水泥或矿渣硅酸盐水泥，同颜色的面层应使用同一批水泥。同一彩色面层应使用同厂、同批的颜料，其掺入量宜为水泥质量的 3%～6%或由试验确定。

1. 基层清理、找标高

（1）把沾在基层上的浮浆、落地灰等用錾子或钢丝刷清理掉，再用扫帚将浮土清扫干净。

（2）根据水平标准线和设计厚度，在四周墙、柱上弹出面层的上平标高控制线。

现浇水磨石
施工工艺

2. 贴饼、冲筋

根据水准基准线（如＋500 mm 水平线），在地面四周做灰饼，然后拉线打中间灰饼（打墩），再用干硬性水泥砂浆做软筋（推栏），软筋间距约为 1.5 m。在有地漏和坡度要求的地面，应按设计要求做泛水和坡度。对于面积较大的地面，则应用水准仪测出面层平均厚度，然后边测标高边做灰饼。

3. 水泥砂浆找平层找平

（1）找平层施工前宜刷水胶比为 0.4～0.5 的素水泥浆，也可在基层上均匀洒水湿润后，再撒水泥粉，用竹扫（把）帚均匀涂刷，随刷随做面层，一次涂刷面积不宜过大。

（2）找平层用 1∶3 干硬性水泥砂浆，先将砂浆摊平，再用靠尺（压尺）按冲筋刮平，随即用灰板（木抹子）磨平压实，要求表面平整、密实，保持粗糙。找平层抹好后，第二天应浇水养护至少 1 d。

4. 分格条镶嵌

一般是在楼地面找平层铺设 24 h 后，即可在找平层上弹（画）出设计要求的纵横分格式图案分界线，然后用水泥浆按线固定嵌条。水泥浆顶部应低于条顶 4～6 mm，并做成 45°。嵌条应平直、牢固，接头严密，并作为铺设面层的标志。分格条十字交叉接头处粘嵌水泥浆时，宜留有 15～20 mm 的空隙，以确保铺设水泥石粒浆时使石粒分布饱满，磨光后表面美观。

防静电水磨石面层中采用导电金属分格条时，分格条应经绝缘处理，且十字交叉处不得碰接。

分格条粘嵌后，经 24 h 即可洒水养护，一般养护 3～5 d。

5. 抹石子浆（石米）面层

（1）水泥石子浆必须严格按照配合比计量。若配制彩色水磨石，应先按配合比将白水泥和颜料反复干拌均匀，拌完后密筛多次，使颜料均匀混合在白水泥中，并注意调足用量，以备补浆之用，以免多次调和产生色差，最后按配合比与石子浆搅拌均匀，然后加水搅拌。

（2）铺水泥石子浆前一天，洒水使基层充分湿润。在涂刷素水泥浆结合层前，应将分格条内的积水和浮砂清除干净，接着刷水泥浆一遍，水泥品种与石子浆的水泥品种一致，随即将水泥石子浆先铺在分格条旁边，将分格条边约 100 mm 内的水泥石子浆轻轻抹平压实，以保护分格条，然后再整格铺抹，用灰板（木抹子）或铁抹子（灰匙）抹平压实（石子浆配合比一般为 1∶1.25 或 1∶1.5），但不应用靠尺（压尺）刮。面层应比分格条高 5 mm，如局部石子浆过厚，应用铁抹

209

子(灰匙)挖去,再将周围的石子浆刮平压实;对局部水泥浆较厚处,应适当补撒一些石子,并压平、压实,要达到表面平整,石子浆(石米)分布均匀。

(3)石子浆面至少要经两次用毛刷(横扫)粘拉开面浆(开面),经检查石粒均匀(若过于稀疏应及时补上石子)后,再用铁抹子(灰匙)抹平压实,至泛浆为止。要求将波纹压平,分格条顶面上的石子应清除掉。

(4)同一平面上如有几种颜色图案时,应先做深色,后做浅色。待前一种色浆凝固后,再抹后一种色浆。两种颜色的色浆不应同时铺抹,以免做成串色,界线不清,影响质量。但间隔时间不宜过长,一般可隔日铺抹。

6. 磨光

(1)水磨石开磨的时间与水泥强度及气温高低有关,以开磨后石粒不松动、水泥浆面与石粒面基本平齐为准。水泥浆强度过高,磨面耗费工时;水泥浆强度太低,磨石转动时底面所产生的负压力易把水泥浆拉成槽或将石粒打掉。

(2)普通水磨石面层磨光遍数不应少于三遍。高级水磨石面层的厚度和磨光遍数应由设计确定。磨光作业应采用"二浆三磨"方法进行,即整个磨光过程分为磨光三遍,补浆两次。

1)用60~80号粗石磨第一遍,随磨随用清水冲洗,并将磨出的浆液及时扫除。对整个水磨面,要磨匀、磨平、磨透,使石粒面及全部分格条顶面外露。

2)磨完后要及时将泥浆水冲洗干净,稍干后涂刷一层同颜色水泥浆(即补浆),用于填补砂眼和凹痕,对个别脱石部位要填补好。不同颜色上浆时,要按先深后浅的顺序进行。

3)补刷浆第二天后需养护3~4 d,然后用100~150号磨石进行第二遍研磨,方法同第一遍。要求磨至表面平滑、无模糊不清之处为止。

4)磨完清洗干净后,再涂刷一层同色水泥浆。继续养护3~4 d,用180~240号细磨石进行第三遍研磨。要求磨至石子粒显露,表面平整、光滑,无砂眼、细孔为止,并用清水将其冲洗干净。

5)水磨石面层磨光后,在涂草酸和上蜡前,其表面不得污染。

7. 抛光

抛光主要是化学作用与物理作用的混合,即腐蚀作用和填补作用。

(1)擦草酸可使用10%浓度的草酸溶液,再加入1%~2%的氧化铝。

擦草酸有两种方法,第一种方法是涂草酸溶液后随即用280~320号油石进行细磨,草酸溶液可以起到助磨剂作用,照此法施工,一般能达到表面光洁的要求;如感不足,可采用第二种方法,做法是将地面冲洗干净,浇上草酸溶液,把布卷固定在磨石机上进行研磨,至表面光滑为止。最后,再冲洗干净、晾干,准备上蜡。

(2)上蜡。上述工作完成后,可进行上蜡。上蜡的方法是在水磨石面层上薄涂一层蜡,稍干后用磨光机研磨,或用钉有细帆布(或麻布)的木块代替油石,装在磨石机上研磨出光亮后,再涂蜡研磨一遍,直到光滑、洁亮为止。

(3)防静电水磨石面层表面经清洁、干燥后,在表面均匀涂抹一层防静电剂和地板蜡,并应做抛光处理。

四、硬化耐磨面层

(1)硬化耐磨面层应采用金属渣、屑、纤维或石英砂、金刚砂等,并应与水泥类胶凝材料拌和铺设或在水泥类基层上撒布铺设。

(2)硬化耐磨面层采用拌合料铺设时,拌合料的配合比应通过试验确定;采用撒布铺设时,耐磨材料的撒布量应符合设计要求,且应在水泥类基层初凝前完成撒布。

(3)硬化耐磨面层采用拌合料铺设时，宜先铺设一层强度等级不小于 M15、厚度不小于 20 mm 的水泥砂浆，或水胶比宜为 0.4 的素水泥浆结合层。

(4)硬化耐磨面层采用拌合料铺设时，铺设厚度和拌合料强度应符合设计要求。当设计无要求时，水泥钢(铁)屑面层铺设厚度不应小于 30 mm，抗压强度不应小于 40 MPa；水泥石英砂浆面层铺设厚度不应小于 20 mm，抗压强度不应小于 30 MPa；钢纤维混凝土面层铺设厚度不应小于 40 mm，抗压强度不应小于 40 MPa。

(5)硬化耐磨面层采用撒布铺设时，耐磨材料应撒布均匀，厚度应符合设计要求；混凝土基层或砂浆基层的厚度及强度应符合设计要求。当设计无要求时，混凝土基层的厚度不应小于 50 mm，强度等级不应小于 C25；砂浆基层的厚度不应小于 20 mm，强度等级不应小于 M15。

(6)硬化耐磨面层分格缝的间距及缝深、缝宽、填缝材料应符合设计要求。

(7)硬化耐磨面层铺设后应在湿润条件下静置养护，养护期限应符合材料的技术要求。

(8)硬化耐磨面层应在强度达到设计强度后，方可投入使用。

五、防油渗面层

(1)防油渗面层应采用防油渗混凝土铺设或采用防油渗涂料涂刷。

(2)防油渗隔离层及防油渗面层与墙、柱连接处的构造应符合设计要求。

(3)防油渗混凝土面层厚度应符合设计要求，防油渗混凝土的配合比应按设计要求的强度等级和抗渗性能通过试验确定。

(4)防油渗混凝土面层应按厂房柱网分区段浇筑，区段划分及分区段缝应符合设计要求。

(5)防油渗混凝土面层内不得敷设管线。露出面层的电线管、接线盒、预埋套管和地脚螺栓等的处理，以及与墙、柱、变形缝、孔洞等连接处泛水均应采取防油渗措施并应符合设计要求。

(6)防油渗面层采用防油渗涂料时，材料应按设计要求选用，涂层厚度宜为 5～7 mm。

六、不发火(防爆)面层

(1)不发火(防爆)面层应采用水泥类拌合料及其他不发火材料铺设，其材料和厚度应符合设计要求。

(2)不发火(防爆)各类面层的铺设应符合相应面层的规定。不发火(防爆)混凝土面层铺设时，先在已湿润的基层表面均匀地涂刷一道素水泥浆，随即分仓顺序摊铺，随铺随用刮杠刮平，用铁辊筒纵横交错来回滚压 3～5 遍至表面出浆，用木抹子拍实搓平，然后用铁抹子压光。待收水后再压光 2～3 遍，至抹平压光为止。

(3)不发火(防爆)面层采用的材料和硬化后的试件，应做不发火性试验。

七、自流平面层

1. 水泥基自流平面层

(1)基层处理：施工前应认真清理基层，基层应无明水，无油渍、浮浆层等残留物。对于旧的平整度不理想的基层，应采用局部或整体打磨的方法彻底打磨、吸尘；对于基层表面的油渍，应使用清洗剂处理，然后用清水冲洗，使基层表面清洁干净并充分干燥。基层表面应平整，用 2 m 直尺检查时，其偏差应在 2 mm 以内。

(2)抄测标高、弹线：根据标高控制线测出面层标高，并弹在四周墙或柱上。

(3)刷底涂料：在已清洁的基层表面均匀地涂刷两道底层涂料进行封底处理，以消除基层表面的空洞和砂眼，增加与面层的结合力。底层涂料的配合比按产品说明配制。

(4)面层涂料：将清水倒入一个干净的容器中，再把自流平水泥骨料慢慢加入水中，用搅拌器持续均匀地搅拌 3～5 min，直到形成乳状浆体；然后，在 2 min 内将流态浆体浇筑到基面上，迅速用镘刀将浆料向四周扩散并用排气辊滚压表面。为了减少施工缝，要连续浇筑，中间停顿时间不超过 5 min。自流平地面厚度要在一次浇筑中达到。

(5)养护：通常不用进行养护，但如果环境温度很高或太阳直射强烈，空气又干燥时，应进行养护。一般养护方法是将塑料薄膜罩在刚硬化表面上进行保水养护 2 d。

2. 环氧树脂自流平地面

(1)基层处理：同水泥基自流平面层中处理方法。

(2)抄测标高、弹线：根据标高控制线向下量测出面层标高，并弹在墙、柱上。

(3)打底：按产品说明配置底层涂料，搅拌均匀后用硬刷或滚筒涂刷一道薄的涂层，要保持涂层的连续性。多孔基面要涂刷两道，以免底层涂料起泡或有空气进入。底层涂料养护 12 h 以上，确认固化后方可进行下道工序施工。

(4)配制涂料：按产品说明配制环氧树脂自流平涂料，用强化搅拌器或装有搅拌叶的重荷低速钻机搅拌均匀。搅拌时缓慢加入填料，持续搅拌 3～5 min 直至完全均匀。

(5)涂刷：将搅拌好的环氧树脂自流平涂料倒在刷过底层涂料，并经打磨吸尘后的基面上，用带锯齿的刮板缓慢涂抹至适当厚度。注意不要在树脂基面过度涂抹。

(6)滚压：涂刷后立即用带齿滚筒在同一水平方向上前后滚压。后一次滚压与前一次滚压重叠 50%，滚压可消除抹痕且有助于气泡的释放。30～60 min 后再次滚压，消除其他不平整痕迹。如仍有气泡溢出，则应再做滚压。

(7)养护：施工完成的地面应立即进行成品保护，防止灰尘、杂物等的污染，避免硬物划伤。确认硬化后涂一道保护蜡，保护涂膜表面。干燥后，用抛光机打磨抛光。自然养护 7 d 后，方可交付使用。

八、涂料面层

涂料面层应采用丙烯酸、环氧、聚氨酯等树脂型涂料涂刷。涂料面层的基层应平整、洁净，强度等级不应小于 C20，含水率应与涂料的技术要求相一致，涂料面层的厚度、颜色应符合设计要求。

1. 薄涂型环氧涂料

(1)基层表面必须用溶剂擦拭干净，无松散层和油污层，无积水或无明显渗漏，基面应平整，在任意 2 m² 内的平整度误差不得大于 2 mm。水泥类基面要求坚硬、平整、不起砂。地面如有空鼓、脱皮、起砂、裂痕等，必须按要求处理后方可施工。水磨石、地板砖等光滑地面，需先打磨成粗糙面。

(2)底层涂漆施工：双组分料混合时应充分、均匀，固化剂乳化液态环氧树脂使用手持式电动搅拌机在 400～800 r/min 速度下搅拌漆料数分钟。底层涂漆采用滚涂或刷涂法施工。

(3)面层涂漆施工：根据环氧树脂涂料的使用说明，按比例将主剂及固化剂充分搅拌均匀，用分散机或搅拌机在 200～600 r/min 速度下搅拌 5～15 min；采用专用铲刀、镘刀等工具将材料均匀涂布，尽量减少施工结合缝。

(4)养护措施：与地面接触处要避免产生划痕，严禁钢轮或过重负载的交通工具通过；表面清洁一般用水擦洗，如遇难清洗的污渍，采用清洗剂或工业去脂剂、除垢剂等擦洗，再用水冲洗干净；地面被化学品污染后，要立即用清水洗干净。对较难清洗的化学品，采用环氧专用稀

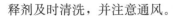

释剂及时清洗，并注意通风。

2. 聚氨酯涂料

(1)基层清理参见"薄涂型环氧涂料"的基层处理方法。基层表面必须干燥。橡胶基面必须用溶剂去除表面的蜡质，钢板喷砂后4~8 h内涂刷。

(2)双组分聚氨酯涂料按规定的配比充分搅匀，搅匀后静置20 min，待气泡消失后方可施工。涂刷可采用滚涂或刷涂，第一遍涂刷未完全干透即可进行第二遍涂刷。两遍涂料间隔太长时，必须用砂纸将第一遍涂膜打毛后，才能进行第二遍涂料施工。

(3)涂膜可采用高温烘烤固化，提高附着力、机械性能、耐化学药品性能。

(4)涂料涂刷后7 d内严禁上人。

九、塑胶面层

塑胶面层应采用现浇型塑胶材料或塑胶卷材，宜在沥青混凝土或水泥类基层上铺设。

1. 底层塑胶铺设

铺设底层塑胶前基层应清扫干净，去除表面浮尘、污垢，并使基层的强度和厚度符合设计要求，表面应平整、干燥、洁净，无油脂及其他杂质。然后，按照现场情况合理划分施工板块，并根据施工图纸要求的厚度，在所有施工板块中调试好厚度，放好施工线。

塑胶面层铺设时的环境温度宜为10 ℃~30 ℃。底层胶铺设过程中必须保持机器行走速度均匀，从场地一侧开始，按板块宽度一次性刮胶；同时，修边人员要及时对露底、凹陷处进行补胶，对凸起部位刮平并在修补处理后进行试水找平。

2. 面层塑胶铺设

将调制好的塑胶混凝料倒在底层塑胶表面上，使用具有定位施工厚度功能的专用刮耙摊铺施工，也可采用专业喷涂机在底层塑胶面上均匀地喷涂，确保喷涂厚度。

每一桶胶液的操作时间要尽量缩短，以保证面层塑胶成胶凝固速度均匀一致。

十、地面辐射供暖的整体面层

(1)地面辐射供暖的整体面层宜采用水泥混凝土、水泥砂浆等，在填充层上铺设。

(2)地面辐射供暖的整体面层铺设时不得扰动填充层，不得向填充层内揳入任何物件。

十一、整体面层铺设质量检查与验收

(一)一般规定

(1)铺设整体面层时，水泥类基层的抗压强度不得小于1.2 MPa；表面应粗糙、洁净、湿润并不得有积水。铺设前宜凿毛或涂刷界面剂。硬化耐磨面层、自流平面层的基层处理应符合设计及产品的要求。

(2)铺设整体面层时，地面变形缝的位置应符合相关规定；大面积水泥类面层应设置分格缝。

(3)整体面层施工后，养护时间不应少于7 d；抗压强度应达到5 MPa后方准上人行走；抗压强度应达到设计要求后，方可正常使用。

(4)当采用掺有水泥拌合料做踢脚线时，不得用石灰混合砂浆打底。

(5)水泥类整体面层的抹平工作应在水泥初凝前完成，压光工作应在水泥终凝前完成。

(6)整体面层的允许偏差和检验方法应符合表10-10的规定。

表 10-10　整体面层的允许偏差和检验方法

项次	项目	允许偏差/mm									检验方法
		水泥混凝土面层	水泥砂浆面层	普通水磨石面层	高级水磨石面层	硬化耐磨面层	防油渗混凝土和不发火(防爆)面层	自流平面层	涂料面层	塑胶面层	
1	表面平整度	5	4	3	2	4	5	2	2	2	用 2 m 靠尺和楔形塞尺检查
2	踢脚线上口平直	4	4	3	3	4	4	3	3	3	拉 5 m 线和用钢尺检查
3	缝格顺直	3	3	3	2	3	3	2	2	2	

(二)主控项目

1. 水泥混凝土面层

(1)水泥混凝土采用的粗骨料,最大粒径不应大于面层厚度的 2/3,细石混凝土面层采用的石子粒径不应大于 16 mm。

检验方法:观察检查和检查质量合格证明文件。

检查数量:同一工程、同一强度等级、同一配合比检查一次。

(2)防水水泥混凝土中掺入的外加剂的技术性能应符合国家现行有关标准的规定,外加剂的品种和掺量应经试验确定。

检验方法:检查外加剂合格证明文件和配合比试验报告。

检查数量:同一工程、同一品种、同一掺量检查一次。

(3)面层的强度等级应符合设计要求,且强度等级不应小于 C20。

检验方法:检查配合比试验报告和强度等级检测报告。

检查数量:配合比试验报告按同一工程、同一强度等级、同一配合比检查一次,强度等级检测报告按规定检查。

(4)面层与下一层应结合牢固,且应无空鼓和开裂。当出现空鼓时,空鼓面积不应大于 400 cm^2,且每自然间或标准间不应多于 2 处。

检验方法:观察和用小锤轻击检查。

检查数量:按规定的检验批检查。

2. 水泥砂浆面层

(1)水泥宜采用硅酸盐水泥、普通硅酸盐水泥,不同品种、不同强度等级的水泥不应混用;砂应为中粗砂,当采用石屑时,其粒径应为 1～5 mm,且含泥量不应大于 3%;防水水泥砂浆采用的砂或石屑,其含泥量不应大于 1%。

检验方法:观察检查和检查质量合格证明文件。

检查数量:同一工程、同一强度等级、同一配合比检查一次。

(2)防水水泥砂浆中掺入的外加剂的技术性能应符合国家现行有关标准的规定,外加剂的品种和掺量应经试验确定。

检验方法：观察检查和检查质量合格证明文件、配合比试验报告。

检查数量：同一工程、同一强度等级、同一配合比、同一外加剂品种、同一掺量检查一次。

（3）水泥砂浆的体积比（强度等级）应符合设计要求，且体积比应为1∶2，强度等级不应小于M15。

检验方法：检查强度等级检测报告。

检查数量：按规定检查。

（4）有排水要求的水泥砂浆地面，坡向应正确，排水通畅；防水水泥砂浆面层不应渗漏。

检验方法：观察检查和蓄水、泼水检验或坡度尺检查及检查检验记录。

检查数量：按规定的检验批检查。

（5）面层与下一层应结合牢固，且应无空鼓和开裂。当出现空鼓时，空鼓面积不应大于400 cm²，且每自然间或标准间不应多于2处。

检验方法：观察和用小锤轻击检查。

检查数量：按规定的检验批检查。

3. 水磨石面层

（1）水磨石面层的石粒应采用白云石、大理石等岩石加工而成，石粒应洁净、无杂物，其粒径除特殊要求外应为6～16 mm；颜料应采用耐光、耐碱的矿物原料，不得使用酸性颜料。

检验方法：观察检查和检查质量合格证明文件。

检查数量：同一工程、同一体积比检查一次。

（2）水磨石面层拌合料的体积比应符合设计要求，且水泥与石粒的比例应为1∶1.5～1∶2.5。

检验方法：检查配合比试验报告。

检查数量：同一工程、同一体积比检查一次。

（3）防静电水磨石面层应在施工前及施工完成表面干燥后进行接地电阻和表面电阻检测，并应做好记录。

检验方法：检查施工记录和检测报告。

检查数量：按规定的检验批检查。

（4）面层与下一层结合应牢固，且应无空鼓、裂纹。当出现空鼓时，空鼓面积不应大于400 cm²，且每自然间或标准间不应多于2处。

检验方法：观察和用小锤轻击检查。

检查数量：按规定的检验批检查。

4. 硬化耐磨面层

（1）硬化耐磨面层采用的材料应符合设计要求和国家现行有关标准的规定。

检验方法：观察检查和检查质量合格证明文件。

检查数量：采用拌合料铺设的，按同一工程、同一强度等级检查一次；采用撒布铺设的，按同一工程、同一材料、同一生产厂家、同一型号、同一规格、同一批号检查一次。

（2）硬化耐磨面层采用拌合料铺设时，水泥的强度不应小于42.5 MPa。金属渣、屑、纤维不应有其他杂质，使用前应去油除锈、冲洗干净并干燥；石英砂应用中粗砂，含泥量不应大于2%。

检验方法：观察检查和检查质量合格证明文件。

检查数量：同一工程、同一强度等级检查一次。

（3）硬化耐磨面层的厚度、强度等级、耐磨性能应符合设计要求。

检验方法：用钢尺检查和检查配合比试验报告、强度等级检测报告、耐磨性能检测报告。

检查数量：厚度按规定的检验批检查，配合比试验报告按同一工程、同一强度等级、同一配合比检查一次，强度等级检测报告按规定检查，耐磨性能检测报告按同一工程抽样检查一次。

（4）面层与基层（或下一层）结合应牢固，且应无空鼓、裂缝。当出现空鼓时，空鼓面积不应大于 400 cm²，且每自然间或标准间不应多于 2 处。

检验方法：观察和用小锤轻击检查。

检查数量：按规定的检验批检查。

5. 防油渗面层

（1）防油渗混凝土所用的水泥应采用普通硅酸盐水泥；碎石应采用花岗石或石英石，不应使用松散、多孔和吸水率大的石子，粒径为 5～16 mm，最大粒径不应大于 20 mm，含泥量不应大于 1%；砂应为中砂，且应洁净、无杂物；掺入的外加剂和防油渗剂应符合有关标准的规定。防油渗涂料应具有耐油、耐磨、耐火和粘结性能。

检验方法：观察检查和检查质量合格证明文件。

检查数量：同一工程、同一强度等级、同一配合比、同一粘结强度检查一次。

（2）防油渗混凝土的强度等级和抗渗性能应符合设计要求，且强度等级不应小于 C30；防油渗涂料的粘结强度不应小于 0.3 MPa。

检验方法：检查配合比试验报告、强度等级检测报告、粘结强度检测报告。

检查数量：配合比试验报告按同一工程、同一强度等级、同一配合比检查一次；强度等级检测报告按规定检查；抗拉粘结强度检测报告按同一工程、同一涂料品种、同一生产厂家、同一型号、同一规格、同一批号检查一次。

（3）防油渗混凝土面层与下一层应结合牢固、无空鼓。

检验方法：用小锤轻击检查。

检查数量：按规定的检验批检查。

（4）防油渗涂料面层与基层应粘结牢固，不应有起皮、开裂、漏涂等缺陷。

检验方法：观察检查。

检查数量：按规定的检验批检查。

6. 不发火（防爆）面层

（1）不发火（防爆）面层中碎石的不发火性必须合格；砂应质地坚硬、表面粗糙，其粒径应为 0.15～5 mm，含泥量不应大于 3%，有机物含量不应大于 0.5%；水泥应采用硅酸盐水泥、普通硅酸盐水泥；面层分格的嵌条应采用不发生火花的材料配制。配制时应随时检查，不得混入金属或其他易发生火花的杂质。

检验方法：观察检查和检查质量合格证明文件。

检查数量：按规定检查。

（2）不发火（防爆）面层的强度等级应符合设计要求。

检验方法：检查配合比试验报告和强度等级检测报告。

检查数量：配合比试验报告按同一工程、同一强度等级、同一配合比检查一次；强度等级检测报告按规定检查。

（3）面层与下一层应结合牢固，且应无空鼓和开裂。当出现空鼓时，空鼓面积不应大于 400 cm²，且每自然间或标准间不应多于 2 处。

检验方法：观察和用小锤轻击检查。

检查数量：按规定的检验批检查。

(4)不发火（防爆）面层的试件应检验合格。

检验方法：检查检测报告。

检查数量：同一工程、同一强度等级、同一配合比检查一次。

7. 自流平面层

(1)自流平面层的铺涂材料应符合设计要求和国家现行有关标准的规定。

检验方法：观察检查和检查型式检验报告、出厂检验报告、出厂合格证。

检查数量：同一工程、同一材料、同一生产厂家、同一型号、同一规格、同一批号检查一次。

(2)自流平面层的涂料进入施工现场时，应有以下有害物质限量合格的检测报告：

1)水性涂料中的挥发性有机化合物（VOC）和游离甲醛；

2)溶剂型涂料中的苯、甲苯＋二甲苯、挥发性有机化合物（VOC）和游离甲苯二异氰酸酯（TDI）。

检验方法：检查检测报告。

检查数量：同一工程、同一材料、同一生产厂家、同一型号、同一规格、同一批号检查一次。

(3)自流平面层的基层强度等级不应小于 C20。

检验方法：检查强度等级检测报告。

检查数量：按规定检查。

(4)自流平面层的各构造层之间应粘结牢固，层与层之间不应出现分离、空鼓现象。

检验方法：用小锤轻击检查。

检查数量：按规定的检验批检查。

(5)自流平面层的表面不应有开裂、漏涂和倒泛水、积水等现象。

检验方法：观察和泼水检查。

检查数量：按规定的检验批检查。

8. 涂料面层

(1)涂料应符合设计要求和国家现行有关标准的规定。

检验方法：观察检查和检查型式检验报告、出厂检验报告、出厂合格证。

检查数量：同一工程、同一材料、同一生产厂家、同一型号、同一规格、同一批号检查一次。

(2)涂料进入施工现场时，应有苯、甲苯＋二甲苯、挥发性有机化合物（VOC）和游离甲苯二异氰酸酯（TDI）限量合格的检测报告。

检验方法：检查检测报告。

检查数量：同一材料、同一生产厂家、同一型号、同一规格、同一批号检查一次。

(3)涂料面层的表面不应有开裂、空鼓、漏涂和倒泛水、积水等现象。

检验方法：观察和泼水检查。

检查数量：按规定的检验批检查。

9. 塑胶面层

(1)塑胶面层采用的材料应符合设计要求和国家现行有关标准的规定。

检验方法：观察检查和检查型式检验报告、出厂检验报告、出厂合格证。

检查数量：现浇型塑胶材料按同一工程、同一配合比检查一次；塑胶卷材按同一工程、同一材料、同一生产厂家、同一型号、同一规格、同一批号检查一次。

(2)现浇型塑胶面层的配合比应符合设计要求，成品试件应检测合格。

检验方法：检查配合比试验报告、试件检测报告。

检查数量：同一工程、同一配合比检查一次。

(3)现浇型塑胶面层与基层应粘结牢固，面层厚度应一致，表面颗粒应均匀，不应有裂痕、分层、气泡、脱(秃)粒等现象；塑胶卷材面层的卷材与基层应粘结牢固，面层不应有断裂、起泡、起鼓、空鼓、脱胶、翘边、溢液等现象。

检验方法：观察和用敲击法检查。

检查数量：按规定的检验批检查。

10. 地面辐射供暖的整体面层

(1)地面辐射供暖的整体面层采用的材料或产品除应符合设计要求和相应面层的规定外，还应具有耐热性、热稳定性、防水、防潮、防霉变等特点。

检验方法：观察检查和检查质量合格证明文件。

检查数量：同一工程、同一材料、同一生产厂家、同一型号、同一规格、同一批号检查一次。

(2)地面辐射供暖的整体面层的分格缝应符合设计要求，面层与柱、墙之间应留不小于 10 mm 的空隙。

检验方法：观察和用钢尺检查。

检查数量：按规定的检验批检查。

(3)其余主控项目及检验方法、检查数量应符合有关规定。

(三)一般项目

(1)水泥混凝土面层、水泥砂浆面层、防油渗面层表面应洁净，不应有裂纹、脱皮、麻面、起砂等缺陷。

水磨石面层表面应光滑，且应无裂纹、砂眼和磨痕；石粒应密实，显露应均匀；颜色图案应一致，不混色；分格条应牢固、顺直和清晰。

硬化耐磨面层表面应色泽一致，切缝应顺直，不应有裂纹、脱皮、麻面、起砂等缺陷。

自流平面层、涂料面层表面应光洁，色泽应均匀一致，不应有起泡、泛砂等现象。

不发火(防爆)面层表面应密实，无裂缝、蜂窝、麻面等缺陷。

塑胶面层应表面洁净，图案清晰，色泽一致；拼缝处的图案、花纹应吻合，无明显高低差及缝隙、无胶痕；与周边接缝应严密，阴阳角应方正、收边整齐。

检验方法：观察检查。

检查数量：按规定的检验批检查。

(2)水泥混凝土面层、水泥砂浆面层表面的坡度应符合设计要求，不应有倒泛水和积水现象。

检验方法：观察和采用泼水或用坡度尺检查。

检查数量：按规定的检验批检查。

(3)踢脚线与柱、墙面应紧密结合，踢脚线高度和出柱、墙厚度应符合设计要求且均匀一致。当出现空鼓时，局部空鼓长度不应大于 300 mm，且每自然间或标准间不应多于 2 处。

检验方法：用小锤轻击、钢尺和观察检查。

检查数量：按规定的检验批检查。

(4)楼梯、台阶踏步的宽度、高度应符合设计要求。楼层梯段相邻踏步高度差不应大于

10 mm;每踏步两端宽度差不应大于 10 mm，旋转楼梯梯段的每踏步两端宽度的允许偏差不应大于 5 mm。踏步面层应做防滑处理，齿角应整齐，防滑条应顺直、牢固。

检验方法：观察和用钢尺检查。

检查数量：按规定的检验批检查。

(5)踢脚线与柱、墙面应紧密结合，踢脚线高度及出柱、墙厚度应符合设计要求且均匀一致。

检验方法：用小锤轻击、钢尺和观察检查。

检查数量：按规定的检验批检查。

(6)自流平面层应分层施工，面层找平施工时不应留有抹痕。

检验方法：观察检查和检查施工记录。

检查数量：按规定的检验批检查。

(7)涂料找平层应平整，不应有刮痕。

检验方法：观察检查。

检查数量：按规定的检验批检查。

(8)塑胶面层的各组合层厚度、坡度、表面平整度应符合设计要求。

检验方法：采用钢尺、坡度尺、2 m 或 3 m 水平尺检查。

检查数量：按规定的检验批检查。

(9)塑胶卷材面层的焊缝应平整、光洁，无焦化变色、斑点、焊瘤、起鳞等缺陷，焊缝凹凸允许偏差不应大于 0.6 mm。

检验方法：观察检查。

检查数量：按规定的检验批检查。

(10)整体面层的允许偏差应符合表 10-10 的规定。

检验方法：按表 10-10 中的检验方法检验。

检查数量：按规定的检验批检查。

第四节 板块面层铺设

一、砖面层

(1)基层处理。将混凝土基层上的杂物清理掉，并用錾子剔掉楼地面超高、墙面超平部分及砂浆落地灰，用钢丝刷刷净浮浆层。如基层有油污时，应用 10％火碱水刷净，并用清水及时将其上的碱液冲净。

(2)找标高。根据水平标准线和设计厚度，在四周墙、柱上弹出面层的上平标高控制线。

(3)铺结合层砂浆。砖面层铺设前应将基底湿润，并在基底上刷一遍素水泥浆或界面结合剂，随刷随铺设搅拌均匀的干硬性水泥砂浆。

(4)铺砖控制线。当找平层砂浆抗压强度达到 1.2 MPa 时，开始上人弹砖的控制线。预先根据设计要求和砖板块规格尺寸，确定板块铺砌的缝隙宽度。当设计无规定时，紧密铺贴缝隙宽度不宜大于 1 mm，虚缝铺贴缝隙宽度宜为 5～10 mm。

在房间分中，从纵、横两个方向排尺寸，当尺寸不足整砖倍数时，将非整砖用于边角处，横向平行于门口的第一排应为整砖，将非整砖排在靠墙位置，纵向（垂直门口）应在房间内分中，非整砖对称排放在两墙边处，尺寸不小于整砖边长的1/2。根据已确定的砖数和缝宽，在地面上弹纵、横控制线（每隔四块砖弹一根控制线）。

（5）铺砖。

1）在砂结合层上铺设砖面层时，砂结合层应洒水压实，并用刮尺刮平，而后拉线逐块铺砌，其施工按下列要求进行：

烧结普通砖的铺砌形式一般采用"直行""对角线"或"人字形"等铺法。在通道内宜铺成纵向的"人字形"，同时，在边缘的一行砖应加工成45°角，并与墙或地板边缘紧密连接；铺砌砖时应挂线，相邻两行的错缝应为砖长的1/3~1/2；烧结普通砖应对接铺砌，缝隙宽度不宜大于5 mm。填缝前，应适当洒水并予以拍实、整平。填缝可用细砂、水泥砂浆或沥青胶结料。用砂填缝时，宜先将砂撒于砖面上，再用扫帚扫于缝中。用水泥砂浆或沥青胶结料填缝时，应预先用砂填缝至一半高度。

2）在水泥砂浆结合层上铺贴缸砖、陶瓷地砖和水泥花砖面层时，铺贴前应对砖的规格尺寸、外观质量、色泽等进行预选，并应浸水湿润后晾干待用；铺贴时宜采用干硬性水泥砂浆，面砖应紧密、坚实，砂浆应饱满并严格控制标高；面砖的缝隙宽度应符合设计要求。当设计无规定时，紧密铺贴缝隙宽度不宜大于1 mm；虚缝铺贴缝隙宽度宜为5~10 mm；大面积施工时，应采取分段按顺序铺贴，按标准拉线镶贴并做各道工序的检查和复验工作；面层铺贴应在24 h内进行擦缝、勾缝和压缝工作。缝的深度宜为砖厚的1/3；擦缝和勾缝应采用同品种、同强度等级、同颜色的水泥，随做随清理水泥并做养护。

3）在水泥砂浆结合层上铺贴陶瓷马赛克时，结合层和陶瓷马赛克应分段同时铺贴。铺贴前应刷水泥浆，其厚度宜为2~2.5 mm，并应随刷随铺贴，用抹子拍实；陶瓷马赛克底面应洁净，每联陶瓷马赛克之间、与结合层之间以及在墙角、镶边和靠墙处，均应紧密贴合，并不得有空隙。在靠墙处不得采用砂浆填补；陶瓷马赛克面层在铺贴后，应淋水、揭纸，并应采用白水泥擦缝，做面层的清理和保护工作。

4）在沥青胶结料结合层上铺贴缸砖面层时，其下一层应符合隔离层铺设的要求。缸砖要干净，铺贴时应在摊铺热沥青胶结料后随即进行，并应在沥青胶结料凝结前完成。缸砖间缝隙宽度为3~5 mm，采用挤压方法使沥青胶结料挤入，再用胶结料填满。填缝前，缝隙内应予清扫并使其干燥。

5）地砖铺设如图10-6所示。

（6）勾缝。

1）勾缝。用1∶1水泥细砂浆勾缝，勾缝用砂应用窗纱过筛，要求缝内砂浆密实、平整、光滑，勾好后要求缝呈圆弧形，凹进面砖外表面2~3 mm。随勾随将剩余水泥砂浆清走、擦净。

2）擦缝。如设计要求不留缝隙或缝隙很小时，则要求接缝平直，在铺实修整好的砖面层上用浆壶往缝内浇水泥浆，然后用干水泥撒在缝上，再用棉纱团擦，将缝隙擦满。最后，将面层上的水泥浆擦干净。

（7）踢脚板。踢脚板用砖，一般采用与地面块材同品种、同规格、同颜色的材料，踢脚板的立缝应与地面缝对齐，铺设时应在房间墙面两端头阴角处各镶贴一块砖，出墙厚度和高度应符合设计要求，以此砖上棱为标准挂线，开始铺贴，砖背面朝上抹粘结砂浆（配合比为1∶2水泥砂浆），使砂浆沾满整块砖为宜，及时粘贴在墙上，砖上棱要跟线平齐并立即拍实，随之将挤出的砂浆刮掉。将面层清擦干净（粘贴前，砖块材要浸水晾干，墙面刷水湿润）。

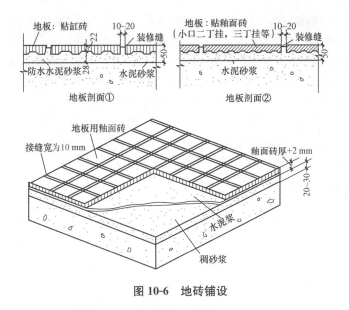

图 10-6 地砖铺设

二、大理石面层和花岗石面层

(1)大理石、花岗石面层采用天然大理石、花岗石(或碎拼大理石、碎拼花岗石)板材,在结合层上铺设。板材有裂缝、掉角、翘曲和表面有缺陷时应予剔除,品种不同的板材不得混杂使用;铺设前,应根据石材的颜色、花纹、图案、纹理等按设计要求,试拼编号。

(2)板材浸水。施工前应将板材(特别是预制水磨石板)浸水湿润,并阴干、码好备用。铺贴时,板材的底面以内潮外干为宜。

(3)摊铺结合层。先在基层或找平层上刷一遍掺有 4%~5% 的 108 胶的水泥浆,水胶比为 0.4~0.5。随刷随铺水泥砂浆结合层,厚度为 10~15 mm,每次铺 2~3 块板面积为宜,并对照拉线将砂浆刮平。

(4)铺贴。正式铺贴时,要将板块四角同时坐浆,四角平稳下落。对准纵横缝后,用木槌敲击中部,使其密实、平整,准确就位。

(5)灌缝。要求嵌铜条的地面板材铺贴,先将相邻两块板铺贴平整,留出嵌条缝隙,然后向缝内灌水泥砂浆,将铜条敲入缝隙内,使其外露部分略高于板面即可,然后擦净挤出的砂浆。对于不设镶条的地面,应在铺完 24 h 后洒水养护,2 d 后进行灌缝,灌缝力求达到紧密。

(6)上蜡磨亮。板块铺贴完工,待结合层砂浆强度达到 60%~70% 即可打蜡抛光,3 d 内禁止上人走动。

三、预制板块面层

预制板块面层采用水泥混凝土板块、水磨石板块、人造石板块,强度和品种不同的预制板块不宜混杂使用。

(1)面层铺设前应将基层表面的浮土、浆皮清理干净,油污清洗掉。铺前一天洒水湿润,但不得有积水。

(2)铺干硬性水泥砂浆,厚度以 25~30 mm 为宜,用铁抹子拍实抹平,然后进行预制板试铺,对好纵横缝,用橡皮锤敲板块中间,振实砂浆至铺设高度后,将板掀起移至一边,检查砂浆上表面,如有空隙应用砂浆填补,满浇一层水胶比为 0.4~0.5 的素水泥浆(或稠度为 60~80 mm

的 1：1.5 水泥砂浆），随刷随铺，铺时要四角同时落下，用橡皮锤轻敲使其平整、密实，防止四角出现空鼓并随时用水平尺或直尺找平。

（3）水泥混凝土板块面层的缝隙应采用水泥浆（或砂浆）填缝；彩色混凝土板块、水磨石板块、人造石板块应用同色水泥浆（或砂浆）擦缝。板块间的缝隙宽度应符合设计要求。当设计无要求时，混凝土板块面层缝宽不宜大于 6 mm，水磨石板块、人造石板块间的缝宽不应大于 2 mm。预制板块面层铺完 24 h 后，应用水泥砂浆灌缝至 2/3 高度，再用同色水泥浆擦（勾）缝。

（4）在砂结合层上铺设预制板块面层时，结合层下的基层应平整。当为基土层时，应夯填密实。铺设预制板块面层前，砂结合层应洒水压实并用刮尺找平，而后拉线逐块铺贴。

四、料石面层

（1）料石面层采用天然条石和块石，条石和块石面层所用的石材的规格、技术等级和厚度应符合设计要求。条石的质量应均匀，形状为矩形六面体，厚度为 80～120 mm；块石形状为直棱柱体，顶面粗琢平整，底面面积不宜小于顶面面积的 60%，厚度为 100～150 mm。

（2）铺设前，应对基层进行清理和处理，要求基层平整、清洁。

（3）料石面层铺砌时不宜出现十字缝。条石应按规格尺寸及品种进行分类挑选，铺贴时板缝必须拉通线加以控制，垂直于行走方向铺砌成行。铺砌时方向和坡度要正确。相邻两行条石应错缝铺贴，错缝尺寸应为条石长度的 1/3～1/2。

（4）在砂结合层上铺砌条石面层时，缝隙宽度不宜大于 5 mm。当采用水泥砂浆嵌缝时，应预先用砂填缝至 1/2 高度，然后用水泥砂浆填满缝并抹平。

（5）不导电的料石面层的石料应采用辉绿岩石加工制成。填缝材料也采用辉绿岩石加工的砂嵌实。耐高温的料石面层的石料，应按设计要求选用。

（6）条石面层的结合层宜采用水泥砂浆，其厚度应符合设计要求；块石面层的结合层宜采用砂垫层，其厚度不应小于 60 mm；基土层应为均匀密实的基土或夯实的基土。

（7）在沥青胶结料结合层上铺砌条石面层时，下一层表面应洁净、干燥，其含水率不应大于9%，并应涂刷基层处理剂。沥青胶结料及基层处理剂配合比均应通过试验确定。一般基层处理剂涂刷一昼夜，即可施工面层。条石要洁净。铺贴时，应在摊铺热沥青胶结料后随即进行，并应在沥青胶结料凝结前完成。填缝前，缝隙内应予清扫并使其干燥。

五、塑料板面层

1. 涂刷胶粘剂

在基层表面涂胶粘剂时，用齿形刮板刮涂均匀，厚度控制在 1 mm 左右；塑料板粘贴面用齿形刮板或纤维滚筒涂刷胶粘剂，其涂刷方向与基层涂胶方向纵横相交。

基层涂刷胶粘剂时，面积不得过大，要随贴随刷，一般超出分格线 10 mm。

胶粘剂涂刮后在室温下暴露于空气中，溶剂部分挥发，至胶层表面手触不粘手时，即可铺贴。通常，室温的范围为 10 ℃～35 ℃，暴露时间为 5～15 min。低于或高于此温度范围，最好不进行铺贴。

2. 铺贴塑料板面层

铺贴时最好从中间定位向四周展开，这样能保持图案对称和尺寸整齐。切勿将整张地板一下子贴下，应先把地板一端对齐粘合，轻轻地用橡胶滚筒将地板平服地粘贴在地面上，使其准确就位，同时赶走气泡，如图 10-7 所示。一般每块地板的粘贴面要在 80% 以上，为使粘贴可靠，应用压滚压实或用橡胶锤敲实（聚氨酯和环氧树脂胶粘剂应用砂袋适当压住，直至固化）。

用橡胶锤敲打时，应从中心移向四周，或从一边移向另一边。在铺贴到靠墙附近时，用橡胶压边滚筒赶走气泡和压实，如图10-8所示。

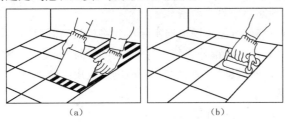
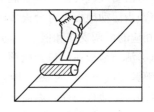

图 10-7　粘合与赶实示意

(a)地板一端对齐粘合；(b)贴平赶实

图 10-8　压平边角

另外，铺贴时挤出的余胶要及时擦净，粘贴后在表面残留的胶液可使用棉纱蘸上溶剂擦净，水溶性胶粘剂用棉布擦去。

3. 焊接

塑料板粘贴48 h后，即可施焊。

塑料板拼缝处做V形坡口，根据焊条规格和板厚确定坡口角度β，板厚为$10\sim20$ mm时，$\beta=65°\sim75°$；板厚$2\sim8$ mm时，$\beta=75°\sim85°$。采用坡口直尺和割刀进行坡口切割，坡口应平直，宽窄和角度应一致，同时防止脏物污染。

软质塑料板粘贴后，相邻板的边缘切割成V形坡口，做小块试焊。采用热空气焊，空气压力控制在$0.08\sim0.1$ MPa，温度控制在200 ℃～250 ℃，确保焊接质量。施焊前检查压缩空气的纯洁度，向白纸上喷射$20\sim30$ s，以无水迹、油迹为合格，同时用丙酮将拼缝焊条表面清洗干净，等待施焊。

施焊时，两人一组，一人持焊枪施焊，另一人用压棍推压焊缝。施焊者左手持焊条，右手持焊枪，从左向右施焊，用压棍随即压紧焊缝。

焊接时，焊枪的喷嘴、焊条和焊缝应在同一平面内，并垂直于塑料板面，焊枪喷嘴与地板的夹角宜为30°左右，喷嘴与焊条、焊缝的距离宜为$5\sim6$ mm，焊枪移动速度宜为$0.3\sim0.5$ m/min。

焊接完后，焊缝冷却至室内常温时，应对焊缝进行修整。用刨刀将突出板面部分($1.5\sim2$ mm)切削平。

当焊缝有烧焦或焊接不牢的现象时，应切除焊缝，重新焊接。

六、活动地板面层

(1)活动地板面层宜用于有防尘和防静电要求的专业用房的建筑地面。应采用特制的平压刨花板为基材，表面可饰以装饰板，底层应用镀锌板经胶粘剂胶合形成活动地板块，配以横梁、橡胶垫条和可供调节高度的金属支架组装成架空板，应在水泥类面层(或基层)上铺设。

(2)活动地板所有的支座柱和横梁应构成框架，并与基层连接牢固；支架抄平后高度应符合设计要求。

(3)活动地板面层应包括标准地板、异型地板和地板附件(支架和横梁组件)。采用的活动地板块应平整、坚实，面层承载力不应小于7.5 MPa，A级板的系统电阻应为$1.0\times10^5\sim1.0\times10^8$ Ω，B级板的系统电阻应为$1.0\times10^5\sim1.0\times10^{10}$ Ω。

(4)活动地板面层的金属支架应支承在现浇水泥混凝土基层(或面层)上，基层表面应平整、光洁、不起灰。

（5）当房间的防静电要求较高，需要接地时，应将活动地板面层的金属支架、金属横梁连通跨接，并与接地体相连，接地方法应符合设计要求。

（6）活动板块与横梁接触搁置处应达到四角平整、严密。

（7）当活动地板不符合模数时，其不足部分可在现场根据实际尺寸将板块切割后镶补，并应配装相应的可调支撑和横梁。切割边不经处理不得镶补安装，并不得有局部膨胀变形情况。

（8）活动地板在门口处或预留洞口处应符合设置构造要求，四周侧边应用耐磨硬质板材封闭或用镀锌钢板包裹，胶条封边应符合耐磨要求。

（9）活动地板与柱、墙面接缝处的处理应符合设计要求，设计无要求时应做木踢脚线；通风口处，应选用异型活动地板铺贴。

（10）用于电子信息系统机房的活动地板面层，其施工质量检验尚应符合现行国家标准《数据中心基础设施施工及验收规范》（GB 50462—2015）的有关规定。

七、金属板面层

（1）金属板面层采用镀锌板、镀锡板、复合钢板、彩色涂层钢板、铸铁板、不锈钢板、铜板及其他合成金属板铺设。

（2）金属板面层及其配件宜使用不锈蚀或经过防锈处理的金属制品。

（3）用于通道（走道）和公共建筑的金属板面层，应按设计要求进行防腐、防滑处理。

（4）金属板面层的接地做法应符合设计要求。

（5）具有磁吸性的金属板面层不得用于有磁场所。

八、地毯面层

（1）地毯面层应采用地毯块材或卷材，以空铺法或实铺法铺设。

（2）铺设地毯的地面面层（或基层）应坚实、平整、洁净、干燥，无凹坑、麻面、起砂、裂缝，并不得有油污、钉头及其他凸出物。

（3）用张紧器（或地毯撑子）将地毯在纵横方向逐段推移伸展，使其拉紧、平服，以保证地毯在使用过程中遇到一定的推力而不隆起。张紧器底部有许多小刺，可将地毯卡紧而推移。推力应适当，过大易将地毯撕破；过小则推移不平。推移应逐步进行。用张紧器张紧后，地毯四周应挂在卡条或铝合金条上固定。

（4）空铺地毯时，应先在房间中间按照十字线铺设十字控制块，之后按照十字控制块向四周铺设。大面积铺贴时，应分段、分部位铺贴。如设计有图案要求时，应按照设计图案弹出准确分隔线并做好标记，防止差错。空铺地毯面层还应符合下列要求：

1）块材地毯宜先拼成整块，然后按设计要求铺设；

2）块材地毯的铺设，块与块之间应挤紧服贴；

3）卷材地毯宜先长向缝合，然后按设计要求铺设；

4）地毯面层的周边应压入踢脚线下；

5）地毯面层与不同类型的建筑地面面层的连接处，其收口做法应符合设计要求。

（5）实铺地毯面层应符合下列要求：

1）实铺地毯面层采用的金属卡条（倒刺板）、金属压条、专用双面胶带、胶粘剂等应符合设计要求；

2）铺设时，地毯的表面层宜张拉适度，四周应采用卡条固定；门口处宜用金属压条或双面胶带等固定，如图 10-9 所示；

3)地毯周边应塞入卡条和踢脚线下；

4)地毯面层采用胶粘剂或双面胶带粘结时，应与基层粘贴牢固。

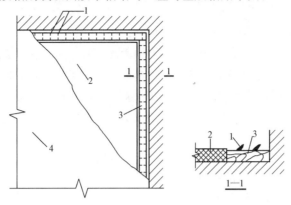

图 10-9　倒刺板条固定地毯

1—倒刺钉(@40)；2—泡沫塑料衬垫(厚 10)；

3—木条(25×8)；4—尼龙地毯

(6)楼梯地毯面层铺设时，梯段顶级(头)地毯应固定于平台上，其宽度应不小于标准楼梯、台阶踏步尺寸；阴角处应固定牢固；梯段末级(头)地毯与水平段地毯的连接处应顺畅、牢固。

(7)对于加设垫层的地毯，裁切完毕先虚铺于垫层上，然后再将地毯卷起，在需要拼接端头进行缝合。先用直针在毯背面隔一定距离缝几针做临时固定，然后再用大针满缝。背面缝合拼接后，于接缝处涂刷 50～60 mm 宽的一道白乳胶，粘贴布条或牛皮纸带；或采用电熨斗烫成品接缝带的方法。将地毯再次平放铺好，用弯针在接缝处做正面绒毛的缝合，使其不显拼缝痕迹。

(8)地毯铺设的重要收口部位，一般多采用铝合金收口条，可以是 L 形倒刺收口条，也可以是带刺圆角锑条或不带刺的铝合金压条，以美观和牢固为原则。收口条与楼地面基体的连接，可以采用水泥钉钉固，也可以钻孔打入木楔或尼龙胀塞将螺钉拧紧(图 10-10)，或选用其他连接方法。

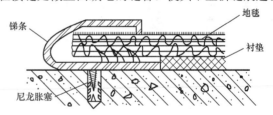

图 10-10　收口处理示例

九、地面辐射供暖的板块面层

(1)地面辐射供暖的板块面层宜采用缸砖、陶瓷地砖、花岗石、水磨石板块、人造石板块、塑料板等，应在填充层上铺设。

(2)地面辐射供暖的板块面层采用胶结材料粘贴铺设时，填充层的含水率应符合胶结材料的技术要求。

(3)地面辐射供暖的板块面层铺设时不得扰动填充层，不得向填充层内搂入任何物件。

十、板块面层铺设质量检查与验收

1. 一般规定

(1)铺设板块面层时，其水泥类基层的抗压强度不得小于 1.2 MPa。

(2)铺设板块面层的结合层和板块间的填缝采用水泥砂浆时，应符合下列规定：

1)配制水泥砂浆应采用硅酸盐水泥、普通硅酸盐水泥或矿渣硅酸盐水泥；

2)配制水泥砂浆的砂应符合现行行业标准《普通混凝土用砂、石质量及检验方法标准》(JGJ 52—2006)的有关规定；

3)水泥砂浆的体积比(或强度等级)应符合设计要求。

(3)结合层和板块面层填缝的胶结材料应符合国家现行有关标准的规定和设计要求。

(4)铺设水泥混凝土板块、水磨石板块、人造石板块、陶瓷马赛克、陶瓷地砖、缸砖、水泥花砖、料石、大理石、花岗石等面层的结合层和填缝材料采用水泥砂浆时，在面层铺设后，表面应覆盖、湿润，养护时间不应少于 7 d。当板块面层的水泥砂浆结合层的抗压强度达到设计要求后，方可正常使用。

(5)大面积板块面层的伸、缩缝及分格缝应符合设计要求。

(6)板块类踢脚线施工时，不得采用混合砂浆打底。

(7)板块面层的允许偏差和检验方法应符合表 10-11 的规定。

表 10-11　板块面层的允许偏差和检验方法

项次	项目	允许偏差/mm											检验方法
		陶瓷马赛克面层、高级水磨石板、陶瓷地砖面层	缸砖面层	水泥花砖面层	水磨石板块面层	大理石面层、花岗石面层、人造石面层、金属板面层	塑料板面层	水泥混凝土板块面层	碎拼大理石、碎拼花岗石面层	活动地板面层	条石面层	块石面层	
1	表面平整度	2.0	4.0	3.0	3.0	1.0	2.0	4.0	3.0	2.0	10	10	用 2 m 靠尺和楔形塞尺检查
2	缝格平直	3.0	3.0	3.0	3.0	2.0	3.0	3.0	—	2.5	8.0	8.0	拉 5 m 线和用钢尺检查
3	接缝高低差	0.5	1.5	0.5	1.0	0.5	0.5	1.5	—	0.4	2.0	—	用钢尺和楔形塞尺检查
4	踢脚线上口平直	3.0	4.0	—	4.0	1.0	2.0	4.0	1.0				拉 5 m 线和用钢尺检查
5	板块间隙宽度	2.0	2.0	2.0	2.0	1.0	—	6.0	—	0.3	5.0	—	用钢尺检查

2. 主控项目

(1)所用板块产品应符合设计要求和国家现行有关标准的规定；条石的强度等级应大于

MU60，块石的强度等级应大于 MU30。活动地板应具有耐磨、防潮、阻燃、耐污染、耐老化和导静电等性能。地面辐射供暖的板块面层采用的材料或产品还应具有耐热性、热稳定性、防水、防潮、防霉变等特点。

检验方法：观察检查和检查型式检验报告、出厂检验报告、出厂合格证。

检查数量：同一工程、同一材料、同一生产厂家、同一型号、同一规格、同一批号检查一次。

（2）所用板块产品及所采用的胶粘剂进入施工现场时，应有放射性限量合格的检测报告。

地毯面层采用的材料进入施工现场时，应有地毯、衬垫、胶粘剂中的挥发性有机化合物（VOC）和甲醛限量合格的检测报告。

检验方法：检查检测报告。

检查数量：同一工程、同一材料、同一生产厂家、同一型号、同一规格、同一批号检查一次。

（3）面层与下一层的结合（粘结）应牢固，无空鼓（单块砖边角允许有局部空鼓，但每自然间或标准间的空鼓砖不应超过总数的 5%）。

检验方法：用小锤轻击检查。

检查数量：按规定的检验批检查。

（4）活动地板面层应安装牢固，无裂纹、掉角和缺棱等缺陷。

检验方法：观察和行走检查。

检查数量：按规定的检验批检查。

（5）面层与基层的固定方法、面层的接缝处理应符合设计要求。

检验方法：观察检查。

检查数量：按规定的检验批检查。

（6）面层及其附件如需焊接，焊缝质量应符合设计要求和现行国家标准《钢结构工程施工质量验收规范》（GB 50205—2001）的有关规定。

检验方法：观察检查和按现行国家标准《钢结构工程施工质量验收规范》（GB 50205—2001）规定的方法检验。

检查数量：按规定的检验批检查。

（7）面层与基层的结合应牢固，无翘边、松动、空鼓等。

检验方法：观察和用小锤轻击检查。

检查数量：按规定的检验批检查。

（8）地毯表面应平服，拼缝处应粘贴牢固、严密平整、图案吻合。

检验方法：观察检查。

检查数量：按规定的检验批检查。

（9）地面辐射供暖的板块面层的伸、缩缝及分格缝应符合设计要求；面层与柱、墙之间应留不小于 10 mm 的空隙。

检验方法：观察和用钢尺检查。

检查数量：按规定的检验批检查。

3. 一般项目

（1）砖面层的表面应洁净、图案清晰、色泽应一致，接缝应平整，深浅应一致，周边应顺直。板块应无裂纹、掉角和缺棱等缺陷。

检验方法：观察检查。

检查数量：按规定的检验批检查。

(2)面层邻接处的镶边用料及尺寸应符合设计要求，边角应整齐、光滑。

检验方法：观察和用钢尺检查。

检查数量：按规定的检验批检查。

(3)踢脚线表面应洁净，与柱、墙面的结合应牢固。踢脚线高度及出柱、墙厚度应符合设计要求，且均匀一致。

检验方法：观察和用小锤轻击及钢尺检查。

检查数量：按规定的检验批检查。

(4)楼梯、台阶踏步的宽度、高度应符合设计要求。踏步板块的缝隙宽度应一致；楼层梯段相邻踏步高度差不应大于10 mm；每踏步两端宽度差不应大于10 mm，旋转楼梯梯段的每踏步两端宽度的允许偏差不应大于5 mm。踏步面层应做防滑处理，齿角应整齐，防滑条应顺直、牢固。

检验方法：观察和用钢尺检查。

检查数量：按规定的检验批检查。

(5)面层表面的坡度应符合设计要求，不倒泛水、无积水；与地漏、管道结合处应严密牢固，无渗漏。

检验方法：观察、泼水或用坡度尺及蓄水检查。

检查数量：按规定的检验批检查。

(6)大理石、花岗石面层铺设前，板块的背面和侧面应进行防碱处理。

检验方法：观察检查和检查施工记录。

检查数量：按规定的检验批检查。

(7)大理石、花岗石面层的表面应洁净、平整、无磨痕，且应图案清晰、色泽一致、接缝均匀、周边顺直、镶嵌正确，板块应无裂纹、掉角、缺棱等缺陷。

检验方法：观察检查。

检查数量：按规定的检验批检查。

(8)预制板块表面应无裂缝、掉角、翘曲等明显缺陷。

检验方法：观察检查。

检查数量：按规定的检验批检查。

(9)预制板块面层应平整洁净、图案清晰、色泽一致、接缝均匀、周边顺直、镶嵌正确。

检验方法：观察检查。

检查数量：按规定的检验批检查。

(10)面层邻接处的镶边用料尺寸应符合设计要求，边角应整齐、光滑。

检验方法：观察和用钢尺检查。

检查数量：按规定的检验批检查。

(11)条石面层应组砌合理，无十字缝，铺砌方向和坡度应符合设计要求；块石面层石料缝隙应相互错开，通缝不应超过两块石料。

检验方法：观察和用坡度尺检查。

检查数量：按规定的检验批检查。

(12)塑料板面层应表面洁净，图案清晰，色泽一致，接缝应严密、美观。拼缝处的图案、花纹应吻合，无胶痕；与柱、墙边交接应严密，阴阳角收边应方正。

检验方法：观察检查。

检查数量：按规定的检验批检查。

(13)板块的焊接，焊缝应平整、光洁，无焦化、变色、斑点、焊瘤和起鳞等缺陷，其凹凸允许偏差不应大于 0.6 mm。焊缝的抗拉强度应不小于塑料板强度的 75%。

检验方法：观察检查和检查检测报告。

检查数量：按规定的检验批检查。

(14)镶边用料应尺寸准确、边角整齐、拼缝严密、接缝顺直。

检验方法：观察和用钢尺检查。

检查数量：按规定的检验批检查。

(15)踢脚线宜与地面面层对缝一致，踢脚线与基层的粘合应密实。

检验方法：观察检查。

检查数量：按规定的检验批检查。

(16)活动地板面层应排列整齐、表面洁净、色泽一致、接缝均匀、周边顺直。

检验方法：观察检查。

检查数量：按规定的检验批检查。

(17)金属板表面应无裂痕、刮伤、刮痕、翘曲等外观质量缺陷。

检验方法：观察检查。

检查数量：按规定的检验批检查。

(18)面层应平整、洁净、色泽一致，接缝应均匀，周边应顺直。

检验方法：观察和用钢尺检查。

检查数量：按规定的检验批检查。

(19)镶边用料及尺寸应符合设计要求，边角应整齐。

检验方法：观察检查和用钢尺检查。

检查数量：按规定的检验批检查。

(20)地毯表面不应起鼓、起皱、翘边、卷边、显拼缝、露线和毛边，绒面毛应顺光一致，毯面应洁净、无污染和损伤。

检验方法：观察检查。

检查数量：按规定的检验批检查。

(21)地毯同其他面层连接处、收口处和墙边、柱子周围应顺直、压紧。

检验方法：观察检查。

检查数量：按规定的检验批检查。

(22)砖面层的允许偏差应符合表 10-11 的规定。

检验方法：按表 10-11 中的检验方法检验。

检查数量：按规定的检验批检查。

第五节　木、竹面层铺设

一、实木地板面层

1. 弹线

根据具体设计，在毛地板上用墨线弹出木地板组合造型施工控制线，即每块地板条或每行地板条的定位线。凡不属地板条错缝组合造型的拼花木地板、席纹木地板，则应以房间中心为中心，先弹出相互垂直并分别与房间纵横墙面平行的标准十字线两条，或与墙面成45°交叉的标准十字线两条，然后根据具体设计的木地板组合造型具体图案，以地板条宽度及标准十字线为准，弹出每条或每行地板的施工定位线，以便施工。弹线完毕后，将木地板进行试铺，试铺后编号，分别存放备用。

2. 铺装实市地板条

将毛地板上所有垃圾、杂物清理干净，加铺防潮纸一层，然后开始铺装实木地板。可从房间一边墙根(也可从房间中部)开始(根据具体设计，将地板周围镶边留出空位)，并用木块在墙根所留镶边空隙处将地板条(块)顶住，然后顺序向前铺装，直至铺到对面墙根时；同样，用木块在该墙根镶边空隙处将地板顶住，然后将开始一边墙根处的木块搂紧，待安装镶边条时再将两边木块取掉。

3. 铺定实市地板条

按地板条定位线及两顶端中心线，将地板条铺正、铺平、铺齐，用地板条厚的 2～2.5 倍长的圆钉，从地板条企口榫凹角处斜向将地板条钉于地板搁栅上。钉头需预先打扁，冲入企口表面以内，以免影响企口接缝严密。必要时，在木地板条上可先钻眼后钉钉，如图 10-11 所示。钉钉个数应符合设计要求。设计无要求时，地板长度小于 300 mm 时，侧边应钉 2 个钉；长度大于 300 mm 小于 600 mm

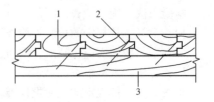

图 10-11　企口板钉设

1—企口板；2—圆钉；3—毛地板

时，应钉 3 个钉；长度为 600～900 mm 时，应钉 4 个钉，板的端头应钉 1 个钉固定。所有地板条应逐块错缝排紧钉牢，接缝严密。板与板之间不得有任何松动、不平或不牢之处。

4. 粘铺地板

按设计要求及有关规范规定处理基层，粘铺木地板用胶要符合设计要求并进行试铺，符合要求后再大面积展开施工。铺贴时要用专用刮胶板将胶均匀地涂刮于地面及木地板表面，待胶不粘手时，将地板按定位线就位粘贴，并用小锤轻敲，使地板条与基层粘牢。涂胶时要求涂刷均匀、厚薄一致，不得有漏涂之处。地板条应铺正、铺平、铺齐，并应逐块错缝排紧粘牢。板与板之间不得有任何松动、不平、缝隙及溢胶之处。

5. 踢脚板安装

(1)木地板房间的四周墙脚处应设木踢脚板，踢脚板一般高为 100～200 mm，常用的是高为 150 mm，厚为 20～25 mm，如图 10-12 所示。踢脚板应预先刨光，上口刨成线条。为防止翘曲，在靠墙的一面应开成凹槽。当踢脚板高 100 mm 时开一条凹槽，150 mm 时开两条凹槽，超过 150 mm 时开三条凹槽，凹槽深度为 3～5 mm。为了防潮、通风，木踢脚板每隔 1～1.5 m 设一组通风孔，一般采用 $\phi 6$ 孔。在墙内每隔 400 mm 砌入防腐木砖，在防腐木砖外面再钉防腐木垫块。一般，在木踢脚板与地面转角处安装木压条或安装圆角成品木条。

(2)木踢脚板应在木地板刨光后安装，其油漆在木地板油漆之前。木踢脚板接缝处应做暗榫或斜坡压槎，在 90°转角处可做成 45°接缝。接缝一定要在防腐木块上。安装时，木踢脚板与立墙贴紧，上口要平直，用明钉钉牢在防腐木块上，钉帽要砸扁并冲入板内 2～3 mm。

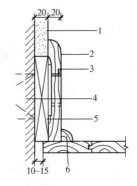

图 10-12　木踢脚板

1—内墙粉刷；2—20×150 木踢脚板；
3—$\phi 6$ 通风孔；4—木砖；
5—垫块；6—15×15 压条

二、竹地板面层

竹地板面层所采用的材料，其技术等级及质量要求应符合设计规范要求，见表 10-12。竹地板外观质量要求见表 10-13。

表 10-12　竹地板规格尺寸、允许偏差及检测方法

项　目	单位	规格尺寸	允许偏差	检测方法
地板条表层长度 l	mm	450～2 200	$\Delta l_{ave} \leqslant 0.5$	用钢板尺在板宽中心检查
地板条表层宽度 w	mm	75～200	$\Delta w_{ave} \leqslant 0.15$ $w_{max} - w_{min} \leqslant 0.20$	用游标卡尺在距两端 20 mm 处测量
地板条厚度 t	mm	8～18	$\Delta t_{ave} \leqslant 0.30$ $t_{max} - t_{min} \leqslant 0.20$	用千分尺在竹地板条四边中点距边 10 mm 处测量
地板条直角度 q	mm		$q_{max} \leqslant 0.15$	用直角尺紧靠地板条长边，用塞尺测量另一边端头的最大偏差
地板条直线度 s	mm/m		$s_{max} \leqslant 0.20$	用钢板尺紧靠地板条长边，用塞尺测量两者之间的最大间隙
地板条翘曲度 f	%		$f_{l,max} \leqslant 0.50$ $f_{w,max} \leqslant 0.20$	用钢板尺紧靠地板条凹面，测量两者之间的最大弦高
地板条拼装高差 h	mm		$h_{ave} \leqslant 0.15$ $h_{max} \leqslant 0.30$	将随机抽样的 10 条地板条放置在平台上，紧密拼装，用千分尺和塞尺测量其高差及离缝
地板条拼装离缝 o	mm		$o_{ave} \leqslant 0.15$ $o_{max} \leqslant 0.20$	

表 10-13　竹地板外观质量要求

项目		优等品	一等品	合格品
漏刨	表面、侧面	不允许		
	背面	不允许	轻微	允许
榫舌残缺		不允许	残缺长度≤板长的 5%，残缺宽度≤1 mm	
色差	表面	不明显	轻微	允许
	背面	允许		
裂纹	表面、侧面	不允许	允许 1 条宽度≤0.2 mm 长度≤100 mm	
	背面	允许，应进行腻子修补		
宽度方向拼接离缝	表板	不允许	允许 1 条宽度≤0.2 mm	
	背板	不允许	允许，宽度≤1 mm	
腐朽		不允许		
虫孔		不允许		
波纹		不允许		不明显
缺棱		不允许		

项目	优等品	一等品	合格品
污染	不允许		≤板面积的5%（累计）
霉变	不允许		不明显
鼓泡（$\phi \leq 0.5$ mm）	不允许	每块板不超过3个	每块板不超过5个
针孔（$\phi \leq 0.5$ mm）	不允许	每块板不超过3个	每块板不超过5个
皱皮	不允许		≤板面积的5%
漏漆	不允许		
粒子	不允许		轻微
胀边	不允许		轻微

注：1. 不明显——正常视力在自然光下，距地板0.4 m，肉眼观察不易辨别。
2. 轻微——正常视力在自然光下，距地板0.4 m，肉眼观察不显著。
3. 鼓泡、针孔、皱皮、漏漆、粒子、胀边为涂饰竹集成材地板检测项目。
4. 竹条厚度局部不足按漏刨处理。

1. 基层处理

基层残留的砂浆、浮灰及油渍应洗刷干净，晾干后方可进行施工。基层表面应平整、坚实、洁净、干燥、不起砂，在几个不同的地方测量地面的含水率，以了解整个地面的干湿情况，含水率应与竹地板含水率接近；平整度用2 m靠尺检查，允许偏差不大于2 mm。墙面垂直，阴阳角方正。

2. 市龙骨安装

(1)井字架龙骨铺装法。铺设龙骨时，选用(20~40)mm×(40~50)mm的龙骨(松木或杉木等)在施工地面上，用水泥钢钉钉铺成300 mm×300 mm或250 mm×250 mm见方的井字形骨架(一般装修档次要求较高的房间宜采用此种铺设方法，上面通常设置毛板)。

(2)条形龙骨铺装法。选用(20~40)mm×(40~50)mm的龙骨按1/2竹地板长度为间隔(且间距宜控制在250 mm左右)，用水泥钢钉平行固定于地面上(此方法较为经济、适用)。

(3)竹地板直接贴地铺装法。地面平整度较高的地面上可直接贴地铺装竹地板，而不必铺设木龙骨(一般双企口的竹地板可采用此方法)。

3. 毛板铺设

木龙骨铺设安装后，可直接安装竹地板，但宜在木龙骨上铺设一层大于9 mm的毛板(复合板或大芯板等)。

毛板宽度不宜大于120 mm，与木龙骨成45°或30°方向铺钉，也可垂直于龙骨铺设，毛板板间缝隙不应大于3 mm，与墙之间应留8~12 mm的缝隙。

每块毛地板应在每根木龙骨上各钉两个钉子固定，钉距小于350 mm，端部需钉牢。钉子的长度应为板厚的2~2.5倍(宜采用40 mm规格)。钉铺竹地板前，宜在毛板上先铺设一层沥青纸(或油毡)，以隔声和防潮。

4. 竹地板安装

安装前先在木龙骨或毛板上弹出基准线(一般选择靠墙边、远门端的第一块整板作为基准板，其位置线为基准线)，靠墙的一块板应该离墙面有8~12 mm的缝隙(根据各地区干湿度季节性变化量的不同适当调节)，先用木块塞住，然后逐块排紧。竹地板固定时，先在竹地板的母槽里面成45°角用装饰枪钻好钉眼，再用钉子或螺钉斜向钉在龙骨上，钉长为板厚的2~2.5倍

（宜采用 40 mm 规格），钉间距宜在 250 mm 左右，且每块竹地板至少钉两个钉，钉帽要砸扁，企口条板要钉牢排紧。

板的排紧方法：一般可在木龙骨上钉扒钉一只，在扒钉与板之间加一对硬木楔，打紧硬木楔就可以使板排紧。钉到最后一块企口板时，因无法斜着钉，可用明钉钉牢，钉帽要砸扁，冲进板内。企口板的接头要在木龙骨上，接头相互错开，板与板之间应排紧，木龙骨上临时固定的木拉条应随企口板的安装随时拆去，墙边的小木楔应在竹地板安装完毕后再拆除。钉完竹地板后应及时清理干净，在拼缝中涂入少许地板蜡即可。

5. 踢脚板安装

安装竹、木踢脚板前，墙上应每隔 750 mm 预埋防腐木砖，如墙面有较厚的装修做法，可在防腐木砖外钉防腐木块找平，再把踢脚板用明钉钉牢在防腐木块上（竹地板须预先钻孔），将钉帽砸扁冲入踢脚板内；如无预埋防腐木砖，可在不影响结构的情况下，在墙面上用电锤打孔（交错布置），间距适当缩小到 450 mm 为宜。然后，将小木楔（经防腐处理）塞入砸平，代替防腐木砖。圆弧形踢脚施工时，可将竹木地板按圆弧角度切成相应的梯形，用胶相互黏结并用钉子钉牢。

踢脚板板面要垂直，上口水平，在踢脚板与地板交角处可钉三角木条（一般用于公用部分大面积竹地板，家庭内一般不采用），以盖住缝隙。

踢脚板阴阳角交角处和两块踢脚板对接处均应切割成 45°后，再进行拼装（竹踢脚板对接有企口），踢脚板的接头应固定在防腐木砖上。

踢脚板应每隔 1 m 钻直径 6 mm 的通风孔。

三、实木复合地板面层

（1）实木复合地板面层采用的材料、铺设方式、铺设方法、厚度以及垫层地板铺设等，均应符合规定。

（2）实木复合地板面层应采用空铺法或粘贴法（满粘或点粘）铺设。采用粘贴法铺设时，粘贴材料应按设计要求选用，并应具有耐老化、防水、防菌、无毒等性能。

（3）实木复合地板面层下衬垫的材料和厚度应符合设计要求。

（4）实木复合地板面层铺设时，相邻板材接头位置应错开不小于 300 mm 的距离；与柱、墙之间应留不小于 10 mm 的空隙。当面层采用无龙骨的空铺法铺设时，应在面层与柱、墙之间的空隙内加设金属弹簧卡或木楔子，其间距宜为 200～300 mm。

（5）大面积铺设实木复合地板面层时，应分段铺设，分段缝的处理应符合设计要求。

四、浸渍纸层压木质地板面层

（1）浸渍纸层压木质地板面层应采用条材或块材，以空铺或粘贴方式在基层上铺设。

（2）浸渍纸层压木质地板面层可采用有垫层地板和无垫层地板的方式铺设。有垫层地板时，垫层地板的材料和厚度应符合设计要求。

（3）浸渍纸层压木质地板面层铺设时，相邻板材接头位置应错开不小于 300 mm 的距离；衬垫层、垫层地板及面层与柱、墙之间均应留出不小于 10 mm 的空隙。

（4）浸渍纸层压木质地板面层采用无龙骨的空铺法铺设时，宜在面层与基层之间设置衬垫层，衬垫层的材料和厚度应符合设计要求；并应在面层与柱、墙之间的空隙内加设金属弹簧卡或木楔子，其间距宜为 200～300 mm。

五、软木类地板面层

（1）软木类地板面层应采用软木地板或软木复合地板的条材或块材，在水泥类基层或垫层地板上铺设。软木地板面层应采用粘贴方式铺设，软木复合地板面层应采用空铺方式铺设。

(2)软木类地板面层的厚度应符合设计要求。

(3)软木类地板面层的垫层地板在铺设时，与柱、墙之间应留不大于 20 mm 的空隙，表面应刨平。

(4)软木类地板面层铺设时，相邻板材接头位置应错开不小于 1/3 板长且不小于 200 mm 的距离；面层与柱、墙之间应留出 8～12 mm 的空隙；软木复合地板面层铺设时，应在面层与柱、墙之间的空隙内加设金属弹簧卡或木楔子，其间距宜为 200～300 mm。

六、地面辐射供暖的木板面层

(1)地面辐射供暖的木板面层宜采用实木复合地板、浸渍纸层压木质地板等，应在填充层上铺设。

(2)地面辐射供暖的木板面层可采用空铺法或胶粘法(满粘或点粘)铺设。当面层设置垫层地板时，垫层地板的材料和厚度应符合设计要求。

(3)与填充层接触的龙骨、垫层地板、面层地板等，应采用胶粘法铺设。铺设时，填充层的含水率应符合胶粘剂的技术要求。

(4)地面辐射供暖的木板面层铺设时不得扰动填充层，不得向填充层内搅入任何物件。

七、木、竹面层铺设质量检查与验收

1. 一般规定

(1)木、竹地板面层下的木搁栅、垫木、垫层地板等采用木材的树种、选材标准和铺设时木材含水率以及防腐、防蛀处理等，均应符合现行国家标准《木结构工程施工质量验收规范》(GB 50206—2012)的有关规定。所选用的材料应符合设计要求，进场时应对其断面尺寸、含水率等主要技术指标进行抽检，抽检数量应符合国家现行有关标准的规定。

(2)用于固定和加固用的金属零部件应采用不锈蚀或经过防锈处理的金属件。

(3)与厕浴间、厨房等潮湿场所相邻的木、竹面层的连接处应做防水(防潮)处理。

(4)木、竹面层铺设在水泥类基层上，其基层表面应坚硬、平整、洁净、不起砂，表面含水率不应大于 8%。

(5)建筑地面工程的木、竹面层搁栅下架空结构层(或构造层)的质量检验，应符合国家相应现行标准的规定。

(6)木、竹面层的通风构造层包括室内通风沟、地面通风孔、室外通风窗等，均应符合设计要求。

(7)木、竹面层的允许偏差和检验方法应符合表 10-14 的规定。

表 10-14　木、竹面层的允许偏差和检验方法

项次	项目	允许偏差/mm				检验方法
		实木地板、实木集成地板、竹地板面层			浸渍纸层压木质地板、实木复合地板、软木类地板面层	
		松木地板	硬木地板、竹地板	拼花地板		
1	板面缝隙宽度	1.0	0.5	0.2	0.5	用钢尺检查
2	表面平整度	3.0	2.0	2.0	2.0	用 2 m 靠尺和楔形塞尺检查

项次	项目	允许偏差/mm				检验方法
		实木地板、实木集成地板、竹地板面层			浸渍纸层压木质地板、实木复合地板、软木类地板面层	
		松木地板	硬木地板、竹地板	拼花地板		
3	踢脚线上口平齐	3.0	3.0	3.0	3.0	拉 5 m 线和用钢尺检查
4	板面拼缝平直	3.0	3.0	3.0	3.0	
5	相邻板材高差	0.5	0.5	0.5	0.5	用钢尺和楔形塞尺检查
6	踢脚线与面层的接缝	1.0				用楔形塞尺检查

2. 主控项目

(1)木、竹地板面层采用的地板、铺设时的木(竹)材含水率、胶粘剂等应符合设计要求和国家现行有关标准的规定。

检验方法：观察检查和检查型式检验报告、出厂检验报告、出厂合格证。

检查数量：同一工程、同一材料、同一生产厂家、同一型号、同一规格、同一批号检查一次。

(2)木、竹地板面层采用的材料进入施工现场时，应有以下有害物质限量合格的检测报告：

1)地板中的游离甲醛(释放量或含量)；

2)溶剂型胶粘剂中的挥发性有机化合物(VOC)、苯、甲苯＋二甲苯；

3)水性胶粘剂中的挥发性有机化合物(VOC)和游离甲醛。

检验方法：检查检测报告。

检查数量：同一工程、同一材料、同一生产厂家、同一型号、同一规格、同一批号检查一次。

(3)木搁栅、垫木和垫层地板等应做防腐、防蛀处理。

检验方法：观察检查和检查验收记录。

检查数量：按规定的检验批检查。

(4)木搁栅安装应牢固、平直。

检验方法：观察、行走、钢尺测量等检查和检查验收记录。

检查数量：按规定的检验批检查。

(5)面层铺设应牢固，粘结应无空鼓、松动。

检验方法：观察、行走或用小锤轻击检查。

检查数量：按规定的检验批检查。

(6)地面辐射供暖的木板面层采用的材料或产品除应符合设计要求和相应面层的规定外，还应具有耐热性、热稳定性、防水、防潮、防霉变等特点。

检验方法：观察检查和检查质量合格证明文件。

检查数量：同一工程、同一材料、同一生产厂家、同一型号、同一规格、同一批号检查一次。

(7)地面辐射供暖的木板面层与柱、墙之间应留不小于 10 mm 的空隙。当采用无龙骨的空铺法铺设时，应在空隙内加设金属弹簧卡或木楔子，其间距宜为 200～300 mm。

检验方法：观察和用钢尺检查。

检查数量：按规定的检验批检查。

3. 一般项目

(1)实木地板、实木集成地板面层应刨平、磨光，无明显刨痕和毛刺等现象；图案应清晰，颜色应均匀一致。

检验方法：观察、手摸和行走检查。

检查数量：按规定的检验批检查。

(2)实木复合地板面层、浸渍纸层压木质地板面层、软木类地板面层的图案和颜色应符合设计要求，图案应清晰，颜色应一致，板面应无翘曲。

检验方法：观察、用 2 m 靠尺和楔形塞尺检查。

检查数量：按规定的检验批检查。

(3)竹地板面层的品种与规格应符合设计要求，板面应无翘曲。

检验方法：观察、用 2 m 靠尺和楔形塞尺检查。

检查数量：按规定的检验批检查。

(4)面层缝隙应严密，接头位置应错开，表面应平整、洁净。

检验方法：观察检查。

检查数量：按规定的检验批检查。

(5)面层采用粘、钉工艺时，接缝应对齐，粘、钉应严密；缝隙宽度应均匀一致；表面应洁净，无溢胶现象。

检验方法：观察检查。

检查数量：按规定的检验批检查。

(6)踢脚线应表面光滑、接缝严密、高度一致。

检验方法：观察和用钢尺检查。

检查数量：按规定的检验批检查。

(7)地面辐射供暖的木板面层采用无龙骨的空铺法铺设时，应在填充层上铺设一层耐热防潮纸(布)。防潮纸(布)应采用胶粘、搭接方法，搭接尺寸应合理，铺设后表面应平整、无皱褶。

检验方法：观察检查。

检查数量：按规定的检验批检查。

(8)实木地板、实木集成地板、竹地板面层的允许偏差应符合表 10-14 的规定。

检验方法：按表 10-14 中的检验方法检验。

检查数量：按规定的检验批检查。

<hr>

本章小结

地面基层、面层分别作为地面的结构层和装饰层，都是地面装饰工程必不可少的施工过程，基层、面层铺设的材料质量、密实度和强度等级(或配合比)等应符合设计要求和施工规范的规定，施工人员应重点掌握地面基层各组成部分及不同类型装饰面层铺设的施工操作技术要求，使地面装饰施工满足规范验收要求。

思考与练习

一、填空题

1. 水泥抹光机按结构形式，分为_____与_____。

2. 地板刨平机工作时，可分两次进行，即_____和_____。

3. 防静电水磨石面层中采用导电金属分格条时，分格条应经_____，且十字交叉处不得碰接。

4. 硬化耐磨面层应在_____达到设计强度后，方可投入使用。

5. 烧结普通砖的铺砌形式一般采用_____、_____或_____等铺法。

6. 地毯面层应采用地毯块材或卷材，以_____或_____铺设。

二、选择题

1. 水磨石机宜在混凝土达到设计强度的(   )时，进行磨削作业。

    A. 50%～60%　　　B. 60%～70%　　　C. 70%～80%　　　D. 80%～90%

2. 刨平机的工作装置的轴承和移动装置的轴承每工作(   )h进行一次润滑。

    A. 28～30　　　B. 38～40　　　C. 48～50　　　D. 58～60

3. 地板磨光机的吸尘机轴承每工作(   )h进行一次润滑。

    A. 24　　　B. 34　　　C. 44　　　D. 54

4. 灰土垫层应采用熟化石灰与黏土(粉质黏土或粉土)的拌合料铺设，其厚度不应小于(   )mm。

    A. 80　　　B. 100　　　C. 120　　　D. 150

5. 炉渣垫层的铺设厚度不应小于(   )mm。

    A. 80　　　B. 100　　　C. 120　　　D. 150

6. 塑胶面层铺设时的环境温度宜为(   )。

    A. 0 ℃～30 ℃　　　B. 10 ℃～30 ℃　　　C. 0 ℃～25 ℃　　　D. 10 ℃～35 ℃

7. 板块铺贴完工，待结合层砂浆强度达到(   )，即可打蜡抛光。

    A. 40%～50%　　　B. 50%～60%　　　C. 60%～70%　　　D. 70%～80%

三、问答题

1. 如何处理人工填土？

2. 在预制钢筋混凝土板上铺设找平层前，板缝填嵌的施工应符合哪些要求？

3. 当建筑物勒脚处绝热层的铺设无设计要求时，应符合哪些规定？

4. 水泥混凝土面层铺设时，怎样进行表面压光？

5. 如何进行防油渗面层铺设施工？

6. 转面层铺设时，如何进行勾缝？

7. 空铺地毯应符合哪些要求？

8. 如何进行实木复合地板面层的铺设？

第十一章　裱糊与软包工程施工技术

熟悉裱糊、软包工程基本构造及施工材料要求，掌握裱糊与软包工程施工技术要求与施工质量检查验收要求。

通过本章内容的学习，能够进行裱糊与软包工程装饰施工，并能够根据相关规范规定完成裱糊与软包工程施工质量的检查验收。

第一节　裱糊工程施工

一、基本构造

裱糊饰面是指将各种墙纸、织物、金属箔、微薄木等卷材粘贴在内墙面的一种饰面。这类饰面装饰性好，且材料品种繁多、色彩丰富、花纹图案变化多端，广泛用于宾馆、会议室、办公室及家庭居室的内墙装饰。其中，墙纸类裱糊饰面的基本构造如图 11-1 所示。

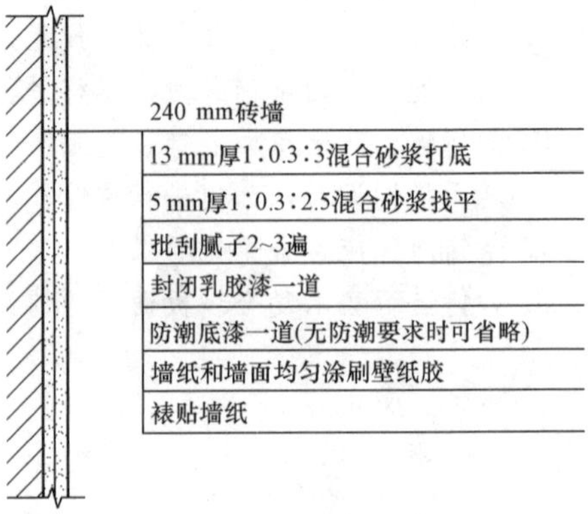

240 mm 砖墙

13 mm 厚1∶0.3∶3混合砂浆打底

5 mm厚1∶0.3∶2.5混合砂浆找平

批刮腻子2~3遍

封闭乳胶漆一道

防潮底漆一道(无防潮要求时可省略)

墙纸和墙面均匀涂刷壁纸胶

裱贴墙纸

图 11-1　墙纸饰面构造

二、材料质量要求

(1)裱糊面材由设计规定，以样板的方式由甲方认定，并一次备足同批的面材，以免不同批次的材料产生色差，影响同一空间的装饰效果。

(2)壁纸、墙布的种类、规格、图案、颜色和燃烧性能等级必须符合设计要求及国家现行标准的有关规定。进场材料应检查产品的合格证书、性能检测报告，并做好进场验收记录。

(3)建筑材料和装修材料的检测项目不全或对检测结果有疑问时，必须将材料送有资格的检测机构进行检验，检验合格后方可使用。

(4)民用建筑工程室内装修所采用的水性涂料、水性胶粘剂、水性处理剂，必须有总挥发性有机化合物(TVOC)和游离甲醛含量检测报告;溶剂型涂料、溶剂型胶粘剂必须有总挥发性有机化合物(TVOC)、苯、游离甲苯二异氰酸酯(TDI)(聚氨酯类)含量检测报告,并应符合设计要求和《民用建筑工程室内环境污染控制规范(2013版)》(GB 50325—2010)的规定。

三、裱糊工程施工要求

裱糊工程施工工艺流程:基层处理→涂底胶→弹线、预拼→测量、裁纸→润纸→刷胶→裱糊→修整。

(1)基层处理。不同材质的基层应有不同的处理方法,具体要求如下:

1)混凝土及抹灰基层处理。混凝土墙面及用水泥砂浆、混合砂浆、石灰砂浆抹灰墙面裱糊壁纸、墙布前,要满刮腻子一遍并用砂纸打磨。这些墙面的基层表面如有麻点、凹凸不平或孔洞时,应增加刮腻子和砂纸打磨的遍数。

处理好的底层应平整、光滑,阴角、阳角线通畅、顺直,无裂纹、崩角,无砂眼、麻点。特别是阴角、阳角、窗台下、暖气炉片后、明露管道后及与踢脚连接处,应仔细处理到位。

2)木质基层处理。木质基层要求接缝不显接槎,接缝、钉眼应用腻子补平,并满刮油性腻子两遍,用砂纸磨平。第一遍满刮腻子主要是找平大面,第二遍可用石膏腻子找平,腻子的厚度应减薄,可在该腻子五六成干时,用塑料刮板有规律地压光,最后用干净的抹布轻轻将表面灰粒擦净。

如果是要裱糊金属壁纸,批刮腻子应三遍以上,在找补第二遍腻子时采用石膏粉配猪血料调制腻子,其配合比为10:3(质量比)。批刮最后一遍腻子并打平后,用软布擦净。

3)石膏基层处理。纸面石膏板墙面裱糊塑料壁纸时,板面要先以油性石膏腻子找平。板面接缝处用嵌缝石膏腻子及穿孔纸带进行嵌缝处理;无纸面石膏板墙面裱糊壁纸时,应先在板面满刮一遍乳胶石膏腻子,以确保壁纸与石膏板面的粘结强度。

4)旧墙基层处理。首先,用相同砂浆修补旧墙表面脱灰、孔洞、空裂等较大缺陷,其次用腻子找补麻点、凹坑、接缝、裂纹,直到填平,然后满刮腻子找平。如果旧墙上有油漆或污染,应先将其清理干净。注意修补的砂浆应与原基层砂浆同料、同色,避免基层颜色不一致。

5)不同基层对接处的处理。不同基层材料的相接处,如石膏板与木夹板、水泥抹灰面与木夹板、水泥基面与石膏板之间的对缝,应用棉纸带或穿孔纸带粘贴封口,防止裱糊的壁纸面层被拉裂撕开。

(2)涂底胶。为防止基层吸水过快,用排笔在基层表面先涂刷1～2遍胶水(801胶:水=1:1)或清油做底胶进行封闭处理,涂刷时要均匀、不漏刷。

(3)弹线、预拼。裱糊前,应按壁纸的幅宽弹出分格线。分格线一般以阴角做取线位置,先用粉线在墙面上弹出垂直线,两垂线间的宽度应小于壁纸幅宽10～20 mm。每面墙面的第一幅壁纸的位置都要挂垂线找直,作为裱糊时的准线,以确保第一幅壁纸垂直粘贴。有窗口的墙面要在窗口处弹出中线,然后由中线按壁纸的幅宽往两侧分线;如果窗口不在墙面的中间,为保证窗间墙的阳角花纹、图案对称,要弹出窗间墙的中心线,再往其两侧弹出分格线。壁纸粘贴之前,应按弹线的位置进行预拼、试贴,检查拼缝的效果,以便能够准确地决定裁纸的边缘尺寸及花纹、图案的拼接。

(4)测量、裁纸。壁纸裁割前,应先量出墙顶到墙脚的高度,考虑修剪量,两端各留出30～50 mm,然后剪出第一段壁纸。有图案的材料,应将图形自墙的上部开始对花,然后由专人负责,统筹规划、小心裁割并编上号,以便按顺序粘贴。裁纸下刀前应复核尺寸有无出入,确认以后,尺子压紧壁纸后不得再移动,刀刃紧贴尺边,一气呵成,中途不得停顿或变换持刀角度。

裁好的壁纸要卷起来放，且不得立放。

(5)润纸。裁下的壁纸不要立即上墙粘贴，由于壁纸遇到水或胶液后，即会开始自由膨胀，5～10 min后胀完，干后又自由收缩，自由胀缩的壁纸的横向膨胀率为0.5%～1.2%，收缩率为0.2%～0.8%。因此，要先将裁下的壁纸置于水槽中浸泡几分钟，或在壁纸背面满刷一遍清水，静置至壁纸充分胀开，也可以采取将壁纸刷胶后叠起来静置10 min，让壁纸自身湿润；否则，在墙面上会出现大量的气泡、皱折，达不到裱糊的质量要求。

(6)刷胶。将浸过水的壁纸取出并擦掉纸面上的附着水，将已裁好的壁纸图案面向下铺设在台案上，一端与台案边对齐，平铺后多余部分可垂于台案下；然后，分段刷胶粘剂，涂刷时要薄而匀，严防漏刷。

(7)裱糊。

1)裱糊时，分幅顺序一般为从垂直线起至墙面阴角收口处止，由上而下，先立面(墙面)后平面(顶棚)，先小面(细部)后大面。顶棚梁板有高差时，壁纸裱贴应由低到高进行。须注意每裱糊2～3幅壁纸后，都应吊垂线检查垂直度，以避免出现累计误差。有花纹图案的壁纸，则采取将两幅壁纸花饰重叠对准，用合金铝直尺在重叠处拍实，从上而下切割的方法。切去余纸后，对准纸缝粘贴。阴、阳角处应增涂胶粘剂1～2遍，阳角要包实，不得留缝，阴角要贴平。与顶棚交接的阴角处应做出记号，然后用刀修齐，如图11-2所示。每张壁纸粘贴完毕后，应随即用清水浸湿的毛巾将拼缝中挤出的胶液全部擦干净，同时也进一步做好了敷平工作。壁纸的敷平可依靠薄钢片刮板或胶皮刮板由上而下抹刮，对较厚的壁纸则可用胶辊滚压来达到敷平的目的。

2)为了防止使用时碰、划而使壁纸开胶，严禁在阳角处甩缝，壁纸要裹过阳角不小于20 mm。阴角壁纸搭缝时，应先裱糊压在里面的壁纸，再粘贴搭在上面的壁纸，搭接面应根据阴角垂直度而定，搭接宽度一般不小于2～3 mm。但搭接的宽度也不宜过大，否则会形成一个不够美观的褶痕。注意保持垂直无毛边。

3)遇有墙面卸不下来的设备或附件，裱糊壁纸时可在壁纸上剪口。

4)顶棚裱糊，第一张纸通常应从房间长墙与顶棚相交之阴角处开始裱糊，以减少接缝数量，非整幅纸应排在光线不足处，裱糊前亦应事先在顶棚上弹线分格，并从顶棚与墙顶端交接处开始分排，接缝的方法类似于墙阴角搭接处理。裱糊时，将已刷好胶并按S形叠好的壁纸用木板支托起来，依弹线位置裱糊在顶棚上，裱糊一段，展开一段，直至全部裱糊至顶棚后，用滚筒滚压平实，赶出空气，如图11-3所示。

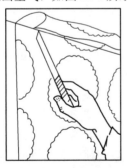
图 11-2　顶端修齐

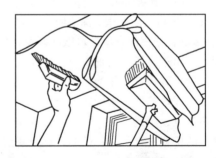
图 11-3　裱糊顶棚

(8)修整。壁纸裱糊完毕，应立即进行质量检查。发现不符合质量要求的问题，要采取相应的补救措施。

1)壁纸局部出现皱纹、死摺时，应趁壁纸未干，用湿毛巾抹湿纸面。使壁纸润湿后，用手慢慢将壁纸舒平，待无皱折时，再用橡胶滚筒或胶皮刮板赶平。若壁纸已干结，则需撕下壁纸，将基层清理干净后，再重新裱贴。

2）壁纸面层局部出现空鼓，可用壁纸刀切开，补涂胶液重新压复贴牢，小的气泡可用注射器对其放气，然后注入胶液，重新粘牢修理后的壁纸面均需随手将溢出表面的余胶用洁净湿毛巾擦干净。

3）壁纸翘边、翻角，要翻起卷边的壁纸，查明原因。若查出基层有污物而导致黏结不牢，应立即将基层清理干净后，再补刷胶粘剂重新贴牢；若发现是胶粘剂的粘结力不够，要换用黏性大的胶粘剂粘贴。

4）裱糊施工中碰撞损坏的壁纸，可采取挖空填补的方法，填补时将损坏的部分割去，然后按形状和大小，对好花纹补上，要求补后不留痕迹。

四、裱糊工程施工质量检查与验收

1. 一般规定

（1）本节适用于聚氯乙烯塑料壁纸、纸质壁纸、墙布等裱糊工程和织物、皮革、人造革等软包工程的质量验收。

（2）裱糊与软包工程验收时应检查下列资料：

1）裱糊与软包工程的施工图、设计说明及其他设计文件；

2）饰面材料的样板及确认文件；

3）材料的产品合格证书、性能检验报告、进场验收记录和复验报告；

4）饰面材料及封闭底漆、胶粘剂、涂料的有害物质限量检验报告；

裱糊与软包工程
质量验收标准

5）隐蔽工程验收记录；

6）施工记录。

（3）裱糊工程应对基层封闭底漆、腻子、封闭底胶及软包内衬材料进行隐蔽工程验收。被糊前，基层处理应达到下列规定：

1）新建筑物的混凝土抹灰基层墙面在刮腻子前应涂刷抗碱封闭底漆；

2）粉化的旧墙面应先除去粉化层，并在刮涂腻子前涂刷一层界面处理剂；

3）混凝土或抹灰基层含水率不得大于 8%；木材基层的含水率不得大于 12%；

4）石膏板基层，接缝及裂缝处应贴加强网布后再刮腻子；

5）基层腻子应平整、坚实、牢固，无粉化、起皮、空鼓、酥松、裂缝和泛碱；腻子的黏结强度不得小于 0.3 MPa；

6）基层表面平整度、立面垂直度及阴阳角方正应达到高级抹灰的要求；

7）基层表面颜色应一致；

8）裱糊前应用封闭底胶涂刷基层。

（4）同一品种的裱糊工程每 50 间应划分为一个检验批，不足 50 间也应划分为一个检验批，大面积房间和走廊可按裱糊面积每 30 m² 计为 1 间。

（5）检查数量应符合下列规定：裱糊工程每个检验批应至少抽查 5 间，不足 5 间时应全数检查。

2. 主控项目

（1）壁纸、墙布的种类、规格、图案、颜色和燃烧性能等级应符合设计要求及国家现行标准的有关规定。

检验方法：观察；检查产品合格证书、进场验收记录和性能检验报告。

(2)裱糊工程基层处理质量应符合高级抹灰的要求。

检验方法：检查隐蔽工程验收记录和施工记录。

(3)裱糊后各幅拼接应横平竖直，拼接处花纹、图案应吻合，应不离缝、不搭接、不显拼缝。

检验方法：距离墙面1.5 m处观察。

(4)壁纸、墙布应粘贴牢固，不得有漏贴、补贴、脱层、空鼓和翘边。

检验方法：观察；手摸检查。

3. 一般项目

(1)裱糊后的壁纸、墙布表面应平整，不得有波纹起伏、气泡、裂缝、皱折；表面色泽应一致，不得有斑污，斜视时应无胶痕。

检验方法：观察；手摸检查。

(2)复合压花壁纸和发泡壁纸的压痕或发泡层应无损坏。

检验方法：观察。

(3)壁纸、墙布与装饰线、踢脚板、门窗框的交接处应吻合、严密、顺直。与墙面上电气槽、盒的交接处套割应吻合，不得有缝隙。

检验方法：观察。

(4)壁纸、墙布边缘应平直整齐，不得有纸毛、飞刺。

检验方法：观察。

(5)壁纸、墙布阴角处应顺光搭接，阳角处应无接缝。

检验方法：观察。

(6)裱糊工程的允许偏差和检验方法应符合表11-1的规定。

表 11-1　裱糊工程的允许偏差和检验方法

项次	项目	允许偏差/mm	检验方法
1	表面平整度	3	用2 m靠尺和塞尺检查
2	立面垂直度	3	用2 m垂直检测尺检查
3	阴阳角方正	3	用200 mm直角检测尺检查

第二节　软包工程施工

一、基本构造

软包饰面基本构造如图11-4所示。

二、材料质量要求

(1)软包面料、内衬材料及边框材料的颜色、图案、燃烧性能等级和木材的含水率应符合设计要求及国家现行标准的有关规定。

(2)检查产品合格证书、进场验收记录和性能检测报告。民用建筑工程所用无机非金属装修材料，其放射性指标限量应符合表11-2的规定。

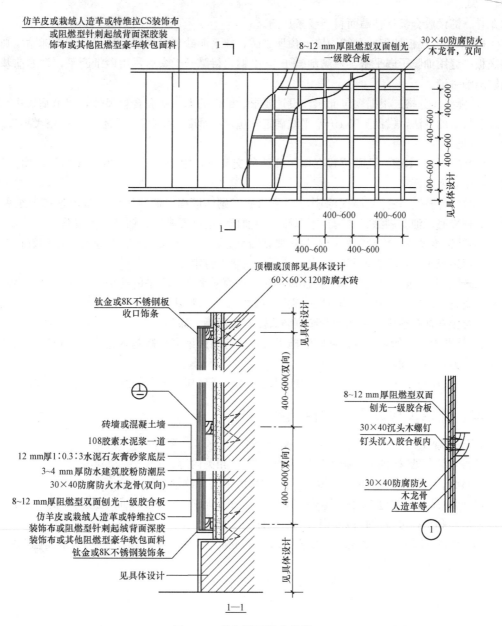

图 11-4 软包饰面基本构造

表 11-2 无机非金属装修材料放射性指标限量

测 定 项 目	限 量	
	A	B
内照射指数 I_{Ra}	≤1.0	≤1.3
外照射指数 I_γ	≤1.3	≤1.9

三、软包工程施工要求

软包工程施工工艺流程：基层或底板处理→弹线、分格→钻孔打入木楔→墙面防潮→装钉木龙骨→铺设胶合板→粘贴面料→线条压边。

（1）基层或底板处理。在结构墙上预埋木砖，抹水泥砂浆找平层。如果是直接铺贴，则应先将底板拼缝用油腻子嵌平密实，满刮腻子1～2遍，待腻子干燥后，用砂纸磨平，粘贴前基层表面刷清油一道。

（2）弹线、分格。根据软包面积、设计要求、铺钉的木基层胶合板尺寸，用吊垂线法、拉水平线及尺量的办法，借助+50 cm水平线确定软包墙的厚度、高度及打眼位置。分格大小为300～600 mm见方。

（3）钻孔打入木楔。孔眼位置在墙上弹线的交叉点，用冲击钻头钻孔。木楔经防腐处理后，打入孔中，塞实塞牢。

（4）墙面防潮。在抹灰墙面涂刷冷底子油或在砌体墙面、混凝土墙面铺油毡或油纸做防潮层。涂刷冷底子油要满涂、刷匀，不漏涂；铺油毡、油纸要满铺、铺平，不留缝。

（5）装钉木龙骨。将预制好的木龙骨架靠墙直立，用水准尺找平、找垂直，用钢钉钉在木楔上，边钉边找平、找垂直。凹陷较大处应用木楔垫平钉牢。

（6）铺设胶合板。木龙骨架与胶合板接触的一面应平整，不平的要刨光。用气钉枪将三合板钉在木龙骨上。钉固时从板中向两边固定，接缝应在木龙骨上且钉头没入板内，使其牢固、平整。三合板在铺钉前应先在其板背涂刷防火涂料，涂满、涂匀。

（7）粘贴面料。如采取直接铺贴法施工时，应待墙面细木装修基本完成时，边框油漆达到交活条件，方可粘贴面料。

（8）线条压边。在墙面软包部分的四周进行木、金属压线条，盖缝条及饰面板等镶钉处理。

四、软包工程施工质量检查与验收

1. 一般规定

（1）、（2）参见"裱糊工程施工质量检查与验收"相关内容。

（3）软包工程应对木材的含水率及人造木板的甲醛释放量进行复验。

（4）同一品种的软包工程每50间应划分为一个检验批，不足50间也应划分为一个检验批，大面积房间和走廊可按被软包面积每30 m² 计为1间。

（5）检查数量应符合下列规定：软包工程每个检验批应至少抽查10间，不足10间时应全数检查。

2. 主控项目

（1）软包工程的安装位置及构造做法应符合设计要求。

检验方法：观察；尺量检查；检查施工记录。

（2）软包边框所选木材的材质、花纹、颜色和燃烧性能等级应符合设计要求及国家现行标准的有关规定。

检验方法：观察；检查产品合格证书、进场验收记录、性能检验报告和复验报告。

（3）软包衬板材质、品种、规格、含水率应符合设计要求。面料及内衬材料的品种、规格、颜色、图案及燃烧性能等级应符合国家现行标准的有关规定。

检验方法：观察；检查产品合格证书、进场验收记录、性能检验报告和复验报告。

（4）软包工程的龙骨、边框应安装牢固。

检验方法：手扳检查。

（5）软包衬板与基层应连接牢固，无翘曲、变形，拼缝应平直，相邻板面接缝应符合设计要求，横向无错位拼接的分格应保持通缝。

检验方法：观察；检查施工记录。

3. 一般项目

(1)单块软包面料不应有接缝，四周应绷压严密。需要拼花的，拼接处花纹、图案应吻合。软包饰面上电气槽、盒的开口位置、尺寸应正确，套割应吻合，槽、盒四周应镶硬边。

检验方法：观察；手摸检查。

(2)软包工程的表面应平整、洁净、无污染、无凹凸不平及皱折；图案应清晰、无色差，整体应协调美观、符合设计要求。

检验方法：观察。

(3)软包工程的边框表面应平整、光滑、顺直，无色差、无钉眼；对缝、拼角应均匀对称、接缝吻合。清漆制品木纹、色泽应协调一致。其表面涂饰质量应符合规范规定。

检验方法：观察；手摸检查。

(4)软包内衬应饱满，边缘应平齐。

检验方法：观察；手摸检查。

(5)软包墙面与装饰线、踢脚板、门窗框的交接处应吻合、严密、顺直。交接(留缝)方式应符合设计要求。

检验方法：观察。

(6)软包工程安装的允许偏差和检验方法应符合表11-3的规定。

表11-3　软包工程安装的允许偏差和检验方法

项次	项目	允许偏差/mm	检验方法
1	单块软包边框水平度	3	用1m水平尺和塞尺检查
2	单块软包边框垂直度	3	用1m垂直检测尺检查
3	单块软包对角线长度差	3	从框的裁口里角用钢尺检查
4	单块软包宽度、高度	0，−2	从框的裁口里角用钢尺检查
5	分格条(缝)直线度	3	拉5m线，不足5m拉通线，用钢直尺检查
6	裁口线条结合处高度差	1	用直尺和塞尺检查

本章小结

裱糊饰面是指将各种墙纸、织物、金属箔、微薄木等卷材粘贴在内墙面的一种饰面。软包是指一种在室内墙表面用柔性材料加以包装的墙面装饰方法。裱糊与软包施工均应按施工工艺流程和操作技术要求进行，并符合《建筑装饰装修工程施工质量验收标准》(GB 50210—2018)的质量规定。

思考与练习

一、填空题

裱糊前应按壁纸的幅宽弹出＿＿＿＿＿＿＿＿＿。

二、问答题

1. 裱糊工程的基层处理应符合哪些要求？

2. 壁纸裱糊完毕，如果发现不符合质量要求的问题，应如何补救？

参考文献 References

[1] 张勇一，何春柳，罗雅敏. 建筑装饰构造与施工技术[M]. 成都：西南交通大学出版社，2017.

[2] 刘超英. 建筑装饰装修构造与施工[M]. 2版. 北京：机械工业出版社，2016.

[3] 李继业，周翠玲，胡琳琳. 建筑装饰装修工程施工技术手册[M]. 北京：化学工业出版社，2017.

[4] 赵福华. 建筑装饰工程技术[M]. 上海：上海科学技术出版社，2017.

[5] 张伟，李涛. 装饰材料与构造工艺[M]. 武汉：华中科技大学出版社，2016.

[6] 吴卫光. 装饰材料与构造[M]. 上海：上海人民美术出版社，2016.

[7] 崔丽萍. 建筑装饰材料、构造与施工实训指导[M]. 北京：北京理工大学出版社，2015.

[8] 李继业，胡琳琳，贾雍. 建筑装饰工程实用技术手册[M]. 北京：化学工业出版社，2014.

[9] 李继业，胡琳琳，李怀森. 建筑装饰工程施工技术与质量控制[M]. 北京：中国建筑工业出版社，2013.